폐자원에너지화개론

윤석표 · 김상현 · 김동훈 · 이동진
김석완 · 강준구 · 강호정 지음

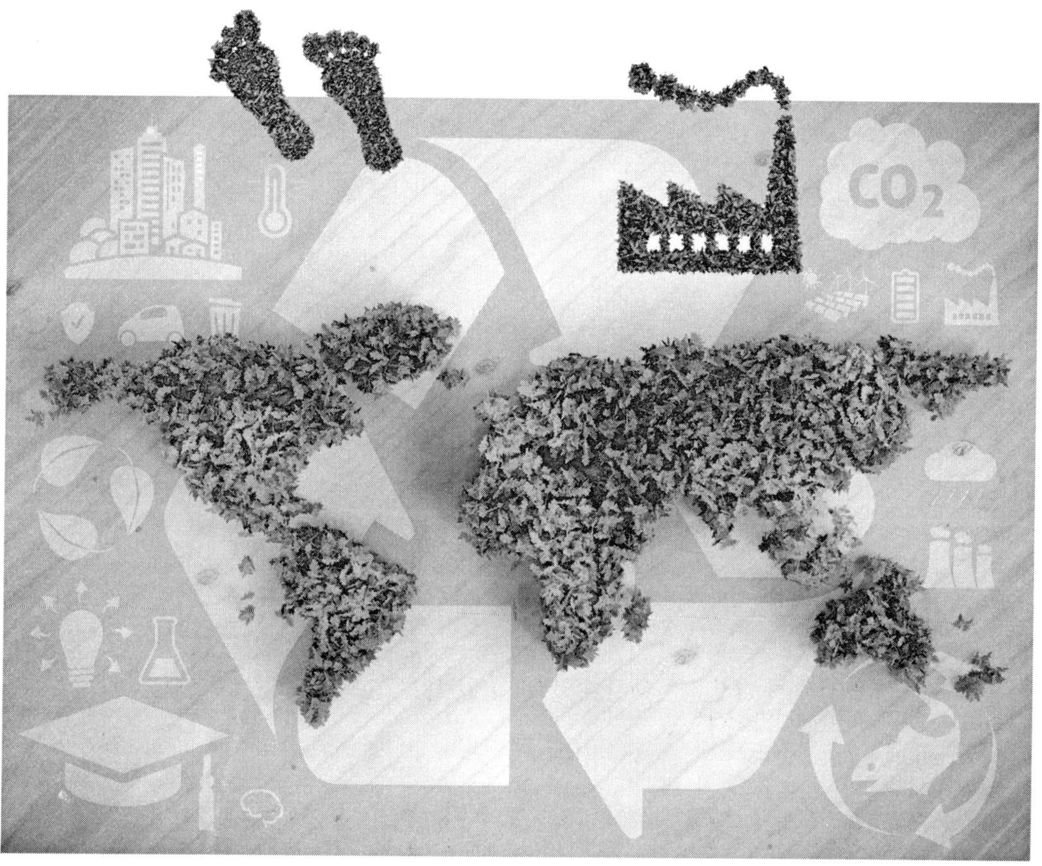

도서출판 동화기술

관리번호 : YL-WE-bk-20-001

본 교재는 환경부의 폐자원에너지화 · 재활용 전문인력 양성사업으로 지원된 것입니다.

환경부 한국환경공단

머리말

본서는 환경부가 후원하는 「폐자원 에너지화 특성화대학원」 사업 수행의 일환으로 기획하여 각 분야의 전문가에게 원고를 의뢰하여 집필하게 되었습니다.

「구슬이 서 말이어도 꿰어야 보배」라는 속담처럼 폐자원 에너지화와 관련한 자료는 무척 많으나, 학부 3, 4학년 과정이나 대학원 과정에서 사용할 수 있는 마땅한 교재가 없어서 우리나라의 유기성 폐기물 및 가연성 폐기물의 에너지화와 관련한 현황과 이와 연계된 이론적 배경, 법률적 제도 등에 대하여 하나의 책에서 공부할 수 있도록 기획하였습니다.

자원의 고갈과 지구온난화현상을 고려하였을 때 폐자원의 에너지화는 그 중요성이 크며, 우리나라의 신재생에너지 분야에서 차지하는 비중이 가장 큰 편입니다. 하지만, 폐기물의 친환경적인 처리와 에너지의 회수라는 두 가지 목적은 조화롭게 추구해야지, 폐자원 에너지화만을 지나치게 강조하면 나무만 보고 숲을 보지 못하는 오류를 범할 수가 있음을 기억해야 하겠습니다.

시스템의 경계를 폐자원 에너지화 부분만 보면 분명히 경제성이 있겠으나, 폐기물의 수거, 처리과정에서의 발생되는 부산물의 처분, 2차 환경오염 문제 등을 감안했을 때는 경제성이 없거나, REC 가중치와 같은 정부 정책의 변화에 따라서 경제성이 악화되는 문제가 발생하므로, 전체 시스템의 관점에서 보았을 때 최적의 방안을 찾으려는 노력이 필요합니다. 즉, 세부적인 개별 기술 측면에서의 연구개발을 도모하는 연구자의 관점과 거시적인 측면에서 환경오염 문제의 최소화를 도모하는 엔지니어의 관점이 함께 요구된다고 하겠습니다.

본서의 내용이 장별로 중복되는 부분이 일부 있기도 하고, 완벽하게 우리나라의 폐자원 에너지화 현황과 기술을 제시하지는 못하고 있으나, 나름 하나의 책에서 이를 소화하려고 노력하였습니다. 조금이라도 이 분야의 공부를 막 시작하려는 초심자들에게 도움이 되기를 기대해 봅니다.

원고 집필 의뢰를 기꺼이 응해주신 각 장을 담당하신 집필진에게 감사드리며, 본서를 발간할 수 있는 기회를 제공해준 환경부와 한국환경공단 관계자 분들에게도 감사드립니다.

대표저자 씀

차 례

CHAPTER 1

혐기성 소화

1.1 서론

혐기성 소화(anaerobic digestion)는 미생물이 산소가 없는 상태에서 생분해성 물질을 분해하는 일련의 과정으로, 폐수와 폐기물의 처리 및 바이오에너지 생산에 널리 활용되며, 바이오가스화라고 불리기도 한다(National Non-Food Crops Centre, 2011).

유기물의 혐기성 분해는 매립지, 토양, 퇴적물 등에서 자연적으로 발생하는 생물학적 과정으로, 혐기성 소화는 이러한 자연 현상을 외부와 차단된 공정 내에서 빠르고 완전하게 진행되도록 유도하는 공정이다(Koyama&Tadashiro, 1963. Pamatmat et al, 1973). 17세기에 Robert Boyle과 Stephen Hales가 하천과 호수 퇴적물이 가연성 가스를 방출함을 보고하면서 유기물의 자연 분해에 의해 생성된 가스 제조에 대한 과학적 관심이 시작되었으며(Ferguson, T. & Mah, R, 1987), 1778년 이탈리아의 과학자인 Alessandro Volta에 의해 그 가스가 메탄임이 확인되었다(Gijzen, H.J. 2002). 1808년에 Humphry Davy 경은 가축 분뇨에서 생성되는 가스에 메탄이 있음을 보고하였다(WASTE, 2011). 19세기 후반부터 혐기성 소화를 폐수처리 목적으로 사용하고자 하는 다양한 시도가 시작되어, 1920년대에 가온과 교반을 채택한 슬러지 소화가 시도되고, 1960년대부터 효율적인 연속 공정들이 개발되기 시작하면서, 현재 환경 산업 현장에서 활용되는 혐기성 소화 시스템들이 등장하게 되었다(MetCalf & Eddy, 2015).

농도가 높은 유기성 폐기물을 친환경적으로 처리하고, 재사용하고 재생에너지를 생산하며, 온실가스 발생량을 낮춘다는 정책 목적에 의해 혐기성 소화는 최근 들어 여러 국가에서 급속히 증가하고 있다(Defra, 2012. Jyllands-Posten, 2011. United States Environmental Protection Agency, 2019). 1990년부터 2015년까지 25년간 전 세계 바이오가스 생산량 증가율은 연평균 12.8%에 달한다(International Energy Agency, 2017). 혐기성 소화조가 가장 많이 보급된 국가는 독일이며 2014년 기준 8,625개의 소화조가 운영 중이다(Auer et al, 2017). 혐기성 소화의 적용 대상은 음식물쓰레기를 비롯한 생분해성 생활폐기물, 축산분뇨, 슬러지, 산업 폐수, 농업부산물의 처리에 활용된다. 때로는 옥수수와 같이 목적에 따라 재배된 에너지 작물을 공급하는 경우도 있다(Clarke energy, 2011). 이는 폐기물이 아닌 에너지 작물을 투입할 만큼 혐기성 소화의 에너지 생산 수율과 환경성이 높기 때문이다. 2007년 스위스 연방정부에서 바이오연료의 환경영향을 평가한 결과에 따르면(그림 1.1), 바이오에탄올, 바이오디젤 등 타 바이오연료에 비해 혐기성 소화의 온실가스 저감 및 환경적 효과가 월등히 높은 것으로 확인되었다(Scharlemann, J.P.W. et al, 2008). 유럽 바이오가스 협회의 연구에 의하면, 2020년 EU에서 사용하는 차량 연료 중 가장 CO_2 발생량이 낮은 연료가 바이오가스를 정제하여 생산한 Bio-CNG(또는 바이오메탄)로 산정되었다

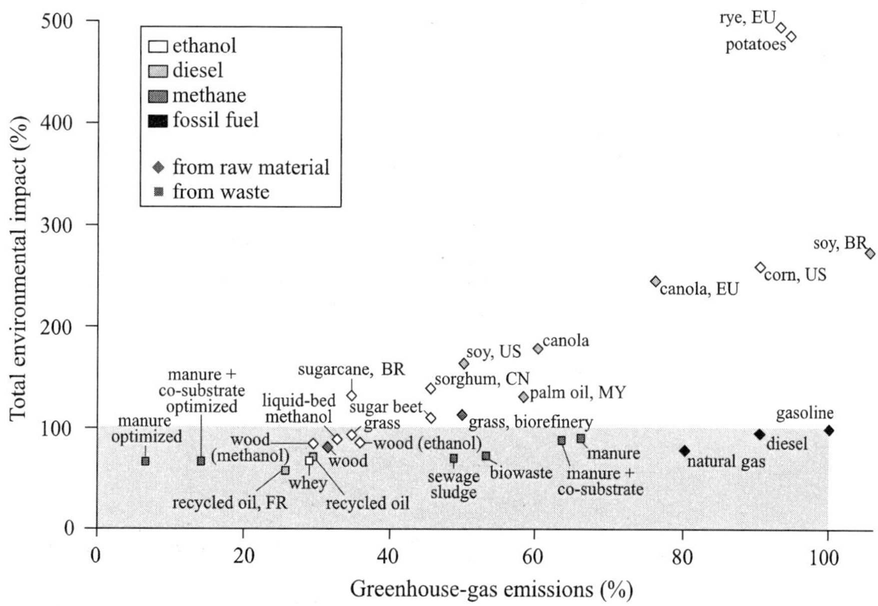

그림 1.1 가솔린 대비 바이오연료의 온실가스 배출 및 환경성 평가 결과

(Scharlemann, J.P.W. et al, 2008)

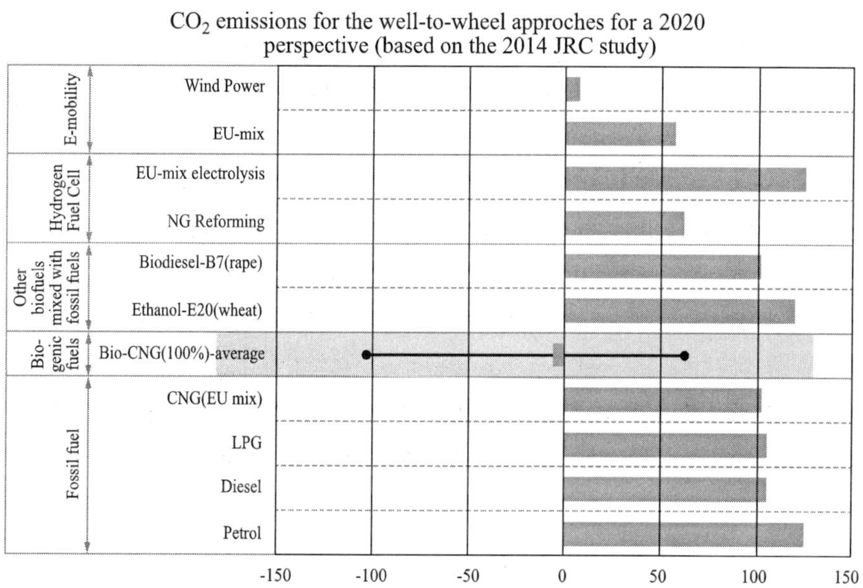

그림 1.2 차량 연료 CO_2 발생량(g/km) 비교

(Scharlemann, J.P.W. et al, 2008)

Biofuels in comparison

Distance attained by a passenger car on fuel from 1 ha of cultivated land.

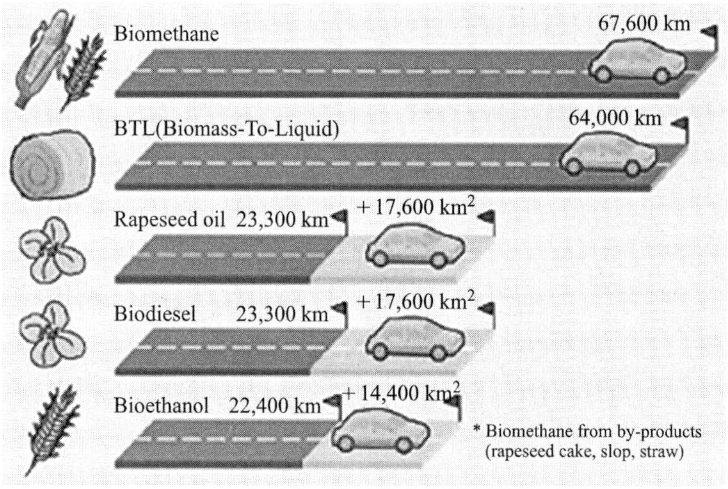

Passenger car fuel consumption petrol 7.4 L/100 km, diesel 5.1 L/100 km

그림 1.3 1 ha당 생산되는 연료의 에너지 수율 비교

(European Biogas Association, 2020)

(그림 1.2) (European Biogas Association, 2020). 또한, EU 의회의 연구에서 경작면적당 얻을 수 있는 에너지양이 가장 높은 바이오에너지가 바이오가스임이 확인되었다(그림 1.3) (Marelli, L. et al, 2015).

혐기성 소화는 메탄, 이산화탄소 및 기타 미량의 불순물로 구성된 바이오가스를 생성한다(National Non-Food Crops Centre, 2011). 바이오가스는 보일러에서 연소되어 열원으로 사용되거나, 가스 엔진(Clarke energy, 2011)을 통해 전기를 생산하거나, 천연가스 품질의 바이오메탄(biomethane)으로 업그레이드하여 도시가스와 혼합하거나 차량용 연료(CNG)로 활용될 수 있다. 또한 생성된 영양이 풍부한 소화물은 비료로 사용할 수 있다. 최근에는 혐기성 소화 과정에서 수소를 생산하고자 하는 시도도 활발히 진행되고 있다. 혐기성 소화를 통한 유기성 자원순환 개념도를 그림 1.4에 도시하였다.

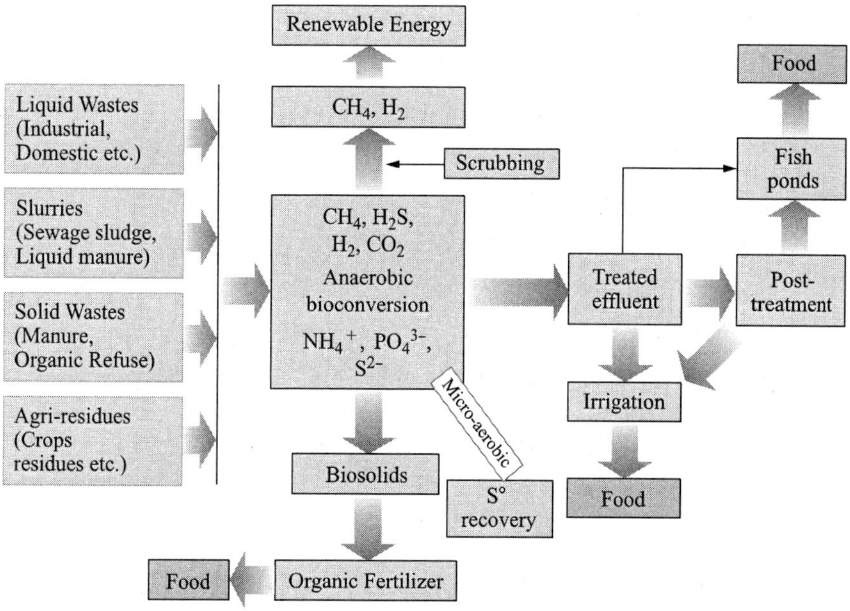

그림 1.4 혐기성 소화를 통한 유기성 자원 순환 개념도

1.2 혐기성 소화 반응

1.2.1 혐기성 소화 양론

혐기성 소화는 외부 전자수용체 없이 유기물을 분해하여 최종적으로 탄소 중 가장 환원된 형태인 메탄(CH_4)으로 전환되는 과정이다. 예를 들어, 대표적인 유기물인 포도당 1 mol이 100% 혐기성 소화로 분해된다면, 다음과 같은 반응이 일어난다. 이때, 포도당이 가지고 있는 192 g의 COD는 모두 메탄으로 전환된다.

$$C_6H_{12}O_6 \rightarrow 3CH_4 + 3CO_2 \quad (1\text{-}1)$$

메탄의 COD 등가량은 메탄을 이산화탄소와 물로 산화시킬 때 필요한 산소량이다.

$$CH_4 + 2O_2 \rightarrow CO_2 + 2H_2O \quad (1\text{-}2)$$

식 (1-2)로부터 메탄 1 mol당 COD 등가량은 64 g이 된다. 따라서 식 (1-1)의 우변의 메탄 3 mol의 총 COD 등가량은 192 g이 되어 좌변의 glucose 1 mol과 일치한다. 표준상태(Standard Temperature and Pressure, STP, 0℃, 1 atm)에서 1 mol의 기체가 차지하는 메탄의 부피는 22.4 L이다. 따라서 혐기성 소화 시 메탄으로 전환되는 COD 등가량은 0.35 L/g COD가 된다.

한편, 유입수 내에 황산염(SO_4^{2-})이 포함된 경우 황산염 환원세균(Sulfate Reducing Bacteria, SRB)에 의해 황산염이 전자수용체로 유기물을 소모할 수 있다. 1 mol의 SO_4^{2-}의 O_2 등가량은 식 (1-3), 식 (1-4)와 같이 64 g이다. 따라서 1 mol SO_4^{2-} 유입량당 1 mol의 메탄 발생량이 감소할 수 있다.

$$SO_4^{2-} + 8H^+ + 8e^- \rightarrow S^{2-} + 4H_2O \tag{1-3}$$

$$2O_2 + 8H^+ + 8e^- \rightarrow 4H_2O \tag{1-4}$$

이 원리를 통해 유입수의 COD와 SO_4^{2-} 농도를 측정하면 바이오가스로 생산될 수 있는 최대 메탄량을 구할 수 있다. 또한, 평형상태에 도달한 연속 혐기성 소화조의 유출수 또는 회분식 소화조의 반응 후 COD와 SO_4^{2-} 농도를 측정하여 유입수와 비교하면, 측정된 바이오가스로 생산되는 메탄량을 검증할 수 있다.

동일한 원리로, 원소 분석을 통해 유입수 내 고형물의 실험식(empirical formula)을 파악하는 경우에도 최대 메탄 발생량을 구할 수 있다(Parkin, G. F. and W. E. Owen, 1986).

$$\begin{aligned} &C_yH_wI_xN_yS_z + \left(v - \frac{w}{4} - \frac{x}{2} + \frac{3y}{t} + \frac{z}{2}\right)H_2O \rightarrow \\ &\left(\frac{v}{2} + \frac{w}{8} - \frac{x}{4} - \frac{3y}{8} - \frac{z}{4}\right)CH_4 + \left(\frac{v}{2} - \frac{w}{8} + \frac{x}{4} + \frac{3y}{8} + \frac{z}{4}\right)CO_2 + yNH_3 + zH_2S \end{aligned} \tag{1-5}$$

한편, 메탄의 저위발열량은 8,580 kcal/Nm^3(10 kWh/Nm^3, 35.9 MJ/Nm^3)이며, 이 값은 혐기성 소화 공정의 에너지 수지를 세우는데 활용된다.

1.2.2 공정 단계

혐기성 소화 과정은 탄수화물, 단백질, 지방 등 유기 고분자가, 세균이 분비하는 체외 효소에 의해 세균이 체내로 흡수할 수 있는 당, 아미노산, 지방산 등 가용성 물질로 분해되는 가수분해(hydrolysis)로 시작된다. 산 생성균은 당과 아미노산을 이산화탄소, 수소, 암모니아 및 유기산으로 전환한다(acidogenesis). 아세트산 생성(acetogenesis)은 유기산을 추가 암모니아, 수소 및 이산화탄소와 함께 아세트산으로 전환한다. 마지막으로 메탄 생성 고세균은 이러한 생성물을 메탄과 이산화탄소로 전환한다(methanogenesis) (WASTE, 2007. Tabatabaei & Meisam, 2010). 혐기성 소화 시 유기물 분해 단계 모식도를 그림 1.5에 나타내었다.

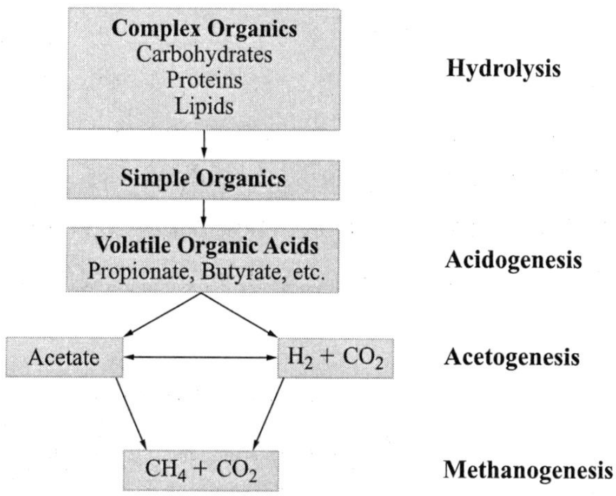

그림 1.5 혐기성 소화 시 유기물 분해 단계 모식도

1.2.3 분해 단계별 미생물

대표적인 유기물 구성 성분인 단백질, 탄수화물, 지방의 혐기성 소화 시 분해 단계를 그림 1.6에 나타내었다. 그림 중의 숫자는 해당 반응을 진행하는 미생물 군집을 의미하며, 1, 2, 3, 4는 각각 혐기성 발효균(fermentative bacteria), 수소 생성 아세트산 생성균(hydrogen producing acetogenic bacteria, hydrogen producing acetogens), 수소 소모 아세트산 생성균(homoacetogenic bacteria, homoacetogens), 메탄 생성 고세균(methanogenic archaea, methanogens)을 가리킨다. 이러한 군집들이 조화롭게 성장할 수 있는 운전 조건을 제공하는 것이 혐기성 소화의 성공에 있어 가장 필수적인 요소이다.

1. 혐기성 발효균

혐기성 발효균은 혐기성 소화의 첫 번째 단계인 가수분해 및 두 번째 단계인 산 생성을 담당하며, 산 생성균(acidogens)이라고도 한다. 혐기성 소화조에서는 다양한 통기성 또는 혐기성 미생물이 여기에 속하며, *Streptococcaceae Enterobacteriaceae* 과와 *Bacteroides*, *Clostridium*, *Butyrivibrio*, *Eubacterium*, *Bifidobacterium*, *Lactobacillus* 속(genus) 등이 흔히 발견된다. 혐기성 발효균은 혐기성 소화에 관여하는 미생물 중 성장속도가 가장 빠르고, 공기 접촉, pH 저하 등 저해 영향에 대한 피해도 가장 적다. 따라서 일반적으로 혐기성 소화조는 혐기성 발효균이 최적의 성능을 발휘하기 보다는, 다른 군집에 비해 너무 빨리 자라지 못하게 제어하는 운전 조건을 조성한다. 때로는 혐기성 발효균이 최적의 성능(주로 가수분해)을 낼 수 있도록 소규모의 산 생성조를 혐기성 소화조 전단에 설치하기도 하며, 이를 이상 소화(two-phase reactor)라고 한다.

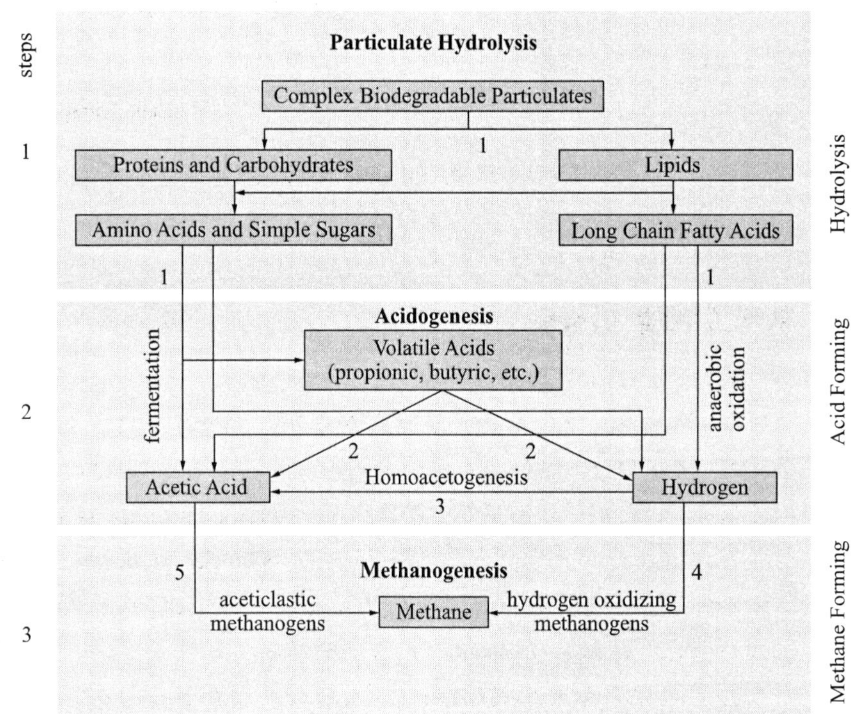

그림 1.6 혐기성 소화 시 단백질, 탄수화물, 지방의 분해 경로 및 단계별 미생물 군집

유기물의 가수분해(hydrolysis)는 혐기성 발효균이 체외로 분비하는 체외효소(exo-cellular enzyme)에 의해 진행된다. 유기물의 구조가 복잡하거나 용해도가 낮아 체외효소가 원활히 접근하지 못할 경우, 가수분해가 전체 혐기성 분해의 속도 결정 단계가 될 수 있다. 따라서 이러한 농업 부산물, 폐활성슬러지 등 가수분해가 어려운 유기물을 다량 함유한 기질에는 다양한 물리화학적 방법을 이용한 전처리(pretreatment)가 선행되는 경우가 있다. 전처리를 고려할 때는 사용되는 에너지와 약품비 등이 경제, 환경적으로 타당한지에 대한 검토가 필요하다. 아미노산, 당, 지방산 등 가수분해된 용해성 유기물은 혐기성 발효균의 체내로 흡수되어 분해된다. 외부 전자수용체가 없으므로, 분해 과정에서 생성된 NADH는 다시 유기물을 환원되는데 사용되며, 혐기성 소화에서는 이 과정에서 유입된 COD의 대부분이 유기산으로 전환된다. 일반적으로 유기산의 대부분은 아세트산(acetic acid), 프로피온산(propionic acid), 부티르산(butyric acid)이며, 이들을 흔히 휘발성 지방산(Volatile Fatty Acids, VFA)라고 부른다.

2. 수소 생성 아세트산 생성균

수소 생성 아세트산 생성균은 산 생성반응의 중간 생성물인 프로피온산과 부티르산을 아세트산, 수소, 이산화탄소로 전환하며, 이러한 반응을 아세트산 생성반응이라고 한다. 알코올과 benzoate 등의 분해도 이 미생물이 담당한다. 프로피온산과 부티르산의 아세트산 생성반응은 다음과 같이, 표준 조건에서 양의 Gibbs free energy 값을 가진다. 따라서 수소 생성 아세트산 생성균은 일반적으로 수소의 농도가 100 ppm 이하일 때 성장할 수 있으며, 혐기성 소화에서는 수소 소모 미생물인 homoacetogen 또는 homoacetogenic methanogen과 공생하는 것이 일반적이다.

$$CH_3CH_2COO^- + 3H_2O \rightarrow CH_3COO^- + H^+ + HCO_3^- + 3H_2$$
$$\Delta G° = 76.1 \text{ kJ/mol} \qquad (1\text{-}6)$$

$$CH_3CH_2CH_2COO^- + 2H_2O \rightarrow 2CH_3COO^- + H^+ + 2H_2$$
$$\Delta G° = 48.1 \text{ kJ/mol} \qquad (1\text{-}7)$$

수소 생성 아세트산 생성균은 단독 배양이 까다로워서 동정된 미생물이 많지 않으나, *Syntrophobacter*, *Syntrphomonas*, *Syntrophococcus* 속 등이 알려져 있다. 또한 황환원균의 일종인 *Desulfovibrio*도 황산염이 없을 때는 알코올이나 젖산을 아세트산과 수소로 분해할 수 있다. 혐기성 소화 시 수소 생성 아세트산 생성균의 활성에 영향을 주는 인자들은 수소 분압 외에는 아직 명확히 밝혀진 바가 없다.

3. 수소 소모 아세트산 생성균

수소 소모 아세트산 생성균은 수소와 이산화탄소를 아세트산으로 전환하며, 이 반응을 homoacetogenesis라고 한다[식 (1-7)].

$$4H_2 + 2CO_2 \rightarrow CH_3COOH + 2H_2O \quad \Delta G° = -104 \text{ kJ/mol} \qquad (1\text{-}8)$$

Acetobacterium, *Acetoanaerobium*, *Acetogenium*, *Butyribacterium*, *Clostridium*, *Eubacterium*, *Pelobacter* 속 미생물들이 homoacetogenesis를 담당한다고 보고되었다 (Archer, B.D. et al, 1990). 혐기성 소화 시 수소 소모 아세트산 생성균의 성장에 미치는 주요 인자는 pH(약산성 선호) 외에는 명확하지 않으나, 메탄 생성균의 두 가지 기질인 아세트산과 수소의 분율을 조절하고, 특히 수소분압을 낮추어 혐기성 소화 미생물 군집의 균형에 중요한 역할을 하며, 여러 수소 생산균과 공생 관계에 있다고 알려져 있다.

4. 메탄 생성 고세균

메탄 생성 미생물(methanogens)은 고세균(Archaea)으로 분류되며, 고세균은 세포막 구조, peptidoglycan 등이 없는 세포벽 구조, 독특한 리보솜 RNA를 포함한 여러 특성으로 인해 세균(bacteria)과는 전혀 다른 계(domain)로 분류되는 원핵생물이다. 고세균 중 methanogens으로 알려진 미생물은 주로 *Methanosarcinales*, *Methanobacteriales*, *Methanococcales*, *Methanomicrobiales*, *Methanopyrales* 목(order)에 속한다. 혐기성 소화 과정에서는 주로 아세트산과 수소가 메탄 생성균의 기질로 사용된다.

$$CH_3COO^- + H_2O \rightarrow HCO_3^- + CH_4 \quad \Delta G° = -31 \text{ kJ/mol} \qquad (1\text{-}9)$$

$$4H_2 + CO_2 \rightarrow CH_4 + 2H_2O \quad \Delta G° = -130.7 \text{ kJ/mol} \qquad (1\text{-}10)$$

메탄 생성균은 모두 절대 혐기성균으로 산소에 노출되었을 때 쉽게 저해를 받는다. 또한 세포 합성 수율이 낮고 성장속도가 매우 느려, 용존성 물질의 혐기성 소화 시 속도 제한 종으로 간주된다. 그리고 pH, 온도 등 외부 환경인자의 변화에 매우 민감하므로 혐기성 소화 공정의 운영 시 이들 환경인자들의 급격한 변화를 피해야 하는 원인으로 작용한다. 황산염이 존재할 경우, 황산염 환원세균과 아세트산을 전자공여체로서 경쟁하는데, 많은 경우 황산염 환원세균에게 기질 소모 속도 측면에서 뒤처지고, 따라서 대부분의 황산염은 황화수소로 환원된다. 후술할 혐기성 소화조의 운전인자는 대부분 메탄 생성균의 활성을 극대화하는데 초점이 맞춰져 있다. 또한, 메탄 생성균의 느린 성장속도로 인해 혐기성 소화조를 처음 가동할 때는 다른 소화조의 고형물(미생물)을 식종하는 것이 일반적이다.

혐기성 소화 과정에서 생산되는 메탄의 약 72%는 아세트산에서, 28%는 수소에서 생성되는 것으로 알려져 있다. *Methanobacteriales*, *Methanococcales*, *Methanomicrobiales*, *Methanopyrales*은 모두 수소를 기질로 사용한다. 현재까지 아세트산을 기질로 이용할 수 있는 메탄 생성균(acetoclastic methanogen)은 모두 *Methanosarcinales* 목에 속한다고 알려져 있다. 그 중에서도 *Methanosarcina* 속과 *Methanosaetaceae* 과(family)와 고세균이 아세트산을 기질로 이용할 수 있다. *Methanosaetaceae*는 아세트산만을 기질로 사용할 수 있는 반면, *Methanosarcina*는 아세트산, 수소, 그리고 메탄올, 개미산, 메틸아민, 일산화탄소 등 다양한 C-1 화합물을 기질로 사용하여 메탄을 생성한다. *Methanosaetaceae* 중 혐기성 소화에서 가장 일반적으로 발견되는 속인 *Methanosaetae*와 *Methanosarcina*는 외형과 동역학적 성장 특성이 매우 다르다. *Methanosaetae*는 간균(bacillus)이며 비성장속도와 반포화상수가 상대적으로 작고, *Methanosarcina*는 구균(coccus)이며 비성장속도와 반포화상수가 상대적으로 크다. 일반적으로 유기물 부하가 낮은 소화조에서는 *Methanosaetae*가, 그 반대의 경우에는 *Methanosarcina*가 우점종인 경우가 많다. 두 아세트산 이용 메탄 생성균의 경쟁 관계는 미생물 생태학에서 r/K selection theory(r : 최대성장속도, K : 환경수용력)의 예제로 흔히 사용된다.

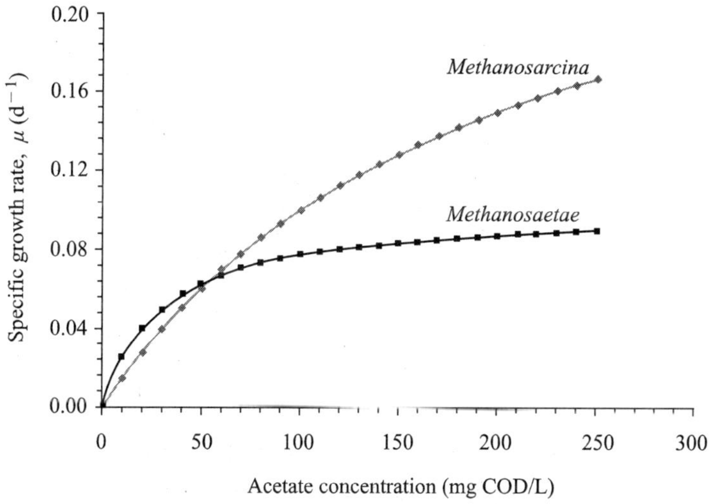

그림 1.7 아세트산 농도에 따른 *Methanosarcina*와 *Methanosaetae*의 비기질 소모 속도 비교

1.3 폐수 처리 관점에서 본 혐기성 공정과 호기성 공정 비교

일반적으로 생활하수는 생분해성 COD 농도가 낮고, 영양염류의 제거가 필요하기 때문에 대부분 호기성 공정을 이용한다. 그러나 COD 농도가 높은 산업폐수, 또는 유기성 폐기물의 경우 혐기성 공정이 더욱 유리해진다. 혐기성 공정은 재생에너지인 메탄을 생산할 수 있고, 처리과정에서 필요한 에너지양이 적으며, 폐기하여야 할 슬러지 생산량이 적다는 장점이 있으며 이러한 장점은 COD 농도에 비례해서 증가한다. 호기성 공정과 비교한 혐기성 공정의 장점과 단점을 표 1.1에 요약하였다. 그림 1.8에 기질 유입 농도와 온도에 따른 혐기성 공정과 호기성 공정의 순 에너지 생산량을 비교한 예를 도시하였다(실 산소전달효율 1.52 kg O_2/kWh, 산소요구량 0.8 kg O_2/kg COD_{Cr}, 메탄 열에너지 전환 효율 80% 가정) (MetCalf & Eddy, 2015). 슬러지 생산 저감까지 고려할 때, 일반적으로 유입 생분해성 COD 5,000 mg/L 이상에서 혐기성 소화가 호기성 처리에 비해 확고한 이점을 가진다고 여겨진다. 또한, 생물학적 질소 및 인 제거 등의 이유로 혐기성 처리 후에 호기성 처리를 적용하는 경우가 일반적이다.

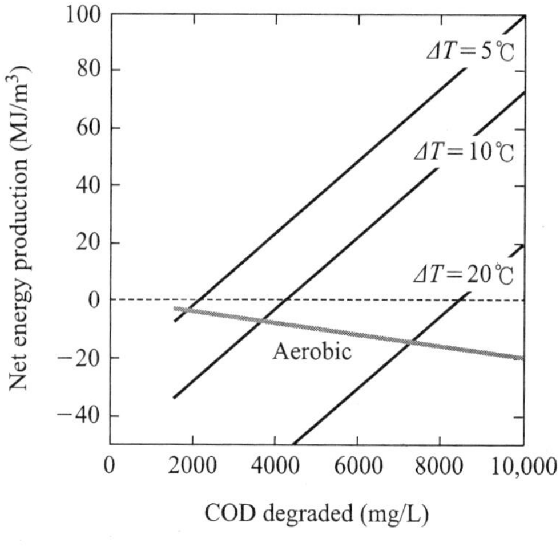

그림 1.8 COD 제거량 및 소화조와 기질 온도차에 따른 혐기성 공정과 호기성 공정의 순 에너지 생산량 비교 (MetCalf & Eddy, 2015)

표 1.1 호기성 처리 대비 혐기성 처리의 장점과 단점

장점	단점
• 메탄 생산 • 낮은 에너지 요구량 • 낮은 슬러지 발생량 • 높은 유기물 부하량	• 긴 초기 운전 시간 필요 • 운전 조건 변경, 충격 부하, 독성 물질 유입으로 인해 정상적인 운전이 어려워질 경우 회복에 긴 시간 필요 • 온도 유지 필요 • 알칼리도 보충 필요 • 생물학적 질소, 인 제거 불가능

1.4 소화 공정

혐기성 소화 공정은 운전 방식에 따라 회분식(batch) 대 연속(continuous) 공정, 중온(mesophilic) 대 고온(thermophilic) 공정, 습식(wet) 대 건식(dry) 공정, 단상(single-phase) 대 이상(two-phase) 공정 등으로 분류될 수 있다. 연속 공정에는 더 복잡한 설계가 필요하지만 회분식 공정은 연속 공정과 동일한 양의 폐기물을 처리하기 위해 더 많은 초기 건물 비용과 더 많은 양의 소화조가 필요하기 때문에 일반적으로 회분식 공정보다 경제적이다(A, Igoni Hilkia et al., 2008). 중온 시스템에 비해 고온 시스템에서 더 높은 열에너지가 필요하지만, 고온 시스템은 훨씬 적은 시간이 필요하고 더 큰 가스 출력 용량과 더 높은 메탄가스 함량을 가지므로 두 시스템을 신중하게 고려해야 한다(Kardos, L et al., 2011). 기질의 고형물 함량에 따라 최대 15%까지를 습식 공정이라고 하며, 그 이상의 고형물 함량을 처리하는 공정을 건식 공정이라고 한다(The eco ambassador, 2016). 이상 공정은 두 가지 속도결정단계인 가수분해와 메탄 생성을 각각 최적화하는 목적으로 2개 이상의 반응기를 사용하는 것을 의미한다(WtERT, 2008).

회분식 공정에서 기질은 공정 시작 시 소화조에 투입된다. 그런 다음 소화조는 공정 기간 동안 밀봉된다. 일반적으로 바이오가스는 정규분포 패턴으로 생성되고, 운영자는 이 사실을 사용하여 유기물의 소화 과정이 완료되었다고 판단하는 시기를 결정할 수 있다. 플랜트에 다수의 회분식 반응기를 병렬로 사용하면 바이오가스의 지속적인 생산을 구현할 수 있다. 그러나 회분식 공정은 기질의 생분해성, 미생물의 활성, 독성 물질 영향, 전처리 효과 등을 평가하기 위해 실험실에서 기초 테스트 목적으로 적용되거나, 특수한 경우의 폐기물 처리에 활용되는 경우를 제외하면 현장에서 흔히 사용되지는 않는다.

일반적으로 사용되는 연속 공정에서는 기질의 투입과 유출수 제거가 지속적 또는 주기적으로 수행되며, 이에 따라 바이오가스가 지속적으로 발생한다. 입자성 고형물의 분율이 높은 경우 연속 교반 반응조(Continuous Stirred Tank Reactor, CSTR), 플러그 흐름 반응조(Plug-Flow Reactor, PFR)와 같은 기본적인 형태의 반응조가 주로 활용되며, 경우에 따라서는 혐기성 회분식 반응조(Anaerobic Sequencing Batch Reactor, ASBR)가 활용되기도 한다. 이와 같은 부유 성장 반응조들에 권장되는 유기물 부하 범위는 대체로 1～5 kg biodegradable COD/m^3·d이다(Paques, 2019). 혐기성 부유 성장 공정들의 설계에 흔히 사용되는 설계치를 표 1.2에 나타내었다(MetCalf & Eddy, 2015).

표 1.2 혐기성 부유 성장 공정의 일반적인 설계인자

인 자	단 위	대푯값	
		범 위	대푯값
미생물 수율, Y			
발효	g VSS/g COD	0.06～0.12	0.10
메탄 생성	g VSS/g COD	0.02～0.06	0.04
총괄	g VSS/g COD	0.05～0.10	0.08
분해 계수, k_d			
발효	g/g·d	0.02～0.06	0.04
메탄 생성	g/g·d	0.01～0.04	0.02
총괄	g/g·d	0.02～0.04	0.03
최대 비성장률, μ_m			
35℃	g/g·d	0.30～0.38	0.35
30℃	g/g·d	0.22～0.28	0.25
25℃	g/g·d	0.18～0.24	0.20
반속도상수, K_s	mg COD/L	60～500	120

입자성 고형물의 함량이 낮은 산업폐수에 대해서는 부착성장 미생물을 이용하는 다양한 고율 혐기성 공정(high-rate anaerobic digestion)들이 적용되고 있다. 이들은 적절한 운전조건이 제공되면 5～40 kg COD/m^3·d의 고부하에서 운영될 수 있다. 널리 활용되는 고율 혐기성 공정에는 Upflow Anaerobic Sludge Blanket(UASB)와 그 변법인 EGSB(Expanded Granular Sludge Bed), IC(Internal Circulation), 혐기성 유동상 반응조(Fluidized Bed, FB), 혐기성 여상(Anaerobic Filter, AF), 혐기성 막반응조(Anaerobic Membrane BioReactor, AMBR) 등이 있으며, 최근에는 이들의 원리를 유기성 폐기물 처리에 도입하려는 다양한 시도가 활발히 수행되고 있다(Envirochemie, 2012).

소화 시스템은 다양한 형태로 분리하여 구성할 수 있다(Eunomia, 2007). 하나의 반응조로 구성된 단상 소화에서는 전체 반응이 밀폐된 단일 반응조에서 진행된다. 단상을 사용하면 건설비용이 절감되고, 운영이 단순하지만, 시스템 내에서 발생하는 반응들에 대한 제어 옵션이 줄어들게 된다(Birgitte K. Ahring, 2003). 반면, 이상 소화에서는 가수분해를 담당하는 혐기성 발효균과 메탄 생성을 담당하는 메탄 생성균 각각을 최적화 시킬 수 있지만, 건설비용이 많이 들고, 운전이 복잡해질 수 있다(Griffin, ME et al., 1998). 혐기성 소화조의 병원균 사멸에 대한 요구 사항이 높은 경우, 작은 규모의 고온 소화조를 배치하고 후단에 중온 소화조를 두기도 하며, 이를 Two-Phase Anaerobic Digestion(TPAD)이라고 한다(Defra, 2007).

1.5 혐기성 소화 운전인자

혐기성 소화는 복잡하고 다양한 성분을 포함한 기질을 처리하고, 여러 미생물 군집이 상호 작용하면서 단계적으로 기질을 소비하며, 기질 분해의 후단에 있는 메탄 생성균의 성장속도가 매우 느리며, 회복에 오랜 시간이 걸리기 때문에, 주요한 운전인자들을 안정적인 범위 내로 유지하는 것이 매우 중요하다. 기질 및 공정의 특성에 따라 차이가 있지만, 일반적으로 안정적인 운전을 위해 권장되는 운전 조건은 표 1.3과 같다.

표 1.3 혐기성 소화의 안정적인 운영을 위해 권장되는 운전 범위

Operational Parameter	Values
Temperature	30~38 or 50~60℃
Solids Retention Time(SRT)	>15 d
Organic Loading Rate(OLR)	1.0~5.0 kg Biodegradable COD/m^3·d
pH	7.0~7.8
Volatile Fatty Acid(VFA)	<3.5 g COD/L
VFA/alkalinity	<0.3 g COD/g $CaCO_3$
Ammonia	<4 g N/L
COD/Nitrogen	<50
Na^+	<5 g/L
Lipids	<30% as COD basis
Sulfate	<100 mg S/L

므로 이를 방지하기 위해 충분한 알칼리도와 낮은 VFA 농도의 유지가 요구된다. 또한, 일반적으로 pH가 중성 영역을 유지한다 하더라도 VFA 농도가 3.5 g COD/L를 초과하면 메탄 생성균의 활성에 저해를 미칠 수 있다.

1.5.6 알칼리도

정상적인 혐기성 소화를 위해 통상적으로 요구되는 알칼리도의 범위는 2~4 g $CaCO_3$/L이다. 기질의 알칼리도가 부족한 경우에는 추가적인 알칼리도 투입이 필요하다. 일반적으로 VFA와 알칼리도의 비율이 소화조의 모니터링 인자로 널리 사용되는데, 이 수치가 급격히 증가하거나 0.3 g COD/g $CaCO_3$를 초과하는 것은 소화조가 과부하 상태 또는 독성 물질에 의한 저해를 받고 있다는 신호일 수 있다.

1.5.7 암모니아

암모니아 독성은 암모니아성 질소 또는 혐기성 소화과정에서 분해되어 암모늄을 생산할 수 있는 단백질이나 아미노산, 소위 TKN이 높은 기질을 처리하는 경우 문제가 될 수 있다. 일반적으로 유리 암모니아(free ammonia, NH_3)가 암모늄 이온(NH_4^+)에 비해 독성이 큰 것으로 알려져 있다. 암모니아가 독성을 발현하는 농도는 미생물 군집 분포와 상태에 따라 매우 다양하다. 암모니아에 적응되지 않은 메탄 생성균은 총 암모니아성 질소(Total Ammonium Nitrogen, TAN) 농도가 100 mg/L만 되어도 저해를 받을 수 있다고 알려진 반면, 적절히 높은 암모니아 농도에 오랜 시간 적응된 혐기성 미생물 군집이 TAN 농도 8 g/L에서도 독성을 받지 않은 사례도 보고된 바 있다(MetCalf & Eddy, 2015). 통상적으로 충분한 적응 시간이 주어진다고 하더라도, TAN 농도 4 g/L 이상의 소화조 운전은 권장되지 않는다.

1.5.8 황산화물

황산염(SO_4^{2-})은 다양한 폐기물 및 폐수에 상당한 농도로 존재한다. 또한 일부 폐수에서는 아황산염(SO_3^{2-}), 티오황산염($S_2O_3^{2-}$)이 함유되어 있다. 이러한 황산화물들은 1.2.1절에서 언급된 바와 같이 SRB에 의해 전자 수용체로 사용되면서 유기물을 소모하여 메탄 생성량을 감소시키고, 황화수소(H_2S)를 생산한다. 황화수소는 금속을 부식시키며 독성이 있고 악취를 유발하여 바이오가스 활용에 앞서 가장 먼저 정제되어야 하는 대상물질이 된다. 또한, 황화수소는 메탄에 비해 용해도가 높아 pH에 따라 수중에 HS^-(hydrosulfide) 또는 S^{2-}(sulfide)로 존재하게 되며, 이러한 황화염 이온들이 황 농도 기준 50～250 mg/L로 존재할 경우 메탄 생성균의 활성을 50%까지 감소시킬 수 있다(Arceivala, S. J. , 1998). 따라서 기질의 황산화물 농도가 높은 기질의 혐기성 소화를 고려하는 경우, 황산화물이 미치는 영향에 대한 대비가 반드시 필요하다.

1.5.9 지질

지질(lipids)은 폐수의 유기물질을 구성하는 주요 성분의 하나로 일반적인 하수슬러지, 음식물쓰레기, 하수 내 COD의 10～30%를 차지하며 특히 식용유 정제업, 육류가공업, 도축산업, 유가공업 등과 같은 식품관련 산업의 폐기물 및 폐수에 고농도로 함유되어 있다(Kim, S.-H et al., 2004). 지질의 대부분을 차지하는 중성지방(neutral fat)은 가수분해 과정을 통해 Long-Chain Fatty Acids(LCFA, 지방산)로 전환되는데, 이 물질은 혐기성 조건에서 미생물에 의해 초산과 H_2로 분해될 수 있고 단위 질량당 이론적 메탄 생성량이 매우 높아 혐기성 소화가 가능하다(Kim, S.-H. & Shin, H.-S, 2010). 그러나 지질은 기본적으로 생분해속도가 단백질이나 탄수화물에 비해 느리고, 용해도가 낮고 수소성이므로 슬러지 부상문제를 유발할 수 있다. 또한, 고농도의 LCFA는 LCFA 분해 및 메탄 생성반응에 독성 물질로 작용할 수 있다(Kim, S.-H et al., 2004). 통상적으로 COD 기준으로 지질의 함량이 30%를 넘는 경우, 용존공기부상법 등을 통해 지질의 함량을 낮추는 것이 권장된다.

1.5.10 영양염류

1.5.7절에 언급한 바와 같이 지나치게 높은 질소 농도는 소화조 성능을 저해할 수 있지만, 반대로 너무 낮은 질소 농도는 혐기성 미생물의 성장을 저해할 수 있으며, 인 역시 부족할 경우가 있다. 기질 종류와 유기물 부하에 따르지만, 통상적으로 기질 내 100 g COD 대비 N과 P가 각각 2 g, 0.3 g 보다 낮은 경우 N, P의 공급이 필요할 수 있다. N, P 함량이 높은 기질(슬러지, 축산분뇨 등)과 낮은 기질(음식물쓰레기, 농업부산물)의 통합 소화(co-digestion) 시 상승효과(synergism)가 발생하는 이유 중 하나가 N, P 함량이 적절한 범위를 만족하게 되는 것이다.

1.5.11 미량 영양소

메탄 생성균은 고세균으로 일반 세균에 비해 철, 니켈, 코발트, 몰리브덴 등을 보다 많이 필요로 한다(Demirel, B. and P. Scherer, 2011). 미량 영양소는 약품으로 주입되거나, 슬러지 등 미량 영양소 함량이 높은 폐기물과의 통합 소화를 통해 구현될 수 있다(Mu, L et al., 2020). 혐기성 소화에 필요한 미량 금속의 정확한 양은 기질의 특성에 따라 다를 수 있으며, 미량 영양소 농도가 과도할 경우 후술할 저해 영향이 나타날 수도 있으므로, 적용하는 기질별로 면밀한 검토가 필요하다.

1.5.12 독성 물질

혐기성 소화의 대상이 되는 기질은 다량의 무기, 유기 화합물을 고농도로 함유하고 있으며, 이들 중 일부는 혐기성 소화 미생물들의 활동에 저해를 미칠 수 있다. 무기 및 유기 화합물들이 혐기성 소화에 미치는 영향은 기질, 미생물 군집, 미생물의 적응 정도, 각 저해 물질 간의 상호작용에 의해 편차가 크지만, 일반적으로 알려진 대표적인 무기, 유기 화합물의 저해 농도를 표 1.4와 표 1.5에 정리하였다(Parkin, G. F., and W. E. Owen, 1986).

표 1.4 혐기성 소화 저해 무기 화합물

물 질	중간정도의 저해를 유발하는 농도(mg/L)	강한 저해를 유발하는 농도(mg/L)
Na^{+}	3500～5500	8,000
K^{+}	2500～4500	12,000
Ca^{2+}	2500～4500	8,000
Mg^{2+}	1000～1500	3,000
Cu^{2+}		0.5 (soluble)
		50～70 (total)
Cr(VI)		3.0 (soluble)
		200～250 (total)
Cr(III)		180～420 (total)
		2.0 (soluble)
Ni^{2+}		30.0 (total)
Zn^{2+}		1.0 (soluble)

(출처: Parkin, G. F., and W. E. Owen, 1986)

표 1.5 혐기성 소화 저해 유기 화합물

화합물	50% 활성도 감소를 유발하는 농도(mM)
1-chloropropene	0.1
Nitrobenzene	0.1
Acrolein	0.2
1-Chloropropane	1.9
Formaldehyde	2.4
Lauric acid	2.6
Ethyl benzene	3.2
Acrylonitrile	4
3-Chlorol-1,2-propanediol	6
Crotonaldehyde	6.5
2-Chloropropionic acid	8
Vinyl acetate	8
Acetaldehyde	10
Ethyl acetate	11
Acrylic acid	12
Catechol	24
Phenol	26
Aniline	26
Resorcinol	29
Propanol	90

(출처: Parkin, G. F., and W. E. Owen, 1986)

1.6 혐기성 수소 생산

수소연료는 연소 시 이산화탄소를 배출시키지 않고 순수한 물만 발생시키기 때문에 온실가스의 주범인 화석연료의 사용을 대체할 수 있는 청정에너지원이며, 또한 수소의 열량(122 kJ/g)은 기존연료(hydrocarbon fuel)보다 약 2.75배 높아 미래의 에너지 전달체로 부상하고 있다. 국내의 수소 생산량은 2015년 기준 총 190만 톤(정유공정 74.9%, 납사분해 12.9%, 천연가스개질 6.4%)이며, 이중 대다수는 정유 등 생산 공정에 재투입되고, 26만 톤 가량이 화학 공정 원료로서 사용되고 있다. 정부는 수소경제 활성화 로드맵(19.01.17)을 통해 2040년까지 연간 526만 톤의 수소를 생산할 것이며, 초기에는 부생수소 및 추출수소를 초기 수소경제 이행의 공급원으로 사용하며, 장기적으로는 생산과정에서 이산화탄소를 발생시키지 않는 그린수소로 대체하겠다는 계획을 발표하였다(산업통상자원부, 수소경제활성화로드맵, 2020).

수소경제를 위한 수소 생산 기술의 쟁점은 다음의 두 가지로 요약할 수 있다.

1. 수소연료 수요에 맞는 공급이 가능한가?
2. 수소연료 공급량이 충족되었을 때, 친환경적 생산법의 비중을 높일 수 있는가?

수소공급(만톤/년)

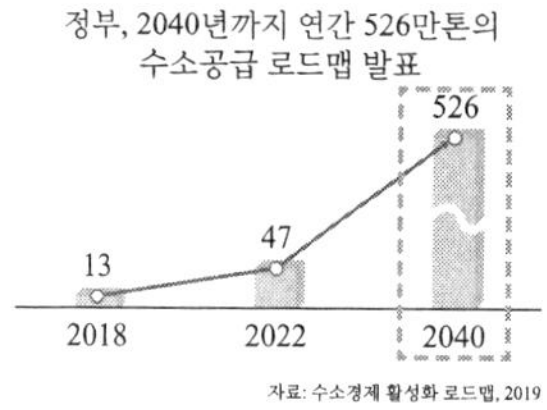

수소경제 활성화 주요 로드맵 　자료: 산업통상자원부

구분		2018년	2022년	2040년
수소차(대)		1만8천	8만천	620만
수소충전소(개소)		14	310	1200
연료전지	발전용	307MW	1.5GW	15GW
	가정·건물용	7MW	50MW	2.1GW
수소공급(연간, ton)		13만	47만	526만
수소가격(1kg당 원)		8천	6천	3천

쟁점 1. 수소연료 수요에 맞는 공급이 가능한가?

→ 대부분 부생수소에 의존, Green 수소 생산비율 확대 필요

쟁점 2. 친환경적 생산법의 비중을 높일 수 있는가?

→ 혐기성수소발효 기술로 구현 가능

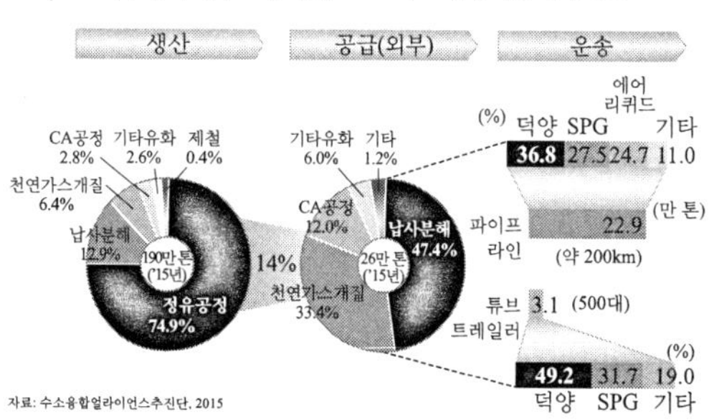

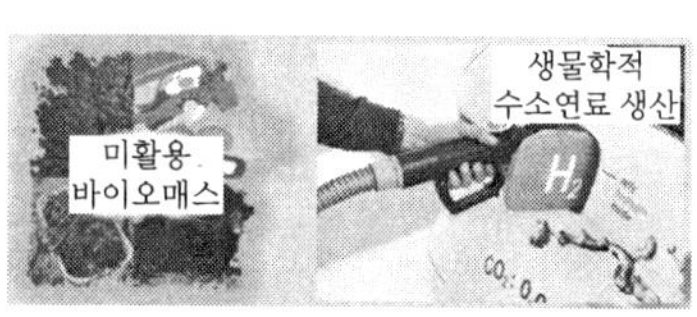

그림 1.9 친환경적 바이오수소 생산의 필요성

수소를 생산하는 기술은 크게 빛 이외의 다른 에너지원의 사용 유무에 따라 물리·화학적인 방법과 생물학적인 방법으로 나뉘는데, 현재 90% 이상의 수소연료는 화석연료를 이용한 수증기 개질법(부생수소 생산) 및 액화천연가스 정제과정에서 얻는 방법(추출수소 생산)에 의해서 생산되고 있으며, 화석연료로부터 수소를 생산하기 때문에 다량의 온실가스를 배출하고, 고온·고압의 상태를 유지해야 되므로 이산화탄소를 생산하지 않는 친환경적인 수소로 간주되기 어려운 상황이다. 추출수소법 중 그린수소 생산 방법으로 거론되고 있는 바이오가스 개질의 경우 유기성 폐기물의 생화학적 분해를 통해 메탄가스를 회수, 개질하는 방법으로서 유기성 폐자원의 감량화가 가능하다는 친환경적인 장점이 있으나, 바이오가스의 생산성이 낮으며(수소 환산 기준, $< 5\ m^3\ H_2/m^3/d$) 흡열 반응인 개질의 특성으로, 단일 공정만으로는 경제성이 낮다는 단점이 있다.

생물학적 수소 생산방법은 크게 빛에너지를 이용하는 방법(광분해, 광발효)과 빛에너지를 사용하지 않는 혐기성 수소발효에 의한 방법으로 나눠지는데, 광분해에 의한 방법은 물과 빛만을 이용해 수소를 생산할 수 있는 인류 궁극의 에너지 생산방법이지만, 수소 생산성이 매우 느릴 뿐만 아니라, 수소 생산 시 부산물로 생성되는 산소가 지속적인 반응을 방해한다는 기술적인 문제에 봉착하고 있다. 광발효에 의한 방법도 수소 생산속도가 느리며 낮은 태양에너지 전환율 때문에 넓은 면적과 큰 부피의 반응기를 필요로 하는 점과 높은 활성화 에너지를 요구한다는 문제 때문에 실용화에는 보다 많은 시간이 소요될 것으로 예상되고 있다. 혐기성 수소발효 기술은 유기성 폐기물, 농업부산물, 해조류 등 다양한 바이오매스에 폭넓게 적용 가능하고, 동일한 유입 기질을 사용하는 바이오가스화에 비해 월등히 빠른 생산속도를 가지고 있으며, 발효여액은 유기산 등 생분해도가 높아진 형태로 다시 고율 바이오가스 생산의 기질로 사용할 수 있어 바이오매스로부터 최대량의 수소를 경제적으로 구현할 수 있다는 장점이 있다(표 1.6 참조). 혐기성 수소발효를 통해 $65\ m^3/m^3/d$ 수준의 생산속도를 달성한다면, 바이오에탄올 생산 등 타 바이오에너지 생산법에 비견할 수 있는 수준에 도달할 것으로 기대된다(표 1.7 참조). 하지만 부유식 미생물군을 이용한 일반적인 공정에서는 실용화 수준의 수소 생산속도가 확보되지 않는다는 기술적 한계가 존재하여, 고율(high-rate) 공정의 개발이 필요하다.

표 1.6 생물학적 수소 생산기술 비교

생물학적 수소 생산기술	수소 생산성($m^3/m^3/d$)
Photolysis	< 0.1
Light fermentation	< 1
Dark fermentation	> 65

표 1.7 혐기성 암발효와 타 바이오에너지 생산 비교

Biofuels	Production rate (m^3 biofuel/m^3/d)	Energy density (MJ/m^3)	Energy efficiency (%)	Energy productivity ($MJ/m^3/d$)
Hydrogen	65	10.8	50	351
Methane	2	35.8	30	21
Ethanol(2nd)	0.064	21.145	25	338

국내 음식물쓰레기는 2014년 전체 생활폐기물 발생량 중 27.4%를 차지하고 있으며, 2018년 현재 일일 약 13,000톤 내외로 발생하고 있다. 하수슬러지의 경우 2018년 환경부에서 발표한 '전국 폐기물 발생 및 처리 현황' 자료 중 폐기물 발생 및 처리 현황을 참고하였으며 사업장배출시설폐기물 중 가연성, 유기성 하수처리오니가 2,793,673 ton/yr임을 확인하였다(환경부, 2018). 가축분뇨의 경우 2018년 환경부에서 발표한 '가축분뇨 처리통계' 자료 중 가축분뇨 발생량을 참고하였으며 그 발생량은 64,398,410 ton/yr이다. 이때 축산농가수는 소규모 축산농가를 포함하였으며(개의 경우 애완견 미포함) 수계오염총량관리기술지침 개정(2012.8)에 따른 축종별 발생유량을 원단위로 적용하였다. 농업부산물의 경우 2014년 농림축산식품부에서 발표한 '바이오매스 에너지화 추진전략 개발' 자료 중 농업부문 주요 농작물의 이론적 부존량 추정 부분을 참고하였으며 그 발생량은 6,169,333 ton/yr이다. 이때 미곡, 맥류에 해당하는 논벼, 밭벼, 겉보리, 쌀보리, 맥주보리, 밀의 부산물인 짚 및 왕겨를 포함하였으며, 잡곡, 두류, 유지류, 서류, 조미채소, 과수의 경우 포함시키지 않았다. 임산자원의 경우 2017년도 말 현재 우리나라 전체 산림에 대한 임목축적은 973,599,553 m^3이며, 이는 2004년 489,061,098 m^3의 두 배에 달하는 축적량이다. 국립산림과학원의 자료를 따르면 임산자원의 5%를 바이오매스로 활용할 수 있다고 발표하였으며, 이에 따르면 추정 임산자원 바이오매스 발생량은 48,679,977 ton/yr이다. 투입가능 분율의 경우 2019년 국립산림과학원에서 발표한 'Solid biofuel market and policy of Korea' 자료 중 목재발생량과 목재이용량 부분을 참조하였다.

투입 가능 분율은 유기성 폐자원의 발생 및 수거 특성, 처리 현황 및 계획을 감안하여 산정하였고, 유기물(VS) 함량은 관련 자료들을 참고하여 산정하였다. 수소 수율은

kg VS당 600 Nm^3으로 가정하였다. 이를 통해 국내 유기성 폐자원으로부터 연간 약 30만 톤의 수소를 친환경적으로 생산할 수 있을 것으로 전망하였다. 이는 수소경제 활성화 로드맵 상의 총 수소 공급량의 5.7%에 해당되는 양이다.

표 1.8 국내 유기성 폐자원의 발생량 및 수소 생산 잠재량

유기성 폐자원	바이오매스 발생량 (ton/yr)	투입 가능 분율 (%)	VS 함량 (ton VS/ton weight)	수소 잠재량 (ton H_2/yr)
음식물쓰레기	5,255,963	80	0.2	45,051
하수슬러지	2,793,673	50	0.15	11,225
가축분뇨	64,398,410	20	0.1	68,998
농업부산물	6,169,333	25	0.8	66,100
임산자원	48,679,977	2	0.8	14,314
계	78,570,948	-	-	295,688

「수소경제 활성화 로드맵」이 발표되어 화석연료를 사용하지 않는 친환경적인 수소 생산에 대한 수요가 예상됨에 따라, 바이오수소 생산 및 바이오가스의 개질에 의한 수소 생산의 중요성이 다시 환기되고 있다. 혐기성 바이오수소 생산(수소 생산 바이오가스화)은 기존 바이오가스화의 장점을 그대로 보유하면서, 메탄보다 고가이며 연료전지 등을 통한 활용성이 큰 수소를 생산할 수 있다는 측면에서 유기성 폐자원 자원화의 수익을 높일 수 있는 대안으로, 향후 연속 공정의 scale-up과 실 바이오매스 적용 등의 기술연구가 추가로 이루어지면 향후 기존 혐기성 소화 및 유기성 폐기물 처리의 경제성을 증대시킬 수 있을 것으로 기대된다.

참고문헌

1. Aikan, "Batch processing", (2012). aikantechnology.com
2. Arceivala, S. J. Wastewater Treatment for Pollution Control, 2nd ed., Tata McGraw-Hill Publishing Company Limited, New Delhi. (1998).
3. Archer, B.D. et al., "The microbiology and control of anaerobic digestion", A. Wheatley (Ed.), Critical Reports on Applied Chemistry, Anaerobic Digestion: A Waste Treatment Technology, Vol. 31, Elsevier Applied Science, London pp.43-92. (1990).
4. Auer et al. "Agricultural anaerobic digestion power plants in Ireland and Germany: Policy

and practice", Journal of the Science of Food and Agriculture, 97(3), pp.719-723. (2017).
5. Birgitte K. Ahring et al., "Biomethanation", T. Scheper (Ed.) Advances in biochemical engineering and biotechnology, Springer-Verlag Berline Heidelberg, Berline pp.57-93. (2003).
6. Clarke Energy, "Agricultural Biogas". (2011). clarke-energy.co.uk
7. Defra, "Anaerobic Digestion Strategy and Action Plan". (2012). defra.gov.uk
8. Defra, "Animal By-Products Regulations". (2007). defra.gov.uk
9. Demirel, B. and P. Scherer, "Trace Element Requirements of Agricultural Biogas Digesters During Biological Conversion of Renewable Biomass to Methane," Biomass and Bioenergy, 35, 3, pp.992-998. (2011).
10. Envirochemie, "Biological processes with Biomar technology", (2012). envirochemie.com
11. Eunomia, "Feasibility study concerning anaerobic digestion in Northern Ireland", (2007). Eunomia.co.uk
12. European Biogas Association, Acknowledging the full potential of biomethane as transport fuel, European Biogas Association (2020).
13. European Commission, "Animal by-products introduction". (2007). ec.europa.eu
14. Ferguson, T. & Mah, R., "Methanogenic bacteria", Anaerobic digestion of biomass, Elsevier Science Publishing Co., New York pp.49-63. (1987).
15. Gijzen, H.J., "Anaerobic digestion for sustainable development: a natural approach", Water Science and Technology, 45 (10), pp.321-328. (2002).
16. Griffin, ME et al., "Methanogenic population dynamics during start-up of anaerobic digesters treating municipal solid waste and biosolids", Biotechnol. Bioeng., 57 (3), pp.342-355. (1998).
17. Igoni Hilkia et al., "Comparative Evaluation of Batch and Continuous Anaerobic Digesters in Biogas Production from Municipal Solid Waste Using Mathematical Models", Agricultural Engineering International: CIGR Journal. Manuscript EE 07 011 (2008).
18. International Energy Agency, Key world energy statistics, IEA Publications (2017).
19. Jewell, W. et al., "Methane fermentation of energy crops: Maximum conversion kinetics and in situ biogas purification", Biomass and Bioenergy, 5 (3-4), pp.261-278. (1993).
20. Kardos, L et al, "Comparing of mesophilic and thermophilic anaerobic fermented sewage sludge based on chemical and biochemical tests", Applied Ecology and Environmentla Research, 9(3), pp.293-302. (2011).
21. Kim, S.-H. and Shin, H.-S., "Enhanced lipid degradation in an upflow anaerobic sludge blanket reactor by integration with an acidogenic reactor", Water Environment Research, 82, pp.267-272. (2010).
22. Kim, S.-H., Han, S.-K. and Shin, H.-S., "Kinetics of LCFA inhibition on acetoclastic methanogenesis, propionate degradation and beta-oxidation", J. of Environ. Sci and Health, A39(4), pp.1025-1037. (2004).

23. Kim, S.-H., Han, S.-K. and Shin, H.-S., "Two-phase anaerobic treatment system for fat-containing wastewater", J. of Chem. Tech. and Biotech., 79, pp.63-71. (2004).
24. Koyama, Tadashiro, "Gaseous metabolism in lake sediments and paddy soils and the production of atmospheric methane and hydrogen", Journal of Geophysical Research, 68(13), pp.3971-3973. (1963).
25. Marelli, L. et al, The impact of biofuels on transport and the environment, and their connection with agricultural development in Europe, European Parliament (2015).
26. MetCalf & Eddy, Wastewater Engineering: Treatment and Resource Recovery, 4th Ed., McGraw Hill (2003).
27. MetCalf & Eddy, Wastewater Engineering: Treatment and Resource Recovery, 5th Ed., McGraw Hill (2015).
28. Mu, L., Zhang, L., Zhu, K., Ma, J., Ifan M., Li, A., "Anaerobic co-digestion of sewage sludge, food waste and yard waste: Synergistic enhancement on process stability and biogas production", Science of the Total Environment, 704, pp.135429 (2020).
29. National Non-Food Crops Centre, "Anaerobic Digestion", NNFCC Renewable Fuels and Energy Factsheet. (2011).
30. Pamatmat, Mario Macalalag; Bhagwat, Ashok M. "Anaerobic metabolism in Lake Washington sediments", Limnology and Oceanography, 18(4). pp.611-627. (1973).
31. PAQUES, BIOPAQ IC. (2019). paques.nl
32. Parkin, G. F., and W. E. Owen, "Fundamentals of Anaerobic Digestion of Wastewater Sludges," J. Environ. Eng., 112(5), pp.867-920. (1986).
33. Scharlemann, J.P.W. et al, "How green are biofuels?", Science, 319, pp.43-44. (2008).
34. Song, Y.C et al., "Mesophilic and thermophilic temperature co-phase anaerobic digestion compared with single-stage mesophilic- and thermophilic digestion of sewage sludge", Water Research, 38 (7), pp.1653-1662. (2004).
35. Tabatabaei, Meisam, "Importance of the methanogenic archaea populations in anaerobic wastewater treatments", Process Biochemistry, 45(8), pp.1214-1225. (2010).
36. The EcoAmbassador, Low and High Solid Anaerobic Digestion Technology. (2016). www.theecoambassador.com
37. U.S. EPA, Process Design Manual Sludge Treatment and Disposal, EPA 625/1-79-011, Office of Research and Development, U.S. Environmental Protection Agency, Washington, D.C. (1979).
38. United States Environmental Protectimeton Agency, "AgSTAR Data and Trends". (2019).
39. WASTE, "Anaerobic digestion reference sheet". (2007). waste.nl
40. WASTE, "Anaerobic digestion". (2011). waste.nl
41. WtERT, "Anaerobic Digestion Systems". (2008). waste.nl
42. 국립산림과학원, "Policy and Market Overview of Solid Biofuels in Korea". (2019).
43. 농림축산식품부, "바이오매스 에너지화 추진전략 개발". (2014).

44. 농촌진흥청, “농촌지역 바이오매스 자원의 순환활용기술 개발”. (2013).
45. 산림청, “2018 임업통계연보”. (2018).
46. 산업통상자원부, “수소경제활성화로드맵”. (2019).
47. 수도권매립지관리공사, “폐자원의 효과적인 에너지 회수 및 이용방안 마련연구 II”. (2013).
48. 해양수산부, “해조류 생산량 및 생산금액”. (2017).
49. 환경부, “전국 폐기물 발생 및 처리 현황”. (2018).

2
CHAPTER

국내외 바이오가스화 현황과 신기술

2.1 서론

바이오가스화는 1장에서 살펴본 바와 같이 유기성 폐기물을 포함한 바이오매스를 혐기성 상태에서 생물학적 공정을 통해 처리하는 기술로서 최종적으로 생산된 바이오메탄은 열, 전기, 차량연료 등의 에너지원으로 활용이 가능하고, 소화액은 퇴비 및 중요 자원(인, 질소 등)을 회수할 수 있는 원료가 될 수 있다. 이에 따라 바이오가스화는 폐기물의 처리와 함께 온실가스 배출을 적극적으로 줄일 수 있는 방법으로서 전 세계적으로 플랜트 설치 및 바이오메탄 가스 이용률이 점점 늘어나고 있다. 하지만, 공정의 느린 속도, 낮은 경제성, 에너지 잠재량은 문제점으로 제기되고 있다. 이에 따라 본 장에서는 먼저 국내외 바이오가스 현황과 정책을 분석 후, 문제점을 파악하고, 이를 해결하기 위한 신기술에 대해 소개하고자 한다.

2.2 국내 바이오가스화 현황과 정책

2.2.1 현황 및 문제점

바이오가스화 플랜트에 식품공장폐수 등을 포함한 산업폐수도 일부 원료로 공급되는 곳이 있지만, 유기성 폐기물이 주요 원료이므로 본 장에서는 이에 대해서만 언급하였다.

유기성 폐기물로부터의 바이오가스 생산은 폐기물의 처리와 동시에 에너지를 생산할 수 있는 친환경적 장점 때문에 2008년 38개소에 불과했던 바이오가스 시설이 2013년 61개소, 2019년 101개소로 지속적인 증가를 보이고 있다. 또한, 2019년 아프리카 돼지열병의 발병에 따라 음식물쓰레기의 습식사료화가 전면 금지되면서, 이에 대한 대안으로 바이오가스화 처리는 더 늘어날 것으로 예측되고 있다. 표 2.1의 전국 바이오가스 플랜트 운영 현황을 살펴보면 시설용량은 64,436톤/일, 처리량은 61,079톤/일로 가동효율이 94.8%이고 바이오가스 생산량은 962,088 m^3/일로 보고되고 있으며 생산된 바이오가스는 발전, 외부공급, 자체 이용 등으로 사용되고 있다(유기성 폐자원 바이오가스화시설 현황, 2019).

그렇다면 국내 유기성 폐기물을 이용하는 바이오가스화 시설에 있어 문제점은 없을까? 유기성 폐기물의 성상과 적용기술이 다양하기 때문에 처리공정, 운영과정, 인력 등 다양한 문제점이 있겠으나 이 중 공통적으로 개선해야 할 부분에 대해 언급하였다.

첫 번째로, 대부분의 바이오가스 플랜트에서 낮은 소화효율을 보이고 있다. 음식물류폐기물과 가축분뇨 바이오가스화 플랜트의 평균 소화효율은 각각 36%, 15%로 나타났으며, 하수슬러지 소화조의 평균 소화효율은 35.2%, 최대 소화효율은 64.3%, 최소 소화효율은 0.5% 나타났다(환경부, 2014, 2018). 원료별로 성공적인 소화효율은 일반적으로 음식물류폐기물은 60% 이상, 가축분뇨와 하수슬러지는 30~40% 이상으로 볼 수 있는데, 그러한 이유는 생분해도 차이에 기인한다. 음식물쓰레기는 쉽게 부패가 되는 반면, 가축분뇨와 슬러지류는 쉽게 분해가 되지 않는 단백질이 주요 구성성분이므로 소화효율이 낮은 편이다. 그러므로 소화효율, 즉 바이오가스 생산효율 증대를 위해 가축분뇨와 하수슬러지는 다양한 전처리가 적용되기도 한다(김동훈 외, 2010).

원료의 생분해도의 차이 때문에 낮은 소화효율의 원인도 다를 수 있지만, 부적절한 교반에 따른 소화조 내 효율적인 용적량 감소는 모든 원료에 해당된다. 즉 설계 수리학적 체류시간을 만족해야 하는데, 시간이 지날수록 모래, 금속류 등을 포함한 협잡물 등이 소화조 내에 쌓이게 되어 체류시간이 감소된다. 이러한 문제를 해결하기 위해서는 주기적인 소화조 내 체류시간 점검과 적절한 교반법이 적용되어야 한다. 소화조 내 체류시간 감소는 상대적으로 생장속도가 늦은 메탄균의 wash-out을 유발하고 한편 산생성균이 우점화되면서 소화조 내 pH가 낮아지는 현상이 수반되며, 회복을 위해서는 알칼리도의 공급을 통한 pH 상승과 유기물 부하 저감이 방법이 될 수 있다. 하지만, 회복이 되지 않을 경우, 일부 소화액을 제거 후, 성능이 좋은 소화조 슬러지를 공급하는 것이 가장 효과적인 방법이 될 수 있다.

하수슬러지 단독처리의 경우에 소화효율이 낮게 나타나는 것으로 보고되었는데, 평균 유기물 분해율이 단독처리의 경우 42.3%였지만 통합처리(음식물류폐기물 병합)의 경우 60.5%로 나타나 단독처리보다는 통합처리를 통해 소화율의 향상이 나타났음을 확인할 수 있다(환경부 2018). 이는 통합시설이 2008년에는 10개소였으나 2013년에는 18개소, 2019년에는 44개소로 증가하였으며 2017년에는 가축분뇨, 하수슬러지 단독처리 시설 중 6개소가 음식물류폐기물을 혼합하여 통합처리시설로 변경하여 운영되고 있는 사실로 뒷받침하고 있다(환경부 2018). 통합소화 시 소화율의 증대는 적절한 C/N비 공급, 생분해도가 높은 원료 투입에 따른 상승효과(synergistic effect), 다양한 미생물군의 제공 등에 기인한다.

가축분뇨의 경우, 1~6개월 이상 저장조에서 체류 후 이송되기 때문에 높은 소화효율을 기대하기 힘들다. 이에 대해서는 2.4.1절에서 좀 더 자세히 다룰 예정이다. 또한, 가축관련 전염병(구제역, 조류독감 등) 발생 시 다량의 소독제 등이 살포되며 이는 분뇨에 혼합되면서 소화효율을 낮추는 요인이 되기도 한다. 가축분뇨의 경우에도 음식물쓰레기와의 통합소화가 높은 바이오가스 생산량을 확보하는 방안이며, 국내 몇몇 플랜트에서는 성공적인 소화효율을 보이고 있다.

표 2.1 바이오가스 플랜트 국내 현황(2019년 기준)

구분	계	통합시설	단독시설			
			소계	음식물류폐기물	가축분뇨	하수슬러지
시설수 (개)	101	44	57	21	4	32
시설용량 (톤/일)	64,436	37,517	26,919	5,084	480	21,355
처리량 (톤/일)	61,079	38,384	22,696	3,118	329	19,249
가동효율 (%, 시설용량 대비)	94.8	102.3	84.3	61.3	68.5	90.1
바이오가스 생산량 (m^3/일)	962,088	524,712	437,375	248,647	2,036	186,693
바이오가스 이용량 (m^3/일)	803,156	430,929	372,227	223,940	1,822	146,466
미활용량 (연소처리)	158,932	93,783	65,148	24,707	214	40,227

(자료출처: 참고문헌 12)

두 번째로, 설계용량 대비 가동효율이 차이가 많이 발생한다는 부분인데 표 2.2에 제시된 바와 같이 설계용량 대비 처리율은 각각의 바이오가스 운영시설에 따라 47.0~99.3%까지 다양하다. 특히, 음식물류폐기물의 경우 요일별로 반입량이 다르고 일요일에는 반입이 안 되기 때문에 이를 고려한 운영이 필요하다. 초기 바이오가스 시설의 설계용량에 비해 적게 운영이 된다면 이는 설계 대비 운영비의 증가로 이어져 바이오가스 시설의 경제성이 악화될 수 있기 때문에 타 유기성 폐기물을 혼합하여 용량을 증대시키거나 조정해야 할 필요성이 있다고 판단된다.

세 번째는 미활용가스(잉여가스)의 발생인데, 표 2.3에 나타낸 바와 같이 2019년 기준 유기성 폐기물로부터 바이오가스 생산량이 962,088 m^3/일이고 이중 미활용가스는 158,932 m^3/일로 약 16.5%에 해당한다. 미활용가스는 기존에도 지속적으로 발생하였는데 계절적 또는 기술적인 원인으로 바이오가스 소화조가 불규칙하게 운영되거나

표 2.2 바이오가스 운영시설 자료(일부 예시) (2019년 기준)

바이오가스 운영시설	설계용량 (톤/일)	연간 가동 일수 (일/년)	평균 처리량 (톤/일)	가동효율 (설계용량 대비 처리율)	바이오가스 생산량 (천m^3/년)	처리대상
서울 동대문 환경자원센터	98	311	90.7	92.6%	3,711	음식물류 폐기물
대구 상리 음식물류폐기물 처리시설	300	300	168	56.0%	2,282	음식물류 폐기물
부산 생곡 음식물 자원화 시설	200	312	94.0	47.0%	809	음식물류 폐기물
대전 바이오에너지센터	200	310	198.5	99.3%	11,592	음식물류 폐기물 기준
제주시 가축분뇨공공처리 시설	200	300	160.0	80.0%	114	가축분뇨
인천 승기 하수처리시설	562	365	504	89.7%	1,107	하수슬러지
대구 신천 공공하수처리시설	1,378	365	1,275	92.5%	8,028	음식물+ 하수슬러지
경남 양산 바이오가스 열병합 발전소	130	330	85.0	59.0%	618	가축분뇨+ 음폐수

(자료출처: 참고문헌 15)

표 2.3 바이오가스 이용 현황 (단위: 천m^3/년, %)

구분	생산량	활용량					미활용 (연소처리)
		소계	용도별 이용량				
			발전	외부공급	자체이용	스팀가스 사용 등	
2010	157,074 (100)	124,398 (79.2)	25,811 (16.4)	9,701 (6.2)	88,886 (56.6)	-	32,676 (20.8)
2013	205,435 (100)	158,550 (77.2)	27,925 (13.6)	27,211 (13.2)	103,414 (50.3)	-	46,885 (22.8)
2016	304,293 (100)	240,557 (79.1)	53,199 (17.5)	59,533 (19.6)	115,153 (37.8)	12,651 (4.2)	63,736 (20.9)
2018	353,709 (100)	285,530 (80.7)	62,209 (17.6)	97,669 (27.6)	94,835 (26.8)	30,817 (8.7)	68,179 (19.3)
2019	351,163 (100)	293,153 (83.5)	65,023 (18.5)	89,766 (25.6)	105,610 (30.1)	58,011 (9.3)	58,011 (16.5)

(자료출처: 환경부 유기성 폐자원 바이오가스화시설 현황, 2019)

활용처가 없을 경우에 연소하여 처리하였다. 미활용가스가 가장 많은 발생 부분은 음식물류폐기물로 29%인데, 음식물류폐기물이 생활문화와 계절에 따라 성상, 발생량, 빈도가 다르기 때문인 것으로 사료된다.

추가적으로 한국의 유기성 폐기물 발생특성에 맞지 않는 외국 기술을 도입하여 문제가 된 경우와 운영인력의 전문성 부족으로 인한 시설의 유지가 안 되는 경우가 있는데 이는 지역 환경에 맞는 기술의 적용과 전문인력의 양성, 데이터 기반의 자동화 시스템의 적용을 통해 지속적으로 개선해야 할 부분으로 판단된다.

2.2.2 관련 정책

국내 유기성 폐기물 관련 정책은 유기성 폐자원의 감량화(Reduce), 재사용(Reuse), 재활용(Recycle)의 3R 정책이 주를 이루었는데 2009년 이후 신재생에너지의 개발과 더불어 폐자원 이용의 중요성이 부각되면서 에너지화(Recovery)가 포함된 4R 정책으로 전환되었다. 이는 기후변화와 에너지 고갈에 대비하여 자원순환사회를 구축하려는 정책적 패러다임의 변화를 의미한다(그림 2.1).

구 분	그간의 정책		새로운 정책방향
정책여건	폐기물로 인한 환경오염 심화		기후변화, 원자재·에너지 고갈
목 표	쾌적한 생활환경 조성		자원순환사회 구축
추진전략	감량 → 재활용 → 처리	➡	효율적 생산·소비 → 물질 재활용 → 에너지 회수 → 처리 선진화
주요과제	쓰레기종량제, 생산자책임재활용제도 및 처리시설설치		자원순환성평가, 재활용품질인증, 폐자원 등 에너지화, 처리광역화
핵심개념	폐기물		자원(순환/천연)

그림 2.1 폐기물 처리 정책의 패러다임 전환 (환경부, 2018)

2009년 7월 발표된 정부의 "폐자원 및 바이오매스 에너지 대책 실행계획"은 이러한 정책변화를 뒷받침하고 있는데, 국내 에너지 총 공급량 중 신·재생에너지 비율을 '07년 2.37%에서 '13년 3.78%로 향상시키기 위해 폐자원 및 바이오매스로 신·재생에너지의 83.9%에 해당하는 3.17%를 생산하는 계획이 이에 해당한다. 특히, 세부 분야를 폐자원, 바이오매스의 에너지화, 저탄소 녹색마을 조성, 산림계 바이오매스 등의 4개 실행분야로 구성하고 유기성 폐기물, 매립 가스 등을 중점적인 대책으로 포함하였다. 이후 정책 추진을 통해 폐자원 바이오매스 타운의 설치 등이 진행되었고 추진 중에 있다. 또한, 폐기물의 에너지화를 통해 화석연료를 대체하고 온실가스 발생을 줄임으로써 기후변화에 효과적으로 대응하기 위한 것이기도 하다. 2015년 기준 우리나라의 온실가스 배출량(tCO_2)은 690.2백만 톤이며, UNFCC 온실가스 의무 감축국(부속서 I)들과 비교·분석 한 결과 우리나라의 온실가스 총배출량 순위는 미국, 러시아, 일본, 독일, 캐나다 다음인 6위였고 이에 따라 우리나라는 2030년 온실가스 배출 전망치(BAU)의 37%에 달하는 온실가스 감축 목표를 수립, 추진 중에 있다(환경백서 2019).

한편, 유기성 폐기물의 처리 방법의 변화는 바이오가스 관련 정책의 변화에 영향을 끼친 요소이기도 하다. 2005년 음식물류폐기물 직매립 금지, 2006년 3월에 발효된 '런던협약 96 의정서'에 따라 유기성 폐기물 중 하수슬러지 및 가축분뇨는 2012년 1월부터, 음식물류폐수(음폐수)는 2013년 1월부터 해양배출이 금지됨에 따라 매립·소각 중심의 단순처리에서 폐기물의 처리와 동시에 바이오가스 등 재생에너지를 생산하고 온실가스 감축이 가능한 육상처리 대체수단이 증가하였다.

2014년 "친환경에너지타운 조성사업"의 일환으로 2015년 12월 홍천 친환경에너지타운이 준공되어 운영되고 있다. 친환경에너지타운은 환경과 에너지 문제를 동시에 해결하고 지역경제 활성화 차원에서 도입된 폐자원에너지 정책이다. 음식물쓰레기와 가축분뇨를 대상으로 1일 3,000 m^3의 바이오가스를 생산하고 정제를 거쳐 주민 도시가스로 공급하고 소화액은 퇴액비화로 주민 수익을 창출하였는데 1년간 운영한 결과 주민 경제수익은 약 234백만 원으로 보고되었다. 하지만 주민참여저조, 지속적 수익창출을 위한 체계적 사업관리 부실의 문제가 있어 이를 개선하고자 친환경에너지타운 위원회를 구성하여 운영하기로 하였다.

바이오가스 전문가 양성을 위한 정부 시책도 마련되었는데, '07년부터 '14년까지 진행된 폐자원 에너지화 사업의 Eco-Star 프로젝트로 2030년까지 세계 시장 주도 위한 글로벌 기술력 개발 추진하기 위해 석·박사급의 전문인력 양성에 기여하였고 2009년 가연성 에너지화, 유기성 폐자원 에너지화 등 5개소 특성화 대학원 지정 및 운영, 매년 250명의 전문인력 양성을 목표로 하였다.

또한, 2018년 정부 관계부처 합동으로 발표된 지속가능한 순환경제 실현을 위한 제1차 자원순환기본계획(2018~2027년)에 따르면 향후 에너지화(Recovery)에 초점을 맞춰 바이오가스 생산효율 개선 등 폐자원에너지 질적 성장을 이루고 가연성 폐기물발생량 중 에너지화 된 폐기물의 비율을 기존 16.3%에서 20.3%까지 증대시키는 등 폐자원의 에너지화를 위한 계획이 발표되었다. 특히, 음식물류폐기물, 하수슬러지, 가축분뇨 등 통합 처리시설 확충을 통한 바이오가스 생산효율 개선 및 지역별 사용처 확보를 강화하고 음식물류폐기물 자원화 방식(처리량 기준)의 에너지화 비율을 기존 10%에서 2022년 24%까지 증대시키고 현재 80% 정도 수준인 바이오가스 이용률을 2027

년까지 90%로 증대시키는 등 기존 바이오가스화시설의 문제점을 개선하기 위한 대책이 포함되어 있다. 세부적인 정부 투자계획으로는 2027년까지 단계적으로 바이오가스화시설 총 90개 시설에 대해 총 11,528억 원 투자, 친환경에너지타운 총 50개 지역에 대해 1,569억 원 투자에 대해 계획을 밝혔으며 음식물류폐기물 처리시설도 바이오가스 중심으로 재편됨에 따라 317억 원의 투자계획을 밝혔다. 자세한 사항은 표 2.4에 나타내었다.

표 2.4 유기성 폐자원 바이오가스화 정책

정책	주요 내용	비고
폐자원 및 바이오매스 에너지 대책	목표 : 2020년까지 유기성 폐기물의 36%(283만 톤/년) 에너지화, 기존 실적은 2013년 기준 2%(16만 톤/년)	09년 9월
폐자원 에너지화 시설 확충	유기성 폐자원 바이오가스화시설 설치에 국고 보조(약 30% 지원), 수도권 매립지, 동대문구 등 14개소 설치 운영 중, 평택 등 9개소 설계 시공 중	
폐자원 에너지화 제도 개선	"폐기물 관리법 시행규칙" 개정 석탄화력발전소에서 하수슬러지 연료 사용 가능토록 변경	13년 12월
신재생에너지연료 혼합 의무화 제도	수송용 연료의 일정분을 바이오연료로 공급하도록 의무화 하는 제도(RFS, Renewable Fuel Standard) 바이오가스 분야는 2017년 시범사업 후 2020년 이후 예정	15년 7월
친환경에너지타운 조성	"친환경에너지타운 조성사업" 추진 유기성 폐기물(음식물 및 가축분뇨 등) 에너지화 시설을 가동하여 열·전기 등을 주변 지역에 공급함으로써 생활환경을 개선, 주민소득 향상 - 대상지역 : 강원도 홍천(환경부), 충청북도 진천(미래부), 광주광역시(산업부) 등 3개소 시범 사업지 선정 및 추진 - 강원도 홍천 친환경에너지타운 2015년 12월 준공 및 운영	14년 5월
폐자원 에너지화 지원 사업	- Eco-Star 프로젝트 추진(2030년까지 세계 시장 주도 위한 글로벌 기술력 개발 추진) → 전문인력 양성(석·박사급 인력 양성, 기존 대졸자의 14.3%로 전문인력의 절대적 부족) - 2009년 가연성 에너지화, 유기성 폐자원 에너지화 등 5개소 특성화 대학원 지정 및 운영, 매년 250명의 전문인력 양성 목표	07～14년 17년
가축분뇨 공공처리시설 설치 지원 및 확대	- 기존 105개 → 150여개소로 확대('20년까지) (이중 바이오 에너지화 시설 10개소 확충) - 환경 순환형 가축분뇨 공공처리시설 사업 (지자체 중심, 바이오가스＋퇴·액비)	18년

정책	주요 내용	비고
제1차 자원순환기본계획	- 에너지 회수율(가연성 폐기물발생량 중 에너지화 된 폐기물의 비율) 16.3 → 20.3%까지 증대(차선책으로 바이오가스 등 열적 재활용 유도) - 바이오가스 생산효율 개선 등 폐자원에너지 질적 성장(세부 추진) • 지역거버넌스에 기반한 폐기물 처리 최적화(친환경에너지타운 지속 확대, 18~22년까지 매년 5개소 이내 지정, 23년 이후부터 3~5개소 지정) • 음식물류폐기물, 하수슬러지, 가축분뇨 등 통합 처리시설 확충을 통한 바이오가스 생산효율 개선 및 지역별 사용처 확보 강화 • 음식물류폐기물 자원화 방식(처리량 기준) 에너지화 10% → 24%(2022년까지) • 주요지표; 바이오가스 이용률 80% → 90%까지 증대(2027년까지) • 바이오가스화시설 총 90개 시설에 대해 총 11,528억원 투자(2027년까지) • 친환경에너지타운 총 50개 지역에 대해 1,569억원 투자(2027년까지)	18~27년

2.3 해외 바이오가스화 현황 및 정책

바이오가스는 다른 신재생에너지원(풍력, 태양광 등)에 비해 간단한 설치 및 운영이 가능하다는 장점 때문에 친환경 분야에 많은 투자를 하고 있는 선진국뿐만 아니라, 후진국에서도 온실가스 배출을 저감하기 위한 가장 효율적인 기술로 인식되고 있다 (Casillas 외 2010). 현재 바이오가스화를 통한 에너지 생산량은 전 세계적으로 33.5백만 TOE이며, 이 중 55.6%는 유럽의 17,783기의 플랜트에서 생산되고 있다(IEA 보고서 2020). 특히 독일에 10,971개의 플랜트가 있으며, 전 세계 생산량의 28.4%를 차지한다. 주요 원료는 가축분뇨(11.1백만TOE), 에너지 작물(8.1백만TOE), 도시고형폐기물(8.0백만 TOE)이며, 생산된 바이오가스는 주로 발전에 이용되며 전 세계적으로 18 GW급의 시설을 갖추고 있다. EU국가에서는 60%가 전기 생산, 30%는 도시가스 및 난방열로 이용되고 있고, 최근에는 고질화를 통해 차량연료로의 공급이 늘어나고 있는 추세이며, 전 세계적으로 700기, 유럽에 540기의 바이오가스 고질화 플랜트가 건설되어 있다 (Scarlat et al., 2018).

유럽의 바이오가스화 사업은 매립량 감소 정책, 신재생에너지 지원 정책, 면세 및 가격지원제도(feed-in tariff)에 의해 점차 확장되어가고 있다. 2020년까지 1995년의 35% 수준 이하로 매립량 감소를 의무화하고 있고, 재생에너지 지침(RED)을 통해 수송 분야에 사용되는 연료의 10%를 재생에너지로 전환하고자 한다. 가격지원제도는 생산된 바이오가스를 전기, 도시가스, 열로 이용 시 정부에서 보조되는 인센티브로서 발전용량, 원료의 종류에 따라 차등 구분이 되어 있고, 독일, 이탈리아, 덴마크, 슬로바키아, 영국, 네덜란드, 프랑스, 오스트리아, 핀란드에서 적용되고 있다.

나라별로 살펴보면 독일의 경우, 유럽 전체의 전기에너지 생산량의 53%를 발전하고 있으며, 자국 전기에너지의 5%를 충당하고 있다. 현재 전기에너지로의 활용이 가장 높지만, 점차적으로 고질화를 통한 가스 그리드 공급량을 늘리는 추세이며 195기의 고질화 플랜트가 설치되었다. 한편, 다른 나라와는 다르게 바이오가스 생산의 주요 원료는 에너지 작물로서 전체의 77%를 차지하고 있다(IEA 독일보고서, 2019). 에너지 작물을 활용한 바이오가스 생산은 경작 가능한 면적이 넓고, 대규모 농작이 주요인 곳에서 가능한 것으로서 자세한 사항은 다음의 Box에 기재되었다. 덴마크에는 166기의 플랜트가 있으며 연간 1,763 GWh의 에너지를 생산하고 있다. 생산된 바이오가스는 전기, 열 각각 66%, 16% 활용되고 있고, 17%는 고질화를 통해 가스 그리드로 공급되고 있다. 고질화 비율을 점차 증대되고 있으며, 2035년까지 바이오가스로 전체 자동차(대중교통) 연료의 40%를 충당하는 것을 목표로 하고 있다. 덴마크는 특히 가축분뇨를 활용한 바이오가스 생산과 온실가스 저감에 앞장서고 있는 나라로서 2020년까지 전체 가축분뇨의 50%를 바이오가스화하고자 하며, 2010년부터 돈분뇨의 20%를 황산처리하여 저장 및 퇴비 시 살포하고 있다(관련 내용 2.4.1절 참조). 스웨덴에는 280개의 바이오가스 플랜트에서 연간 약 2,000 GWh에 해당하는 바이오가스를 생산하고 있으며, 이 중 60% 이상을 고질화를 통해 차량연료로 활용하고 있다. 바이오가스의 차량연료 활용에 가장 앞서고 있는 나라로서 현재 44,000기의 자동차가 운행 중에 있다(IEA 스웨덴 보고서, 2019).

Box 1 에너지 작물을 활용한 바이오가스 생산

에너지 작물이란 식용이 아닌 에너지 생산을 위해 재배되는 식물로서 바이오가스뿐만 아니라, 바이오에탄올, 바이오디젤 등이 주요 생산품이다. 에너지 작물에 대한 개념은 1930년대부터 시작되었으며, 현재 전 세계적으로 재배 가능 면적의 5%가 에너지 작물 재배에 활용되고 있다. EU에서 바이오가스 생산을 위한 가장 많은 원료가 에너지 작물(44.4% 차지)이며, 독일은 대표 국가로서 현재 5,700기의 플랜트에 에너지 작물이 공급되고 있다. 가장 많이 이용되는 에너지 작물 종은 옥수수 사일리지(maize silage)와 목초 사일리지(grass silage)이며, 각각 69%와 14%를 차지하며, 바이오가스 전환율은 일반적으로 180~220 m^3/wet 톤으로 음식물쓰레기의 2배 정도이며, 재배면적당 생산성은 4,000~5,000 m^3/ha이다. 에너지 작물은 단독으로 바이오가스플랜트에 공급되기도 하지만, 음식물쓰레기와 가축분뇨 등과 혼합 공급되기도 한다. 에너지 작물의 재배는 점점 늘어나고 있으며, 2050년까지 바이오가스 생산량은 4,967 TWh/년으로 예상되어지며, 이를 통해 연간 945 Mt CO_2 eq. 감축할 수 있는 것으로 추정되어진다.

에너지 작물은 다른 원료보다 함수율이 매우 낮아서 단위 부피당 바이오가스 생산성이 가장 높은 원료이며, 건식소화(dry digestion) 반응기에서 주로 처리된다. 가수분해 촉진을 위해 전처리 공정을 적용하기도 하며, 소화조 내에서는 균일화를 위해 일반적으로 anchor type의 교반기가 이용된다. 에너지 작물은 주로 엔실리지(ensilage: 작물을 쌓아놓고 표면에 커버를 씌워서 젖산발효를 유도) 공정을 통해 보관되며, 이를 통해 장기간 보관 및 소화효율 증대를 가능하게 한다. 유럽에서는 에너지 작물 재배, 수확, 이송 등에만 관련한 기업이 200여개 이상 있는 것으로 보고되고 있다.

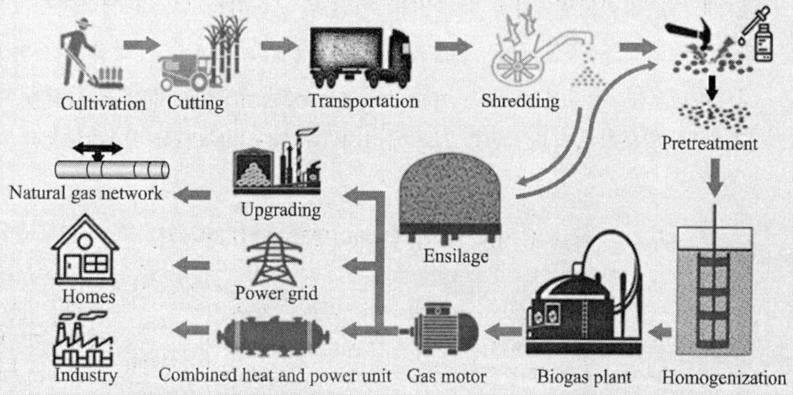

그림 2.2 에너지 작물로부터 바이오가스 생산 단계 모식도

2.4 바이오가스화 신기술

바이오가스화 기술은 유기성 폐기물 처리와 에너지 생산을 동시에 할 수 있다는 장점뿐만이 아니라 유해균 생장 억제 기능을 가지고 있다. 기존 문헌에 따르면 유기성

폐기물 내 대장균(*Escherichia coli*), 살모넬라(*Salmonella*)와 같은 미생물 수가 크게 감소한 것이 관찰되었으며 고온조건(55℃ 이상)에서는 유해균 생장 억제 능력이 크게 향상되는 것으로 나타났다(Briski 외, 2007; Franke-Whittle 외, 2013). 특히, 고온조건에서의 바이오가스화는 최근 국내에서 유행한 아프리카 돼지열병(ASF, African Swine Fever)의 확산을 효과적으로 막을 수 있는 기술로 활용될 수 있다. 일반적인 ASF는 가축분뇨를 통해 전염이 가능하므로 가축분뇨 운반 시 위생적인 처리가 필요로 하지만 주변 환경의 변화에 대해 강한 내성을 가지고 있는 ASF의 특징으로 인해 확산 억제에 많은 어려움이 있다. 하지만 ASF는 높은 온도에는 민감하게 반응하여 50℃ 이상의 조건에서는 짧은 시간동안 배양하더라도 쉽게 사멸한다는 특징을 가지고 있어 고온조건에서의 바이오가스화 기술을 활용하면 돈분을 통한 ASF의 확산을 효과적으로 억제할 수 있을 것으로 예상된다(Turner 외, 1998).

위와 같은 다양한 장점들로 인해 유기성 폐기물을 이용한 바이오가스화 생산 기술에 관한 연구 및 투자가 증가할 것으로 예상되지만 기술의 한계 또한 존재한다. 산업통상자원부와 한국에너지공단에서 발표한 국내에서 배출되는 유기성 폐기물의 에너지 잠재량을 살펴보면, 이론적 수치는 연간 약 2,640천TOE의 에너지를 회수 가능할 것으로 예측되지만 최신 기술 수준을 고려한 기술적 에너지 잠재량은 25% 감소한 1,980천TOE/년으로 나타났다(산업통상자원부 외, 2018). 국내 유기성 폐기물 전량을 이용하여 바이오가스를 생산하더라도 국내 최종에너지 소비량(2.8억TOE/년, 2018년 기준)의 1%에도

표 2.5 국내 유기성 폐기물의 바이오가스 잠재량 계산

	연간 발생량 (백만 톤/년)	함수율 (%)	VS 함량 (VS/TS, %)	COD/VS (kg/kg)	이론적 최대 잠재량 (m^3/톤)	소화 효율 (%)	실제 잠재량 (m^3/톤)	연간 생산 가능량 (백만m^3/년)
음식물쓰레기	5.3	83	95	1.3	147	70	103	545
하수슬러지 (탈수케이크)	4.0	80	90	1.3	164	30	49	197
가축분뇨	62.5	92	90	1.3	66	40	26	1,638
합계	-	-	-	-	-	-	-	2,380

[계산법, 예시]
- 이론적 최대 잠재량 계산 : 1 kg COD = 0.35 m^3 CH_4
- 바이오가스 내 메탄 분압 : 50% 가정
- 음식물쓰레기 1톤 최대 바이오가스 잠재량(a) : 1,000 kg/ton × 0.17 × 0.95 × 1.3 × 0.7 m^3
- 음식물쓰레기 1톤의 실제 잠재량 : (a) × 0.7
- 1 m^3 CH_4 = 35 MJ, 1 cal = 4.2 J, 1 TOE = 10^{10} cal

미치지 못할 만큼 상대적으로 작다는 한계를 가지고 있다. 하지만, 위의 값도 전체 에너지 잠재량을 의미하며, 바이오가스화 시 에너지 잠재량은 1백만TOE/년으로 추정된다(표 2.5 계산 과정 참조).

마찬가지로, 바이오가스 플랜트 운영 시 교반 및 온도 유지를 위한 에너지가 소모되며, 이에 대한 계산은 다음 Box의 내용을 참조하기 바란다.

Box 2 바이오가스 플랜트 운영 시 에너지 소모량 계산

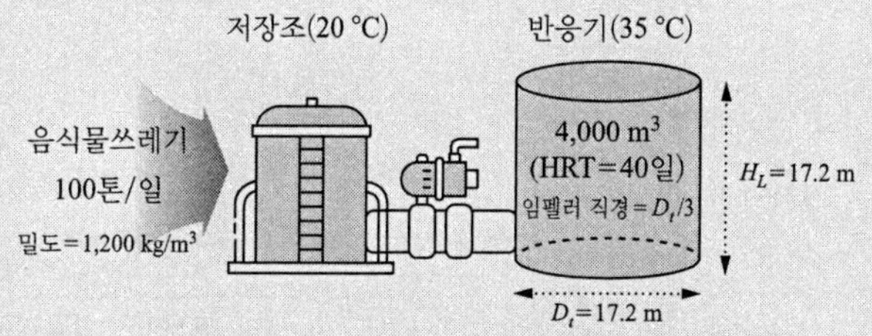

펌프 : 2.0 kW(1.5 TOE/년)

온도 : 97.0 kW(73.3 TOE/년)

교반 : 363.0 kW(272.6 TOE/년)

1. **펌프 에너지** = 2 kW (1.5 TOE/년)
   - 펌프 에너지 = 100 J/L/m (Ruggeri 외, 2010)
   - 계산 과정 $= \dfrac{100\ \text{J}}{\text{L}\cdot\text{m}} \times 17.2\ \text{m} \times \dfrac{100{,}000\ \text{kg}}{\text{d}} \times \dfrac{1\ \text{m}^3}{1{,}200\ \text{kg}} \times \dfrac{1{,}000\ \text{L}}{\text{m}^3}$

     $= 143\ \text{MJ} \times \dfrac{1\ \text{kWh}}{3.6\ \text{MJ}} \times \dfrac{1}{24} \fallingdotseq 2\ \text{kW}$
   - TOE 환산과정 $= 2\ \text{kW} = \dfrac{2\ \text{kJ}}{\text{s}} \times \dfrac{1\ \text{kcal}}{4.18\ \text{kJ}} \times \dfrac{86{,}400\ \text{s}}{\text{d}} \times \dfrac{365\ \text{d}}{\text{y}} \times \dfrac{1}{10^7}$

     $\fallingdotseq$ 1.5 TOE/년

2. **반응기 온도 유지 에너지** (Metcalf and Eddy, 1991)

사용된 식	계산 과정
1) 음식물쓰레기 가온 에너지 Heat= $\Delta T \times C \times Q$ (ΔT : 음식물쓰레	1) Heat = 72.6 kW (54.8 TOE/년) $= (35-20)℃ \times \dfrac{1\ \text{kcal}}{\text{L}\times ℃} \times \dfrac{100\ \text{m}^3}{1\ \text{d}} \times \dfrac{1{,}000\ \text{L}}{\text{m}^3} \times \dfrac{4.18\ \text{kJ}}{\text{kcal}} \times \dfrac{1\ \text{d}}{86{,}400\ \text{s}}$

기 온도 상승폭, C : 비열(1 kcal/L/℃), Q : 유량) 2) 소화조 열손실 Heat loss $= U \times A \times \Delta T$ (U : 열전달 효율, A : 면적, ΔT : 온도차) 총계 : 54.8+18.5 =73.3 TOE/년	2) Heat loss(A+B+C)=24.4 kW (18.5 TOE/년) • 지붕(A)=4.6 kW (3.5 TOE/년) $U=18.7\ \mathrm{kcal/m^2/℃/d}$, $A=232\ \mathrm{m^2}$, 외부 온도 : 13℃ $= \frac{18.7\ \mathrm{kcal}}{\mathrm{m^2} \times ℃ \times \mathrm{d}} \times 232\ \mathrm{m^2} \times (35-13)℃ \times \frac{4.18\ \mathrm{kJ}}{\mathrm{kcal}} \times \frac{\mathrm{d}}{86,400\ \mathrm{s}}$ • 벽면(B)=13.9 kW (10.5 TOE/년) $U=14.1\ \mathrm{kcal/m^2/℃/d}$, $A=929\ \mathrm{m^2}$, 외부 온도 : 13℃ $= \frac{14.1\ \mathrm{kcal}}{\mathrm{m^2} \times ℃ \times \mathrm{d}} \times 929\ \mathrm{m^2} \times (35-13)℃ \times \frac{4.18\ \mathrm{kJ}}{\mathrm{kcal}} \times \frac{\mathrm{d}}{86,400\ \mathrm{s}}$ • 바닥(C)=5.9 kW (4.5 TOE/년) $U=17.6\ \mathrm{kcal/m^2/℃/d}$, $A=232\ \mathrm{m^2}$, 지면 온도 : 5℃ $= \frac{17.6\ \mathrm{kcal}}{\mathrm{m^2} \times ℃ \times \mathrm{d}} \times 232\ \mathrm{m^2} \times (35-5)℃ \times \frac{4.18\ \mathrm{kJ}}{\mathrm{kcal}} \times \frac{\mathrm{d}}{86,400\ \mathrm{s}}$

3. 교반 에너지

사용된 식	계산 과정
1) 동력 $P = N_p' \times \rho \times N^3 \times D^5$ (N_p' : Power number, ρ : 밀도, N : rps, D : 임펠러 직경) 2) $Re = \frac{D^2 \times N^{2-n} \times \rho}{K}$ (n, K : model index)	1) Re = 10,000(난류) 만족하는 N(rps) 산출 $n=0.5$, $K=1.1822$ (Kim 외, 2019) $10,000 = \frac{5.7^2 \times N^{2-0.5} \times 1,200}{1.1822} \rightarrow N=26$ 2) 동력=363 kW (272.6 TOE/년) $N_p'=0.54$ (Nagata equation 이용) $= 0.54 \times 1,200 \times 26^3 \times 5.7^5 ≒ 363,000\ \mathrm{W} = 363\ \mathrm{kW}$

바이오가스화 기술이 에너지 산업 측면에서도 어느 정도의 영향을 미치고 온실가스 저감량 증대를 위해서는 다양한 원료(산업폐수, 해양폐기물, 산림폐기물 등)의 활용과 난분해성 원료(하수슬러지, 가축분뇨 등)의 소화효율 증대가 방법이 될 수 있다. 이와 관련한 주제는 상당히 오래전부터 연구되어 왔으며 최근에는 해조류, 미세조류, 석탄가스화 폐수 등의 바이오가스화와 물리화학적, 생물학적 효소 전처리 기술 등이 소개되고 있다(Deng 외 2020, Zhu 외 2018).

표 2.5에 제시된 바와 같이 가장 많은 잠재량은 가축분뇨에서 유래된다. 하지만, 현재 국내 가축분뇨 중 바이오가스화 비율은 3%가 되지 않으며, 가축분뇨만 단독 소화 시 소화효율은 10% 정도로 매우 낮다. 이러한 문제점을 해결하기 위한 가축분뇨 바이오가스화 관련한 신기술을 2.4.1절에서 소개하도록 하겠다. 한편, 바이오가스화 공정의 낮은 경제성도 자주 언급이 되고 있다. 바이오가스 처리 후 소화액이 퇴비로 재판매가 가능한 독일을 포함한 일부 유럽 나라의 경우에는 자체적인 경제성 확보가 가능하나

우리나라의 경우에는 원료의 처리 비용이 운영 시 가장 큰 이익을 차지한다. 특히 적극적인 온실가스 저감을 위해 바이오가스 내 이산화탄소를 제거 후 차량연료로 활용하거나 가스 그리드로 공급하려는 추세가 늘어나고 있으나, 이는 바이오가스 플랜트 운영에 큰 경제적 부담이 되고 있다. 2.4.2절에서는 이와 관련하여 바이오가스화 공정 자체의 경제성 증대를 위한 최신 신기술에 대해서 소개하도록 하겠다. 2.4.3절에서는 바이오가스 생산속도 또는 처리 가능한 유기물 부하(organic loading rate)를 증대시키기 위해 최근 가장 많은 연구가 되고 있는 DIET 반응에 대해서 살펴볼 예정이다.

2.4.1 가축분뇨 바이오가스화 신기술

1. 가축분뇨 신선 저장 기술

최근 낙농 선진국인 덴마크와 프랑스 연구 결과에 따르면 부적절한 조건에서의 유기성 폐기물 장기 저장이 에너지 잠재량을 크게 낮추는 주요 원인이 될 수 있다고 제기하였다. 신선한 유기성 폐기물 내에는 바이오가스 생산에 유용한 유기물들이 다량 함유되어 있지만 저장되는 동안 폐기물의 토착미생물에 의해 분해되어 에너지 잠재량이 감소하는 문제가 발생한다. 특히 대표적인 유기성 폐기물인 가축분뇨의 경우 그림 2.3에서 보는 바와 같이 사육장 아래 피트 또는 외부 저장조에서 약 1~6개월 동안 저장 후 최종처리 시설로 이송되며 이 과정에서 유기물질이 폐기물 내 토착미생물에

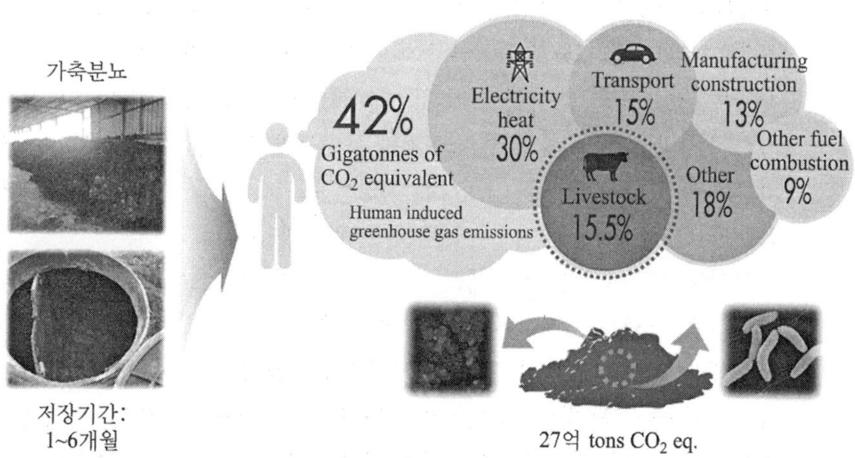

그림 2.3 가축분뇨 유래 온실가스 배출 현황 및 원인

의해 분해되면서 다량의 온실가스가 배출된다. 가축분뇨에서 배출되는 주요 온실가스로는 메탄(CH_4)과 아산화질소(N_2O)가 있으며 이와 같은 과정을 통해 전 세계적으로 연간 약 27억 톤 CO_2 eq.(전 세계 배출량의 6～7%)이 배출되고 있는 것으로 보고되고 있다(FAO, 2007). 국내의 경우, 농·축산부문 온실가스 배출량의 22%에 해당하는 연간 4.6백만 톤 CO_2 eq.가 가축분뇨에서 유래하고 있는 것으로 알려져 있다(환경부, 2018).

가축분뇨의 신선 저장은 에너지 잠재량 보존뿐만 아니라 온실가스 배출과 직접적인 영향이 있기 때문에 연구의 필요성이 증가하고 있다. 특히, 우리나라는 2015년 「파리협정(Paris Agreement)」 참여에 따라 2030년 BAU 대비 37%의 온실가스(315백만 톤 CO_2 eq.)를 의무적으로 감축해야 하고, 그 중 농·축산분야에서 1백만 톤 CO_2 eq.의 온실가스를 감축해야 하므로 환경부와 농·축산분야는 향후 규제에 대비한 자체 저감 목표를 설정하고 각 분야별 목표를 달성하기 위해 노력하고 있지만 현재까지 온실가스 저감량 달성을 위한 기술들이 많지 않다는 문제를 가지고 있다.

가축분뇨 저장 시 발생하는 온실가스 저감법은 크게 분리(separation), 커버링(covering), 산성화(acidification), 온도 저감(temperature-decrease)이 있으며, 이에 대해서는 Box 3의 내용을 참고하기 바란다. 국내 축산농가에서 배출되는 가축분뇨의 온실가스(CH_4 중심) 배출량은 단위 톤당 약 60～100 kg CO_2 eq.으로 측정되었으며 이 배출량을 줄이기 위해 국내에서는

① 산성화(가축분뇨의 pH를 낮춰서 저장)와
② 저온 저장을 활용한 사례가 있다(표 2.6) (신상룡 외, 2019; 임성원 외, 2020).

산성화 기술은 약품 혼합이 용이한 슬러리 타입의 가축분뇨(예: 돈분)에 적용되었으며 pH 6.0 이하 조건에서는 온실가스 배출량이 90% 이상 감소하였다. 산성화 강도가 동일하더라도 첨가 물질에 따른 차이도 확인되었는데, 저렴한 비용으로 인해 덴마크에서 많이 사용하고 있는 산 첨가제인 황산을 이용하면 pH를 7.0로만 낮추더라도 온실가스 배출량을 50% 줄일 수 있었지만 구연산의 경우 높은 생분해도와 생물학적 분해 가능한 부산물(유기산)을 생성하는 특징으로 인해 pH 6.5 이상에서는 대조군보다 많은 양의 온실가스를 배출하는 문제점도 확인되었다.

고형물 함량이 높은 우분에는 저온 저장이 적용되었고 그 결과, 저장온도가 낮아질수록 대조군(35℃ 저장) 대비 온실가스 배출량이 점진적으로 감소하는 경향을 보였다. 산성화와 저온 저장은 가축분뇨의 바이오가스 잠재량 보존에도 긍정적인 효과가 있었다. 각 기술을 적용하여 저장한 가축분뇨의 바이오가스 잠재량을 측정해본 결과, 20～70% 증가하였다. 가축분뇨에 첨가한 구연산 또는 그 부산물이 저장되는 동안 잘 보전된다면 가축분뇨의 바이오가스 잠재량을 크게 증가시킬 수 있었으며 저온 저장은 CH_4

로 전환이 가능한 물질을 첨가하지 않았음에도 불구하고 가축분뇨 내 토착미생물들의 유기물 분해 억제만을 통해 가축분뇨의 바이오가스 잠재량을 보존할 수 있음을 보였다.

Box 3 가축분뇨 저장 시 배출되는 온실가스 저감법

상당히 오랜 기간 동안 가축분뇨는 온실가스(CH_4, N_2O)와 악취(NH_3, H_2S)의 배출원으로 인식되고 있으며 다양한 저장 방법들을 활용하여 이 문제를 해결하고자 전 세계적으로 노력하고 있다. 현재까지 많이 활용되고 있는 저장 방법으로는 고액분리, 커버링, 산성화, 저온 저장이 있으며 특히, 산성화와 저온 저장은 다른 기술과는 다르게 온실가스 및 악취 생성을 원초적으로 억제할 수 있으므로 많은 관심을 받고 있다. 각 저장 방법들의 핵심 원리는 다음과 같다.

1. **고액분리**

수분 함량이 높은 슬러리 타입의 가축분뇨에 적용할 수 있는 기술로써 가축분뇨 내 고형물과 액체를 물리적인 방법을 이용하여 분리 저장하는 방법이다(Holly 외, 2017). 고액분리를 거친 액상 가축분뇨에는 온실가스 생성에 필요한 유기물과 미생물이 적기 때문에 아주 소량의 온실가스와 악취가 배출되게 되고 고형물의 경우에는 대기 중 산소와의 넓은 접촉면적으로 인해 가축분뇨에서 배출되는 주요 온실가스인 CH_4 생성량이 감소한다. 또한, 유기물과 미생물을 고형물에 농축함으로써 관리가 필요한 가축분뇨의 부피를 현격히 줄일 수 있어 가축분뇨 저장조 규모와 처리장으로의 가축분뇨 이송비를 크게 줄일 수 있다.

2. **커버링**

가축분뇨 내에서 생성된 가스는 확산작용에 의해서 대기 중으로 배출되는데, 커버링은 가축분뇨 표면과 접촉해 있는 공기층 내 가스의 농도를 높게 유지시켜 확산작용을 억제하거나 배출된 가스의 흡착 및 산화를 유도하여 온실가스의 배출을 줄이는 저장 방법이다(Misselbrook 외, 2016). 일반적으로 커버링에 사용된 물질들은 플라스틱 덮개, 진흙 알갱이(clay granules), 톱밥, slurry crust 등이 있지만 최근에는 낮은 배출 저감 효율로 인해 다른 저장 기술들과 결합하여 활용되고 있다.

3. **산성화**

일반적인 가축분뇨의 pH는 온실가스 생성과 관련된 미생물들이 서식하기에 적합한 7.0 이상으로 유지된다. 하지만, 산성화는 가축분뇨에 산 첨가를 통해 미생물이 활동하기 어려운 환경을 조성함으로써 온실가스 생성을 억제하는 저장 방법이다(Fangueiro 외, 2015). 1930년대부터 연구되기 시작한 이 기술은 초기에는 고품질의 액비 생산을 위해 도입되었다. 신선한 가축분뇨 내에는 농작물의 생장에 필요한 질소가 풍부하지만 농장에서 저장되는 동안 암모니아 휘발로 인한 질소 손실이 발생하여 가축분뇨는 액비로써의 가치가 상당히 떨어지게 된다. 산 첨가제를 이용하여 가축분뇨의 pH를 낮추게 되면 NH_3/NH_4^+ 비율이 감소하게 되고 이로 인해 암모니아 휘발이 억제되어 가축분뇨 내 질소 손실을 최소화 할 수 있게 된다. 이 때, pH의 감소는 메탄 생성균, 질산화균과 같은 미생물의 활성을 억제하는 역할을 동시에 할 수 있으므로 온실가스 배출을 줄일 수 있다. 이 기술은 이미 덴마크에서 상용화가 되었으며 슬러리 타입의 가축분뇨 저장 방법으로 적극적으로 활용하고 있다. 현재까지 다양한 유·무기산을 이용한 연구가 진행되었으나 비교적 저렴한 비용으로 인해 황산이 주요 산 첨가제로 활용되고 있으며 일반적으로 가축분뇨의 pH를 5.0～6.0까지 낮춰서 저장한다. 특히, 산성화는 미세먼지의 전구물질인 암모니아의 배출 저감에 탁월한 효과를 가지고 있으므로 국내 미세먼지 농도 저감에도 도움이 될 것이라 판단된다.

4. **저온 저장**

온도는 미생물의 활성도에 지대한 영향을 미치는 요소로 알려져 있으며 대부분의 미생물은 조금의 온도변화에도 민감하게 반응한다. 가축분뇨에서 배출되는 대표적인 온실가스인 CH_4는 5℃ 이하의 온도에서도 메탄 생성균에 의해 생성되는 것으로 알려져 있지만 일반적으로 중온에서 가장 빨리 생성된다(Rennie 외, 2018). 이와 같은 온실가스 배출량과 온도의 상관성은 가축분뇨 유래 온실가스 배출량을 예측하기 위한 모델링의 기초자료로만 주로 활용되고 있다. 하지만 최근에는 대표적인 가축분뇨 저장 방법인 산성화가 어려운 고형물 함량이 높은 우분에 적용하기 위한 시도가 있었으며 손쉬운 활용 방법으로 인해 가축분뇨 저장 방법으로서의 관심도가 증가하고 있다.

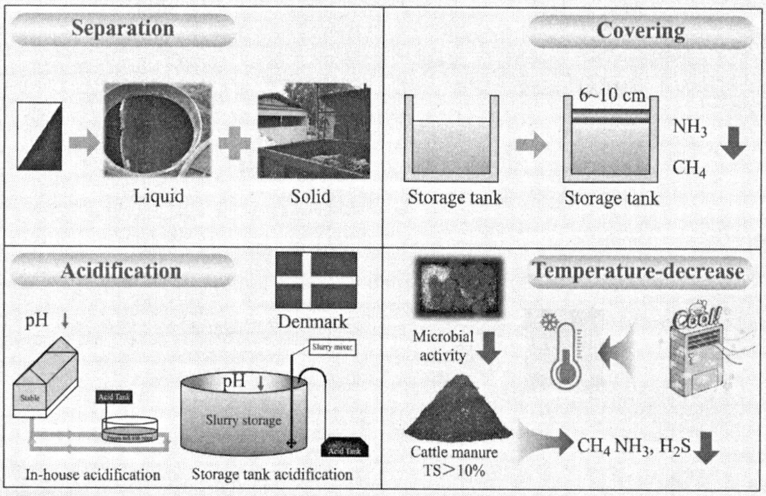

위의 기존 연구 결과에서 알 수 있듯이 적합한 방법을 이용한 가축분뇨의 저장은 온실가스 배출량을 줄일 수 있을 뿐만 아니라 바이오가스화 시 에너지 잠재량을 높이는 역할을 할 수 있지만 현재 대부분의 중소규모 축산농가에서는 발생한 가축분뇨를 저장할 마땅한 시설 없이 야적지에 무분별하게 방치하고 있는 실정이므로 기존의 방법을 대체할 저장 기술 개발과 보급이 필요하다.

표 2.6 가축분뇨 저장 기술이 가축분뇨의 온실가스 배출량 및 바이오가스 잠재량에 미치는 영향

저장 방법			가축분뇨 종류	온실가스 배출*	바이오가스 잠재량**
산성화	황산	pH 7.0	돈분	(−) 51%	(+) 20%
		pH 6.5		(−) 73%	(+) 25%
		pH 6.0		(−) 90%	(+) 38%
		pH 5.5		(−) 95%	(+) 29%
		pH 5.0		(−) 97%	(+) 22%
	구연산	pH 7.0		(+) 3%	-
		pH 6.5		(+) 4%	-
		pH 6.0		(−) 90%	(+) 75%
		pH 5.5		(−) 99%	-
		pH 5.0		(−) 99%	-
저온 저장	30℃		우분	(−) 27%*	-
	25℃			(−) 56%*	(+) 40%
	20℃			(−) 70%*	-
	15℃			(−) 97%*	(+) 72%

* 산성화 : 대조군 대비 온실가스 배출 저감량, 저온 저장 : 35℃ 조건 대비 온실가스 배출 저감량
** 산성화 : 대조군 대비 바이오가스 배출 증가량, 저온 저장 : 35℃ 조건 대비 바이오가스 배출 증가량

(자료출처: 참고문헌 23, 26번)

2. 우분 바이오가스화

국내 유기성 폐기물 중 우분(한우+육우+젖소)은 에너지 잠재량(760천TOE)이 가장 높음에도 불구하고 바이오가스화 원료로 적극적으로 사용되지 않고 있다. 우분은 전체 가축분뇨의 약 35%를 차지하며, 발생된 우분은 대부분 퇴·액비화(94%)로 처리되고 있으나, 개별농가에서 직접 처리되고 있기 때문에 퇴비의 품질 규격화 및 관리가

어려운 실정이다(환경부, 2017). 또한, 생산된 퇴비의 농경지 살포 시 작물이 필요로 하는 이상으로 과다하게 투입되거나 부적절하게 처리되는 경우가 발생할 수 있으며, 이는 농경지 주변의 지하수 오염을 유발하거나 강우 시 하천, 호소 등으로 유입되어 부영양화로 인한 녹조의 원인이 될 가능성이 농후하다.

우분을 이용한 바이오가스화는 독일, 덴마크 등 유럽의 낙농 선진국과 일본 등의 나라에서 이미 상용화되어 우분으로부터 에너지를 생산하고 있는데, 독일은 가축분뇨(우분 포함) 및 에너지 작물을 이용한 바이오가스 생산시설이 약 10,846개소에 달하고, 덴마크는 우분 바이오가스화시설을 약 90여개소를 운영하고 있다. 한편 국내 가축분뇨 바이오가스화 플랜트의 경우 돈분만을 원료로 사용하지 우분을 원료로 투입하고 있는 곳은 없다. 돈분은 대부분 슬러리 형태로 고형물 함량이 10% 이내여서 이송이 쉽고 바이오가스화에 적용하기가 쉬운 반면에, 우분의 고형물 함량은 20% 이상이며, 유기성 질소 성분이 높은 상이한 특성을 가지고 있기 때문에 국내의 경우, 우분의 바이오가스화는 실험실 규모의 연구만 진행되어져 왔다.

우분의 메탄가스 잠재량은 0.13～0.20 L CH_4/g VS으로 돈분(0.17～0.35 L CH_4/g VS)에 비해 낮지만 우분도 바이오가스화는 충분한 가치고 있는 처리 방법으로 평가되고 있다(Miranda 외, 2016). 우분의 바이오가스화는 크게 우분만을 이용하는 단독소화와 우분과 다른 유기성 폐기물을 혼합물을 이용하는 통합소화로 나눌 수 있다. 우분의 전처리, 바이오가스 및 암모니아 스트리핑, 고온 혐기성 소화와 같이 소화효율 증진을 위한 연구는 주로 단독소화에 주로 적용이 되었다(Ormaechea 외, 2015; Sánchez-Hernández 외, 2013). 우분의 전처리는 우분 내 생물학적 분해가 어려운 구조를 변환하여 효율을 향상시키거나, 우분 내 포함된 높은 농도의 암모니아를 제거하기 위해 사용되고 있었다. 소화액의 pH와 암모니아 농도 제어를 위해 바이오가스 및 암모니아 스트리핑을 적용한 연구가 있었으며, 가용화율 증대와 병원균의 사멸효과를 위해 고온 혐기성 소화를 적용하기도 하였다.

우분의 바이오가스 잠재량은 저장 상태에 따라서도 큰 차이를 보였다(환경부, 2020). 그림 2.4에서 보는 바와 같이 국내 우사에서 회수한 저장 상태가 상이한 우분의 바이오가스 잠재량 측정한 결과, 신선한 우분 대비 농장에서 저장한 오래된 우분의 바이오가스 잠재량이 절반 수준으로 크게 감소하였다(신선한 우분: 0.2 L CH_4/g VS, 오래된 우분: 0.1 L CH_4/g VS). 이는 신선한 우분에 비해 오래된 우분에는 바이오가스 생산에 적합한 유기물이 더 적다는 것을 의미하는 것이며 우분의 저장기간이 증가할수록 토착 미생물에 의해 쉽게 분해될 수 있는 유기물질이 분해되는 것을 알 수 있다. 동일 문헌에서는 제어된 온도(20℃, 30℃)에서 저장기간을 달리한 우분의 바이오가스 잠재량 측정도 수행하였다(표 2.6). 그 결과, 우분의 바이오가스 잠재량은 온도가 높거나 저장기간이 길수록 감소하였다. 신선한 우분을 30℃에서 90일 저장하면 한우 분뇨는 바이오가스 잠재량이 10~13%, 젖소 분뇨는 24% 감소하였다. 이에 반해 동일 90일 동안 신선한 우분을 저장하더라도 20℃에서 저장하면 바이오가스 잠재량 감소율은 크게 감소하였다. 우분의 바이오가스화를 성공적으로 운영하기 위해서는 저장기간을 최소화 하는 것이 중요하고 설령 우분을 농장에서 일정기간 저장을 해야 한다면 저장온도를 낮추는 것이 필요하다는 것을 알 수 있다.

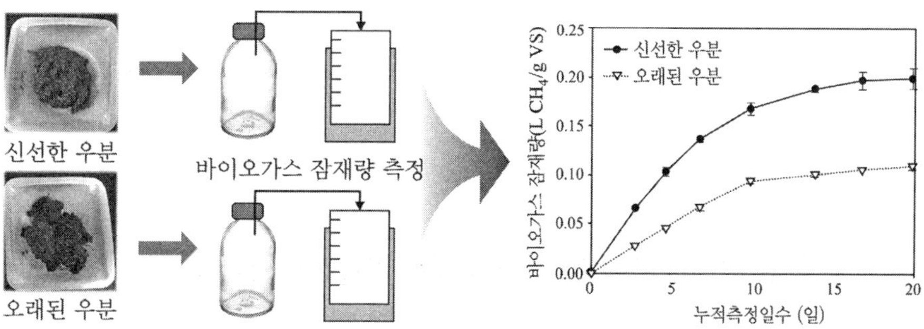

그림 2.4 저장 상태가 다른 우분의 바이오가스 잠재량 측정 및 비교

(자료출처: 참고문헌 12번)

하지만, 우분의 바이오가스화는 단독소화보다 통합소화의 형태로 주로 운용되고 있으며 음식물류폐기물, 에너지 작물, 돈분, 계분, 슬러지 등 다양한 유기성 폐기물을 병합 처리하고 있다. 이는 통합소화를 통해 생분해도 향상, pH 완충효과, C/N비의 증대, 효소 활동 촉진, 암모니아 저해 방지의 효과를 얻을 수 있기 때문이다. 운전효율 증진을 위한 연구도 수행이 되었는데, 주로 원활한 우분의 이송, 우분 바이오가스화 공정의 운전비용 최소화를 위해 실증규모까지 연구가 진행되었다(Chiumenti 외, 2018). 높은 고형물 함량으로 인해 관거 이송이 어려운 우분에 물, 소화액, 수분 함량이 높은 폐기물 등을 첨가하여 이동을 용이하도록 하였으며 소화조의 교반 및 가온에 사용되는 에너지를 최소화하기 위해 간헐적 교반 및 저온 혐기성 소화 연구도 수행되었다(Estevez 외, 2014; Kaparaju 외, 2008). 현장 운전 시 쉽게 적용하기 위한 전략으로는 우분 외에 타 유기성 폐기물(음식물류폐기물, 도시에서 발생하는 유기성 폐기물, 농업 부산물 등)을 일정비율로 혼합하여 운전하는 통합소화가 대부분 적용되었다(Arelli, 2018; Tsapekos, 2018).

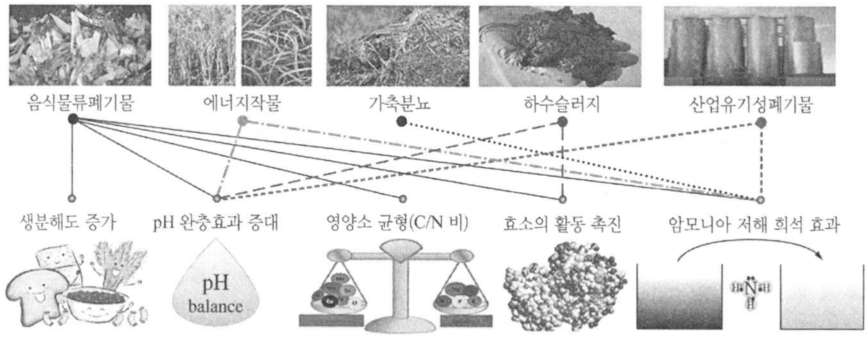

그림 2.5 우분 바이오가스화 시 통합소화의 목적

(참고문헌 12번 참조)

2.4.2 바이오가스화의 경제성 증대를 위한 신기술

1. 생물학적 바이오가스 업그레이딩

혐기성 소화를 통해 생성된 바이오가스는 일반적으로 50~60% 메탄(CH_4), 40~50% 이산화탄소(CO_2), 1% 미만의 황화수소(H_2S)나 수분(H_2O) 등의 불순물로 구성된다. 일반적으로 바이오가스를 도시가스 라인에 주입하기 위해서는 95% 이상의 CH_4 비율과 8 bar 이상의 압력이 필요하기 때문에 에너지로서 사용하기 위해서는 반드시 정제 과정이 필요하다. 이러한 이유로 생성된 바이오가스 내의 CO_2 비율을 줄임으로써 CH_4 함량을 증가시키는 많은 연구가 진행되었고, 이러한 과정을 바이오가스 고질화(biogas upgrading)라고 한다. 바이오가스 고질화 플랜트 개수는 매년 증가하고 있으며 2001년 23개에서 2018년 606개로 약 20년간 26배 이상 증가하였다. 고질화는 주로 물리/화학적 방법으로 이루어지며, 이와 관련한 기술들의 원리에 대해서는 다음 Box 4를 참고하기 바란다.

Box 4 바이오가스 고질화를 위한 물리·화학적 기술

물리·화학적 기술은 바이오가스 내의 CO_2를 제거하는 방법으로 현재 90% 이상의 고질화 플랜트에서 사용되고 있는 기술이다. Water·chemical scrubber, Membrane, PSA 기술이 있으며 이러한 기술의 원리는 다음과 같다.

1. Water·chemical scrubber

해당 기술은 가스의 용해도 차이를 이용한 바이오가스 고질화 기술이다. 흡수칼럼으로 물 또는 유기용제와 가압된 바이오가스가 주입된다. 이 때 바이오가스 내의 CO_2는 CH_4에 비해 용해도가 약 20배 높아 쉽게 용해되는 성질을 가지고 있기 때문에 흡수칼럼을 통과하면 고농도의 CH_4가 함유된 바이오가스를 얻을 수 있다. 이후 흡수칼럼 내의 압력을 낮추면 용해되었던 CO_2가 다시 기화되어 제거되므로 물 또는 유기용제를 다시 사용할 수 있다.

2. Membrane

해당 기술은 투과율의 차이를 이용한 바이오가스 고질화 기술로 멤브레인은 선택적 투과성을 가지고 있어 화합물을 분리할 때 사용할 수 있다. 이러한 멤브레인의 투과율은 분자의 크기에 따라 다르며 일반적으로 분자의 크기가 작을수록 투과율이 높다. CO_2의 경우 CH_4에 비해 분자의 크기가 작으므로 높은 투과율을 가지고 있기 때문에 가압된 바이오가스가 주입되면 CO_2는 멤브레인을 쉽게 통과하여 결과적으로 높은 CH_4 분압을 가진 바이오가스를 얻을 수 있다.

3. PSA

해당 기술은 가스의 흡착력 차이를 이용하여 바이오가스 내의 CO_2를 분리하여 제거하는 기술이다. 제올라이트 등의 흡착제가 들어있는 반응기에 가압된 바이오가스가 주입되는데 이 때 CO_2는 CH_4에 비해 흡착력이 높아 반응기 내부에 흡착된다. 따라서 반응기를 통과한 바이오가스는 높은 비율의 CH_4를 함유하게 된다.

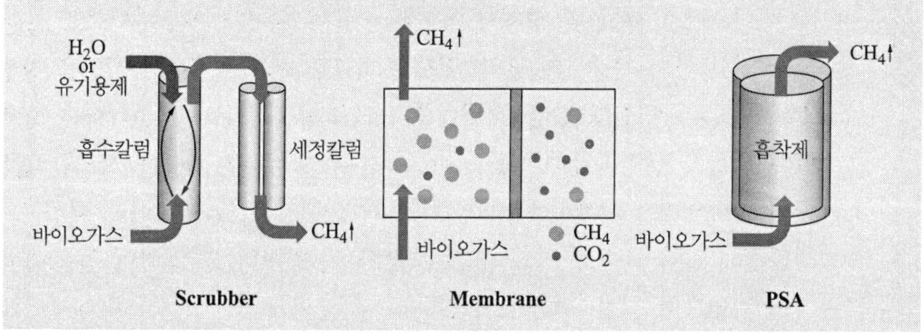

위에서 서술한 물리·화학적 기술은 현재 많이 사용되고 있지만 바이오가스 생성 시설 외에 별도의 시설이 필요하며 시설 운영을 위한 에너지와 바이오가스 가압 시 필요한 에너지가 필요하여 상당한 비용이 필요하다는 단점을 가지고 있다. 실제로 바이오가스 생산비용 중 정제공정이 차지하는 비중이 60～70%이며 소규모(120 m^3/h 이하)의 정제비용이 중규모(1,200 m^3/h 이상)보다 1.8배 높아 소규모일수록 비경제적이다. 국내의 경우 바이오매스의 양이 많지 않으며 특히 축산분뇨의 경우 농가 단위의 소규

모 바이오가스 플랜트가 형성되어 있어 비경제적이다. 이러한 문제를 해결하기 위해 바이오가스 자체의 압력을 이용한 Autogenerated High Pressure Digestion(AHPD) 기술과 미생물 반응을 이용하여 바이오가스 내의 CO_2를 다른 물질, 특히 CH_4로 전환시키는 생물학적 기술을 이용한 연구가 진행되었다.

AHPD 기술은 네덜란드에서 처음으로 진행된 연구로 고압의 조건에서 헨리 법칙에 의한 기체의 용해도 차이를 이용한 공정이다(Lindeboom 외, 2011). 헨리의 법칙은 기체의 용해도와 압력에 관한 관계를 나타내는 법칙으로 아래의 수식으로 표현할 수 있다.

$$C = P_g \times K_H$$

여기서, C : 용해된 기체의 양(mol/L), P_g : 기체의 부분압(atm), K_H : 헨리 상수 (mol/L · atm)

헨리 상수는 용질, 즉 기체의 종류에 따라 결정되며 CH_4, CO_2, 황화수소(H_2S)의 헨리 상수는 각각 0.0011, 0.022, 0.079 mol/L-atm이다. 이는 고압 조건에서 CO_2, H_2S의 용해도가 CH_4에 비해 약 20배, 70배 정도 증가하여 비교적 쉽게 제거할 수 있음을 의미한다. 이러한 고압의 조건은 반응기 내에서 생성되는 바이오가스의 자체적인 압력에 의해 유지되므로 외부에너지를 필요로 하지 않는다는 장점이 있다. 이 때, 바이오가스를 만들어내는 혐기성 소화균은 고압의 조건에서도 활성을 유지할 수 있는 진화론적인 특징을 가지고 있으므로 높은 압력에서도 바이오가스는 생성될 수 있다. 이러한 원리로 바이오가스 생산 및 정제가 동일한 반응기 내에서 이루어지므로 고순도 CH_4 가스의 직접 생산이 가능하게 된다. 실제로 약 10 bar의 조건에서 실험을 진행하였을 경우, 75% 이상의 CH_4를 함유한 바이오가스가 생성되었으며, 30 bar의 압력에서는 CH_4 90% 이상을 달성하였다(Chen 외, 2014; Merkle 외, 2017). 본 기술을 적용할 경우, 기존 공정 대비 바이오가스 정제비용을 약 1/3로 저감시킬 수 있다([1] 아래 계산근거 참고). 또한 생산된 고압의 고순도 CH_4 가스는 에너지 함량이 높고 압력이 높은 상태이므로 도시가스 라인으로 직접 공급이 가능하다.

1) 계산근거
가정조건 : AHPD 기술을 이용한 경우, 발생한 바이오가스 조성은 CH_4 80%, CO_2 20%, H_2S 100 ppmv이다.
바이오가스 정제비용 (H_2S 제거비용 = 50 USD/1,000 m^3 biogas, CO_2 제거비용 = 100 USD/1,000 m^3 biogas)
- 일반 혐기성 소화 시 : CO_2 50%, H_2S 1,000 ppmv → 50.05 USD/1,000 m^3 biogas
- AHPD 기술 이용 시 : CO_2 20%, H_2S 100 ppmv → 20.01 USD/1,000 m^3 biogas

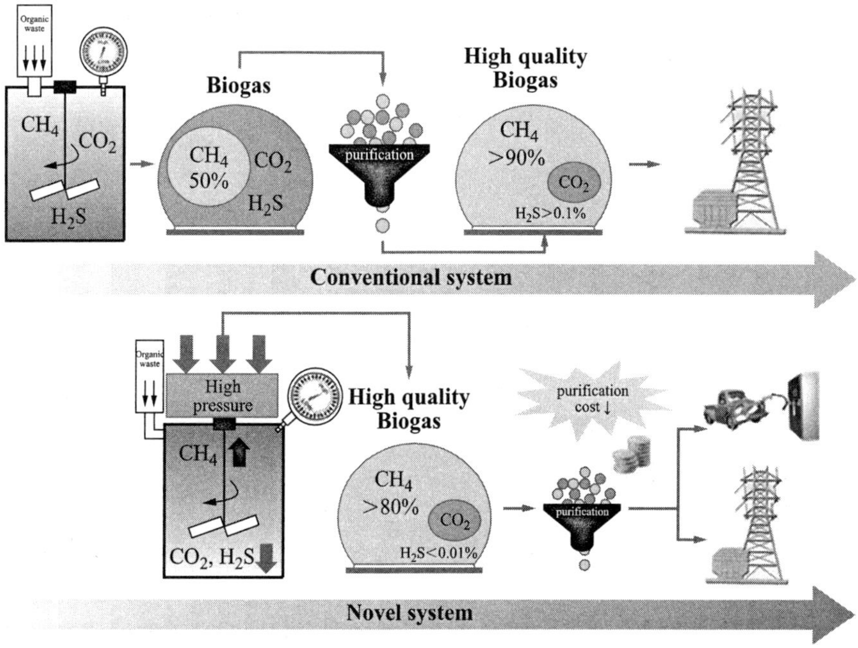

그림 2.6 AHPD 기술을 이용한 고순도/고열량 CH_4 생산 시스템

H_2 공급 기술은 미생물의 반응을 이용한 공정으로 1 mol의 CO_2와 4 mol의 H_2가 반응하여 1 mol의 CH_4로 전환된다. 그리하여 CO_2를 제거하는 것이 아닌 CH_4로 전환함으로써 더 많은 양의 고순도 CH_4를 얻을 수 있다는 장점을 가지고 있다. 이 때 사용되는 H_2는 주로 물의 전기분해를 통해 얻을 수 있는데 이 과정에서 신재생에너지를 보다 효율적으로 이용할 수 있다. 최근 재생에너지 3020 정책으로 인해 태양광, 풍력 등의 신재생에너지 발전에 대한 관심이 높아지고 있다. 그러나 이러한 신재생에너지 발전은 자연환경과 기후조건에 큰 영향을 받기 때문에 전력을 일정하게 공급할 수 없으며 효율이 낮다는 단점을 가지고 있다(김현태 외, 2018, 그림 2.7 참고). 그러므로 과잉 생산되어 남는 전력(잉여전력)이 발생하게 되는데 이를 이용하여 H_2를 생성하고 CH_4를 만듦으로써 신재생에너지가 가진 단점을 보완할 수 있다.

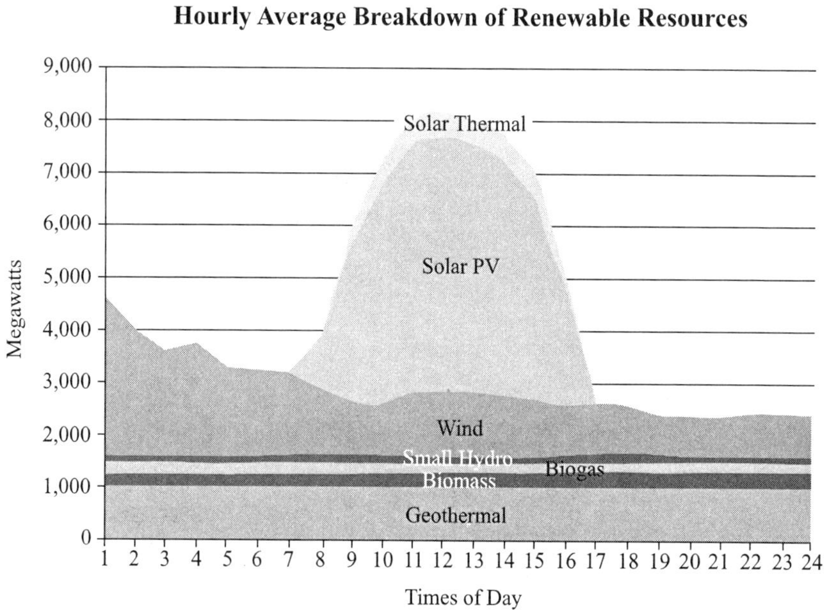

This graph shows the production of various types of renewable generation across the day.

그림 2.7 시간대별 신재생에너지 출력 특성

(자료출처: 참고문헌 1번)

이러한 H_2 공급기술은 in-situ와 ex-situ 2가지가 있다. 먼저 in-situ는 반응기 내에 외부로부터 H_2를 주입하여 CH_4로 전환시키는 방법으로 바이오가스 생성 공정 내에 직접 적용하기 때문에 별도의 반응기가 필요하지 않다는 장점을 가지고 있다. Ex-situ는 별도의 반응기에 H_2와 CO_2 등의 탄소원을 주입하여 CH_4를 생성하는 방법으로 초기 비용이 존재하며 in-situ에 비해 비교적 낮은 효율을 보인다는 단점을 가지고 있으나 안정적이라는 장점을 가지고 있다. In-situ의 경우 기질의 성상에 따라 발생하는 바이오가스의 양과 조성이 변하여 그에 따라 H_2 주입량도 변해야 하므로 일정한 양을 공급할 수는 없으나 ex-situ의 경우 외부 탄소원을 활용하기 때문에 안정적으로 운영할 수 있다. 실제로 in-situ 공정을 이용하여 930～1,760 mL/L/d 속도로 H_2를 주입하여 78～96%의 CH_4를 함유한 바이오가스를 생성하였으며(Luo 외, 2013), ex-situ 공정을 이용하여 CH_4, CO_2, H_2 합성가스(부피비＝23 : 15 : 62)를 사용해 95% 이상의 CH_4를 달성한 사례가 있다(Kougias 외, 2017).

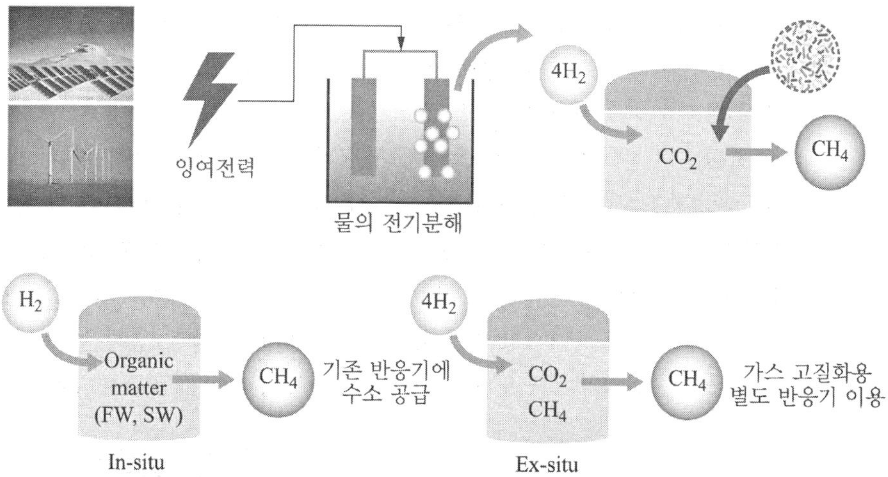

그림 2.8 H_2 공급 원리 및 종류

2. 고부가가치 물질 생산

바이오가스화 기술의 경제성 증대를 위한 방안으로 혐기성 소화 공정을 통해 메탄 이외에 좀 더 부가가치가 높은 부산물을 얻는 방법이 제시되고 있다. 그림 2.9에 나와 있는 바와 같이 유기성 폐기물로부터 산발효 공정(acidogenesis) 및 고액분리를 거친 후, 액상 성분으로부터 수소, 바이오디젤, 유기산(organic acids), PHAs(Poly-Hydrolxy Alkanoates)를 생산하는 것이 경제성을 높일 수 있는 후보군으로 알려져 있다(본 후보군에 대해서는 2013년 국제물협회 혐기성 소화(IWA Anaerobic Digestion) 학회에서 제시함). 고액분리 후, 고형물(solids)로부터는 혐기성 소화를 통해 바이오가스를 생산할 수 있다.

수소는 산발효 과정 및 이후 연계될 수 있는 광발효(photo-fermentation)와 미생물 전해전지(Microbial Electrolysis Cell, MEC) 기술을 통해 생산이 가능하며 이론적으로 1몰의 포도당으로부터 최대 12몰의 수소를 생산할 수 있다. 하지만, 미생물 생장(microbial growth), 유지에너지(maintenance energy), 다른 부산물 생산에 소모되는 부분이 있어서 잘 갖추어진 실험실 조건하에서도 9 mol H_2/mol glucose가 최대 전환율로 보고되고 있다. 수소 생산을 위한 산발효는 빛이 없는 조건에서 진행되므로 암발효(dark fermentation)라고 명칭되며, 일반적으로 1.0～2.5 mol H_2/mol glucose의 수소 전환율을 보인다. 이 값은 음식물쓰레기 1톤으로부터 최대 약 30 m^3의 수소를 생산할 수 있는 값이며, 계산 과정은 다음 표 2.7을 참고하기 바란다. 암발효 공정은 후속되어지는 광발효 및 미생물 전해전지에 비해 전환율이 낮지만, 생산속도가 매우 빠르고, 유기성 폐기물을 직접 원료로 활용할 수 있는 장점이 있다. 음식물쓰레기를 원료로 한다면 2일 안에 수소 생산이 완료되며, 속도는 5～50 L H_2/L반응기/일까지로서 매우 높아서, 실용화가 가능한 기술로 평가되고 있다. 한편 광발효와 미생물 전해전지는 암발효에 비해 수소전환율이 높지만, 생산속도는 1/10 이하이다. 특히 광발효의 경우, 빛을 이용해야 하므로 넓은 면적의 반응기에서 진행해야 한다는 단점이 있고, 미생물 전해전지의 경우, 반응기내에 많은 전극을 넣어야 하는 경제적인 단점이 있다. 하지만, 수소에 대한 요구는 청정에너지원에 대한 전 세계적 요구, 특히 국내의 수소경제로의 전환을 위해 급격히 증가하고 있으며, 암발효, 광발효, 미생물 전해전지를 통한 바이오수소 생산 기술은 지속적으로 발전될 것으로 사료된다(김동훈 외 2011, 윤여명 외 2018).

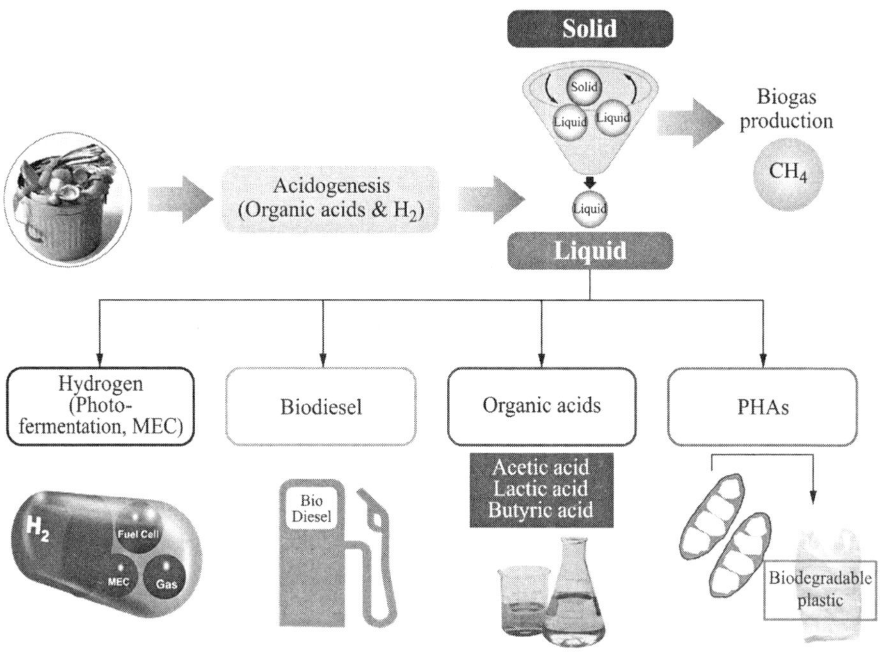

그림 2.9 바이오가스화 공정의 경제성 증대를 위한 후보 기술

(자료출처: 참고문헌 21번)

표 2.7 암발효를 통한 음식물쓰레기로부터 수소 생산 잠재량 계산법

음식물쓰레기 1톤의 COD	탄수화물 함량 (COD/COD)	탄수화물 함량 (mol/톤 FW)	수소전환율 (mol H_2/mol glucose)	수소 생산량 (m^3)
200 kg	50%	520.8몰 (= 100 kg/192 g, 192 g = 글루코오스 1몰의 COD값)	2.5	29.2 (= 520.8 × 2.5 × 0.0224 m^3)

바이오디젤은 일반적으로 액상발효액으로부터 미세조류(microalgae)를 활용하여 생산이 가능하며, 2005년부터 미국을 중심으로 많은 연구가 진행되어 왔다. 하지만, 미세조류 생장속도 한계, 빛 이용에 따른 과다 면적 요구, 과다 추출비용에 따라 최근 연구의 관심도가 많이 떨어지고 있다. PHAs는 생분해성 플라스틱의 직접적인 원료가 되며, 최근 미세플라스틱 문제를 해결할 수 있는 하나의 방안이 될 수 있다. 하지만, 순수 미생물 이용에 따른 제한적인 실험 조건, 과다한 추출비용이 문제가 되고 있다.

한편, 산발효 중에 생성된 유기산(organic acids)을 추출하여 활용하는 것이 바이오가스 생산을 대체할 수 있는 후보군 중에서 1위로 꼽히고 있다. 이와 관련하여 음식물쓰레기로부터 바이오가스뿐만 아니라, 유산(lactic acid)을 동시 생산하여 공정의 경제성을 높이는 것에 대한 국내 연구가 진행되었으며, 이에 대한 공정도는 그림 2.10에 제시하였다(김미선 외 2016). 유산은 생분해성 바이오플라스틱 PLA(Poly-Lactic Acid)의 주요 원료이며, 시장 규모는 연간 10% 이상 성장하고 있다. 공정의 구성은 크게 생물학적 반응기로서 유산발효조와 혐기성 소화조(methane fermentation), 생산된 유산을 발효액으로부터 정제를 위한 나노여과와 전기분해 장치로 구성이 된다. 본 연구에서 유산의 생산은 국내 음식물쓰레기내에 다량으로 존재하는 유산균을 활용하였으며, 추가적인 접종은 하지 않았다. 나노여과에서는 잔류 탄수화물과 2가 양이온을 제거하였고, 전기분해 장치에서는 잔류 1가 양이온을 제거하여 유산의 순도를 높였다. 개발 공정 운영 결과, 일반적인 혐기성 소화를 통해 1톤의 음식물쓰레기로부터 94 m^3의 바이오가스 생산이 가능한 반면, 본 개발 공정은 바이오가스 생산량은 54 m^3으로 감소되나, 47 kg의 유산을 생산할 수 있다. 유산의 가격을 1 USD/kg으로 가정 시 이는 기존

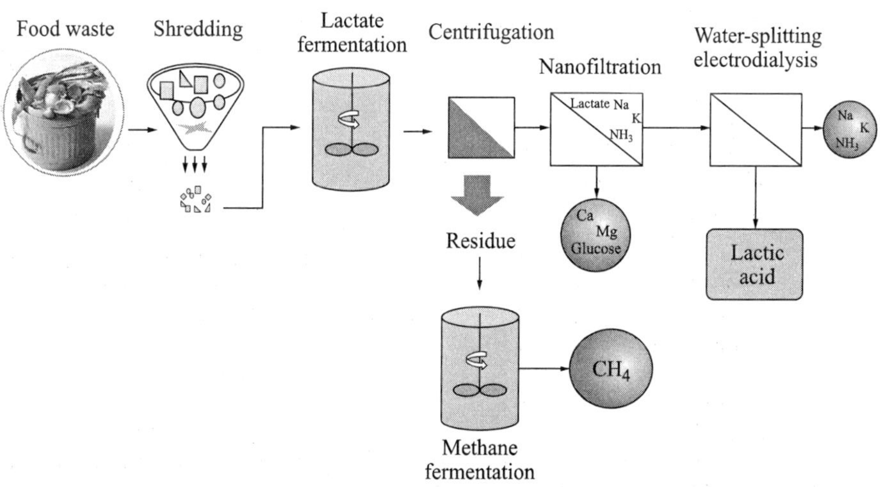

그림 2.10 바이오가스화 공정의 경제성 증대를 위한 유산 동시 생산 공정 시스템

(참고문헌 18번)

공정에 비해 2배 이상의 부가가치를 창출할 수 있는 방법으로 평가되어지며, 운영비 등을 포함한 경제성은 표 2.8을 참조하기 바란다.

표 2.8 음식물쓰레기 100톤/일 처리 규모 경제성 평가 (바이오가스화 vs 바이오가스 + 유산 생산)

구분	항목	100톤/일 규모	
		기존 공정 (메탄)	개발 공정 (유산+메탄)
바이오가스 발생량(m^3/일)		9,400	5,400
반응조 크기(m^3)	유산발효시설	해당 없음	200
	메탄발효시설	4,000	1,920
	소계	4,000	2,120
초기시설비(억원)	혐기소화시설(유산/메탄)[1]	(−)88.56	(−)74.13
	유산정제시설[2]	해당 없음	(−)3.20
	정부보조금[3]	(+)29.22	(+)25.52
	소계(시설비−정부보조금)	(−)59.33	(−)51.81
연간운영비(억원/년)	혐기소화시설(유산/메탄)[1]	(−)9.41	(−)7.79
	유산정제시설[2]	해당 없음	(−)0.76
	폐수 처리비[2]	(−)0.07	(−)0.13
	소계	(−)9.48	(−)8.68
감가상각비(억원/년)	혐기소화시설(유산/메탄)	(−)4.43	(−)3.71
	유산정제시설	해당 없음	(−)0.16
	소계	(−)4.43	(−)3.87
운영수익(억원/년)	유산 판매비	해당 없음	(+)18.89
	바이오가스 판매비[4]	(+)8.19	(+)4.70
	위탁처리비[3]	(+)33.50	(+)33.50
	소계	(+)41.69	(+)57.10
바이오가스 생산단가(원/m^3)		438.23	635.71
순현재가치(억원)[5]		237.63	408.96
비용편익비율(편익/비용)[5]		2.16	3.09
투자비 회수기간(년)		2.07	1.63

1) 혐기소화시설 설치비(억원) = $-0.0054\times$[처리용량(톤/일)]$^2+1.399\times$[처리용량(톤/일)]$+2.6559$
혐기소화시설 운영비(억원) = $-0.0002\times$[처리용량(톤/일)]$^2+0.1005\times$[처리용량(톤/일)]$+1.7347$
처리용량 : 기존공정 100톤/일, 개발공정 70톤/일(유산 생성 후 감소비율 0.3(김미선 외, 2015)) (수도권매립지관리공사, 2005)
2) 음식물쓰레기 100톤/일 유산+메탄 처리 시 유산정제시설 설치 및 연간 운영비 사용 (김미선 외, 2015)
3) 음식물쓰레기 단독 처리 시, 정부보조금 33%, 위탁처리비 100,000원/톤 (이준표 외, 2017)
4) 온압보정계수=0.9985, 열량=42.756 MJ/m^3 계산 시 520원/m^3 CH_4, 260원/m^3 biogas (50% CH_4) (2020.8. 인천시 산업용 도시가스 요금표)
5) 순현재가치 및 비용편익비율 계산을 위한 MARR(최저필수수익률)은 공공사업의 일반적인 권장이자율인 7% 사용

2.4.3 DIET 반응을 통한 속도 증대

바이오가스화 관련 가장 많이 연구되는 분야 중 하나로 반응속도 증대를 꼽을 수 있다. 특히 산발효 미생물과 메탄발효 미생물의 큰 반응속도 차이에 의해 유발되는 pH 저하는 메탄균의 활성 저해를 유발하여 전체 시스템의 성능 저하를 가져오는 주요 원인으로 알려져 있다. 이에 따라 생산된 유기산이 메탄으로 전환되는 과정의 촉진이 중요하며, 이 과정을 매개하는 반응을 아세트산 생산단계(acetogenesis)이다. 아세트산 생산단계는 메탄발효 미생물이 아세트산과 수소만 전자공여체로 이용할 수 있기 때문에 좀 더 큰 사슬의 유기산과 알코올류를 아세트산과 수소로 분해하는 반응이다. 이 반응은 표준 조건하에서는 비자발적인 반응으로 알려져 있으며, 수소를 소모하는 메탄 생성균의 반응 없이는 열열학적으로 진행이 될 수 없다. 하지만, 최근에 미생물군들이 수소와 아세트산을 통해 메탄균으로 전달하는 비효율적인 반응 이외에 직접적으로 전자를 전달하는 반응으로 이루어지지 않을까에 대해 의문을 가졌었고, 실제로 관측이 되었다(그림 2.11). 이러한 전자전달방식을 이종 간의 직접전자전달방식(Direct Interspecies Electron Transfer, DIET)라고 하며, 기존 간접전자전달방식(Indirect Interspecies Electron Transfer, IIET)에 비해 일반적인 환경 조건하에서도 자발적으로 이루어진다. 이와 관련해서는 다음의 표 2.9에 제시된 IIET와 DIET간의 표준깁스에너지값을 참고하기 바란다(Alsayed 외 2020).

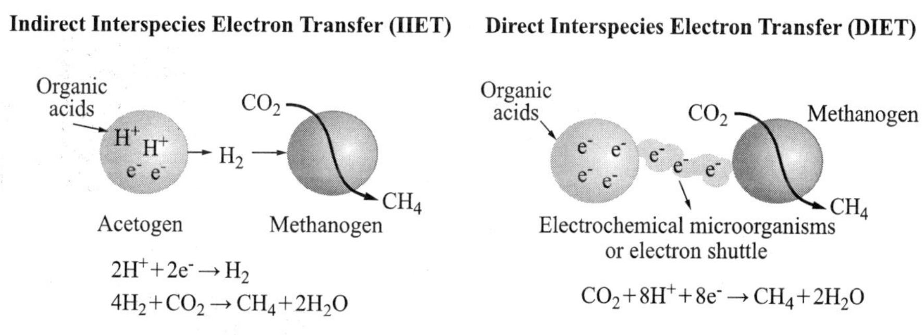

그림 2.11 혐기성 소화 시 IIET와 DIET 반응 비교

표 2.9 IIET와 DIET 반응 시 표준 생성 깁스자유에너지값 비교

반응	반응 방법	반응식	깁스에너지 (kJ/mol)
에탄올 메탄 전환	IIET	$C_2H_6O + H_2O \rightarrow C_2H_3O_2^- + H^+ + 2H_2$	+9.7
	DIET	$C_2H_6O + H_2O \rightarrow C_2H_3O_2^- + 5H^+ + 4e^-$	−149.6
프로피온산 메탄 전환	IIET	$C_3H_5O_2^- + 3H_2O \rightarrow C_2H_3O_2^- + HCO_3^- + H^+ + 3H_2$	+76.5
	DIET	$C_3H_5O_2^- + 3H_2O \rightarrow C_2H_3O_2^- + HCO_3^- + 7H^+ + 6e^-$	−162.5
뷰틸산 메탄 전환	IIET	$C_4H_7O_2^- + 2H_2O \rightarrow 2C_2H_3O_2^- + H^+ + 2H_2$	+48.3
	DIET	$C_4H_7O_2^- + 2H_2O \rightarrow 2C_2H_3O_2^- + 5H^+ + 4e^-$	−31.4

DIET 반응이 혐기성 소화 공정내에서 이루어지고 있다면, 이 반응을 촉진하는 방법은 소규모의 전자기장 흐름을 형성되도록 하여 증진시킬 수 있다. 크게 마그네타이트, 활성탄, CNT(Carbon Nano Tube) 등의 전도성 물질(conductive materials)을 투입하는 방법과 반응기내에 전극을 직접 넣는 생물전기화학(bioelectrochemical system) 방법이 있다(그림 2.12). 전도성 물질의 첨가는 미생물간의 전자 전달에 있어서 가교 역할을 제공하며, 전극 투입은 전극 표면을 통한 전자 전달의 용이성을 증대시켜준다. 이러한 조건이 형성 시 *Geobacter*와 *Shewanella* 등 전기친화성 미생물이 농축되는 현상이 관찰되면서 발효액내 전도성이 증대되는 것으로 알려져 있다. 위의 두 방법을 적용 시

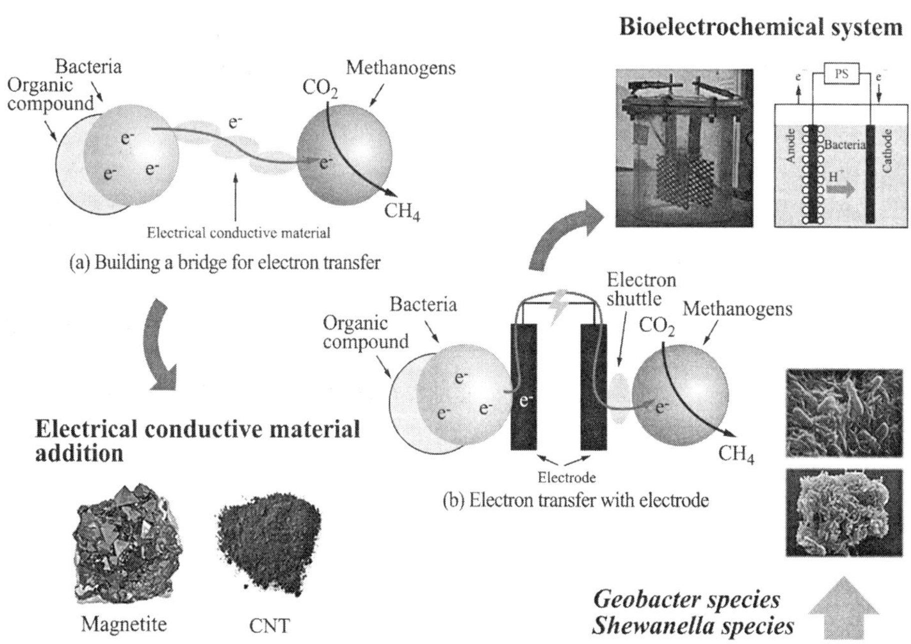

그림 2.12 혐기성 소화 시 DIET 반응 촉진을 위한 방법 (참고문헌 45번 참조)

혐기성 소화의 속도는 2배 이상 증대가 가능하며, 최근에는 이러한 조건이 난분해성 또는 독성 물질(슬러지, 페놀, 긴사슬지방산 등)의 분해율도 증대되는 것으로 알려져 있다(임성원 외 2019, Alsayed 외 2020). 하지만, 전도성 물질의 높은 가격, 회수의 문제점, 전극의 높은 가격 등이 실용화에 문제시되고 있다.

참고문헌

1. 김헌태, 장정수, "3020신재생에너지 정책의 성공적 달성을 위한 전력계통 안정화 핵심기술 개발 방향", 전기학회, 67(2), pp.149-157 (2018)
2. 농림축산식품부, 가축분뇨처리사업 기준 (2018)
3. 산업통상자원부, 한국에너지공단, 2018 신·재생에너지 백서 (2018)
4. 이준호, 박순철, 강호, 왕창근, 현재혁, "음식물류폐기물 바이오가스 플랜트의 경제성 분석", 신재생에너지, 13(3), pp.65-72 (2017)
8. 정부 관계부처 합동, 지속가능한 순환경제 실현을 위한 제1차 자원순환기본계획(2018~2027) (2018)
9. 한국에너지공단, 신재생에너지 및 재생에너지 개발·이용·보급 촉진법 (2018)
10. 한국에너지기술연구원, 음식물쓰레기로부터 생물/촉매 복합기술에 의한 바이오연료 및 화학원료 생산 원천기술개발 (III) (2015)
11. 환경부, 2018 국가 온실가스 인벤토리 보고서 (2018)
12. 환경부, 우분 공공처리를 위한 바이오가스화 적용방안 연구(Ⅰ) (2019)
13. 환경부, 유기성 폐자원 바이오가스화시설 현황 (2020)
14. 환경부, 유기성 폐자원에너지 활용시설 현황 (2014)
15. 환경부, 전국 유기성 폐자원에너지 활용시설 현황 통계자료 (2018)
16. 환경부, 하수찌꺼기 등 통합처리 바이오가스화시설 운영방안 및 오염부하 영향조사 연구 (2018)
17. 환경부, 환경백서 (2019)
18. 환경부, 환경통계연감 (2017, 2019)
19. 김동훈, 정엠마, 오세은, 신항식, "Combined (alkaline+ultrasonic) pretreatment effect on sewage sludge disintegration", Water Research, 44(10), pp.3093-3100 (2010)
20. 김동훈, 김미선, "Hydrogenases for biological hydrogen production", Bioresource Technology, 102(18), pp.8423-8431 (2011)
21. 김미선, 나정걸, 이모권, 류호영, 장용근, Jin M. Triolo, 윤여명, 김동훈, "More value from food waste: Lactic acid and biogas recovery", Water Research, 96, pp.208-216 (2016)

22. 김민균, Sivagurunathan, P., 이모권, 임성원, 신상룡, 최창수, 김동훈, "Rheological properties of hydrogen fermented food waste", International Journal of Hydrogen Energy, 44(4), pp.2239-2245 (2019)
23. 신상룡, 임성원, Mostafa, A., 이모권, 윤여명, 오세은, 김동훈, "Effects of pig slurry acidification on methane emissions during storage and subsequent biogas production", Water Research, 152, 234-240 (2019)
24. 윤여명, 이모권, 임성원, Antonella Marone, Eric Trably, 신상룡, 김민균, 조시경, 김동훈, "Biohydrogen production from food waste: Current status, limitations, and future perspectives", Bioresource Technology, 248, pp.79-87 (2018)
25. 임성원, 윤여명, 송영채, 김동훈, "Enhanced anaerobic digestion of glycerol by promoting DIET reaction", Biochemical Engineering Journal, 142, pp.18-26 (2019)
26. 임성원, Petersen, S.O., 이동진, 김동훈, "Effects of storage temperature on CH_4 emissions from cattle manure and subsequent biogas production potential", Waste Management. 101, 35-43 (2020)
27. Ameur, H., & Bouzit, M., "Mixing in shear thinning fluids", Brazilian Journal of Chemical Engineering, 29(2), 349-358 (2012)
28. Arellia, V., Beguma, S., Anupojua, G.R., Kurutia, K., Shailaja S., "Dry anaerobic co-digestion of food waste and cattle manure: Impact of total solids, substrate ratio and thermal pre treatment on methane yield and quality of biomanure", Bioresource Technology, 253, 273-280 (2018)
29. Briski, F., Vukovic, M., Papa, K., Gomzi, Z., Domanovac, T., "Modelling of compositing of food waste in a column reactor", Chemical Papers, 61, 24-29 (2007)
30. Casillas, C.E. and Kammen DM., "The energy-poverty-climate nexus", Science, 330(6008), pp.1181-1182 (2010)
31. Chen, Y., Rößler, B., Zielonka, S., Lemmer, A., Wonneberger, A. M., & Jungbluth, T., "The pressure effects on two-phase anaerobic digestion", Applied energy, 116, pp.409-415 (2014)
32. Chiumenti, A., da Borso, F., and Limina, S. "Dry anaerobic digestion of cow manure and agricultural products in a full-scale plant: Efficiency and comparison with wet fermentation", Waste Management, 71, 704-710 (2018)
33. Deng, C., Lin, R., Kang, X., Wu, B., O'Shea, R., Mucrphy, J. "Improving gaseous biofuel yield from seaweed through a cascading circular bioenergy system integrating anaerobic digestion and pyrolysis", Renewable and Sustainable Energy Reviews, 128, pp.109895 (2020)
34. Fangueiro, D., Hjorth, M., Gioelli, F., "Acidification of animal slurry-a review", Journal of Environmental Management, 149, 46-56 (2015)
35. Food and agriculture organization of the United Nations, Gridded livestock of the world 2007 (2007)

36. Franke-Whittle, I.H., Insam, H. "Treatment alternatives of slaughterhouse wastes, and their effect on the inactivation of different pathogens: A review", Critical Reviews in Microbiology, 39(2), pp.139-151 (2013)
37. Estevez, M.M., Sapci, Z., Linjordet, R., Schnürer, A., Morken, J., "Semi-continuous anaerobic co-digestion of cow manure and stream-exploded Salix with recirculation of liquid digestate", Journal of Environmental Management, 136, 9-15, (2014)
38. Holly, M.A., Larson, R.A., Powell, J.M., Ruark, M.D., Aguirre-Villegas, H., "Greenhouse gas and ammonia emissions from digested and separated dairy manure during storage and after land application", Agriculture, Ecosystems & Environment, 239, 410-419 (2017)
39. IEA Bioenergy Task 37, Germany, Sweden, Denmark IEA report (2019)
40. Kaparaju, P., Buendia, I., Ellegaard, L., Angelidakia, I., "Effects of mixing on methane production during thermophilic anaerobic digestion of manure: Lab-scale and pilot-scale studies", Bioresource Technology, 99, 4919-4928 (2008)
41. Kougias, P. G., Treu, L., Benavente, D. P., Boe, K., Campanaro, S., & Angelidaki, I., "Ex-situ biogas upgrading and enhancement in different reactor systems", Bioresource technology, 225, pp.429-437 (2017)
42. Lindeboom, R. E. F., Fermoso, F. G., Weijma, J., Zagt, K., & Van Lier, J. B., "Autogenerative high pressure digestion: anaerobic digestion and biogas upgrading in a single step reactor system", Water Science & Technology, 64(3), pp.647-653 (2011)
43. Luo, G., & Angelidaki, I., "Hollow fiber membrane based H_2 diffusion for efficient in situ biogas upgrading in an anaerobic reactor", Applied microbiology and biotechnology, 97(8), pp.3739-3744 (2013)
44. Merkle, W., Baer, K., Lindner, J., Zielonka, S., Ortloff, F., Graf, F., ... & Lemmer, A., "Influence of pressures up to 50 bar on two-stage anaerobic digestion", Bioresource technology, 232, pp.72-78 (2017)
45. Metcalf & Eddy, Tchobanoglous, G., Burton, F.L., Wastewater Engineering: Treatment Disposal Reuse, third ed. McGraw-Hill, Inc (1991)
46. Miranda, D.N., Granell, R., Tuomisto, H.L., McCulloch, M.D., "Meta-analysis of methane from anaerobic digestion of dairy cattle manure", Biomass Bioenergy, 86, 65-75 (2016)
47. Misselbrook, T., Hunt, J., Perazzolo, F., Provolo, G., "Greenhouse gas and ammonia emissions from slurry storage: Impacts of temperature and potential mitigation through covering (pig slurry) of acidification (cattle slurry)", Journal of Environmental Quality, 45: 1520e1530 (2016)
48. Mostafa, A., 임성원, 송영채, 안용태, 김동훈, "Enhanced anaerobic digestion by stimulating DIET reaction", 8(4), pp.424 (2020)
49. Mostafa, A., 임성원, 이모권, 송영채, 김동훈, "Enhanced anaerobic digestion of phenol via electrical energy input", Chemical Engineering Journal, 389, pp.124501 (2020)
50. Ormaechea, P., "Enhancement of biogas production from cattle manure pretreated and/or

co-digested at pilot-plant scale. Characterization by SEM", Renewable Energy, 126, 897-904 (2018)

51. Rennie, T.J., Gordon, R.J., Smith, W.N., VanderZaag, A.C., "Liquid manure storage temperature is affected by storage design and management practices-A modelling assessment", Agriculture, Ecosystems & Environment, 260, 47-57 (2018)
52. Ruggeri, B., Tommasi, T., & Sassi, G., "Energy balance of dark anaerobic fermentation as a tool for sustainability analysis", International Journal of Hydrogen Energy, 35(19), pp.10202-10211 (2010)
53. Sánchez-Hernández, E.P., Weiland, P., Borja, R., "The effect of biogas sparging on cow manure characteristics and its subsequent anaerobic biodegradation", International Biodeterioration & Biodegradation, 83, 10-16 (2013)
54. Scarlat, N., Jean-François, D., Fernando, F., "Biogas: Developments and perspectives in Europe", Renewable energy, 129, pp.457-472 (2018)
55. Tsapekos, P., Kougias, P.G., Kuthiala, S., Angelidaki I., "Co-digestion and model simulations of source separated municipal organic waste with cattle manure under batch and continuously stirred tank reactors", Energy Conversion and Management, 159, 1-6, (2018)
56. Turner, C., Williams, S.M., Burton, C.H., Farrent, J.W., Wilkinson, P.J., "Laboratory scale inactivation of pig viruses in pig slurry and design of a pilot plant for thermal inactivation", Water Science & Technology, 38, 79-86 (1998)
57. Zhu, H., Han, Y., Xu, C., Han, H., Ma, W. "Overview of the state of the art of processes and technical bottlenecks for coal gasification wastewater treatment", Science of the total Environment, 637-638, pp.1108-1126 (2018)

CHAPTER 3

국내 유기성 폐자원의 바이오가스화 생산 및 이용 최적 운영 방안[2]

2) 이동진 외 13인, 음식물류폐기물 바이오가스화시설 기술지침서, 2차 개정, 환경부·국립환경과학원 (2015)

3.1 바이오가스화시설의 설계·운전 지침 종합

3.1.1 일반 사항

1. 주요 공정 설명

일반적인 음식물류폐기물 바이오가스화시설은 그림 3.1과 같은 설비로 구성되며, 각 설비의 주요 설계인자를 제시하고 안정적이고 효율적인 시설의 설계를 위한 방향을 제시하고자 한다.

1) 반입 및 전처리설비(반입, 파쇄·선별, 이송, 저장조 등)
2) 혐기성 소화설비(교반, 가온 등)
3) 소화가스 이용설비(소화가스 저장, 발전기, 소화가스 정제 등)
4) 소화슬러지 처리설비(탈수, 약품주입, 탈수케익 이송 및 반출 등)
5) 폐수처리설비(C/N비, 체류시간, 온도 등)
6) 악취제거설비(환기횟수, 악취제거 방식, 모니터링 등)

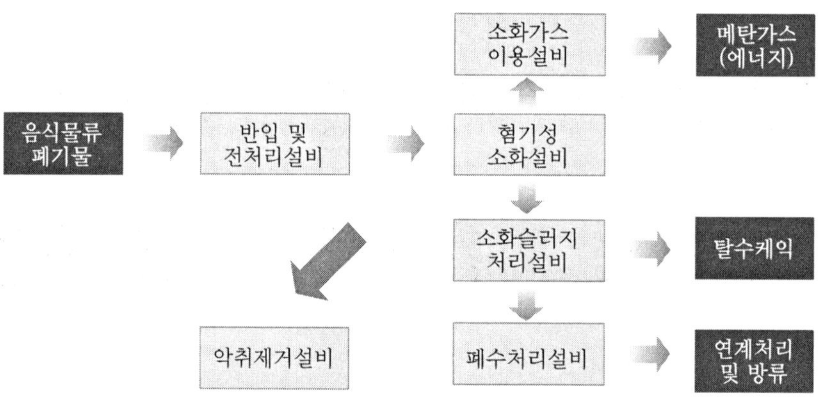

그림 3.1 음식물류폐기물 바이오가스화시설의 일반적인 흐름도

2. 공정별 문제점

음식물류폐기물 바이오가스화시설 설계 시 문제 발생하기 쉬운 부분들을 아래 표 3.1에 정리하였다.

표 3.1 음식물류폐기물 바이오가스화시설 운전 시 발생하기 쉬운 문제점 정리

공정 설비	문제점 정리
음식물류폐기물 저장호퍼	• 음식물폐기물 건더기와 침출수가 비중에 의해 분리되어 컨베이어 이송이 어려움 • 드레인용 타공망이 없는 국부 드레인 배관은 침출수 처리가 어려움 • 평소보다 음식물폐기물이 과다 유입되거나 또는 설비고장 대비 호퍼 여유용량 부족 • 음식물류폐기물이 겨울철에 동결됨
전처리실 집수정	• 평소 이송 컨베이어에서 흘러나오는 다량의 음식물로 인하여 물청소 시 집수정이 자주 넘침
이송 컨베이어	• 실제 음식물류폐기물에 큰 고형물이 자주 반입되어 컨베이어 폐색이 잦음
파쇄선별기, 미세파쇄기	• 시중의 파쇄선별기, 미세파쇄기 등이 제 기능을 못하는 것들이 있어서 소화조로 이물질 및 큰 고형물이 많이 넘어가 결국 배관 막힘이 잦음
저장조	• 저장조에 미교반 시 침출수만 이송되는 현상 발생
산발효조 및 혐기성 소화조	• 발효조 및 소화조 하부에 고형물이 퇴적되는 현상 발생 • 소화조 상부에 스컴 발생 • 소화조 혼합 시 사각지대 발생 • 소화조의 크기가 충분하지 않아서 과부하로 운영되는 경우가 많으며, 1계열로 운영되어 소화조 고장 시 정지 상태가 발생함 • 초음파식 수위계는 스컴 발생 시 잦은 오류 발생 • 발효조 및 소화조 외부에 내부 점검용 투명 점검창이 없어서 계측기만으로 신뢰하기 어려움 • 슬러지 농도 증가 시 교반기 기동이 안 되는 경우가 있음 • 혐기성 소화조 상부에 브리더밸브(습식), 안전밸브 및 럽쳐디스크(습식) 등 폭발방지 안전장치가 없음
가스공급라인	• 가스 저장소에서 발전기, 보일러, 잉여가스연소는 가스공급라인을 개별적으로 설치되어 있지 않음 • 가스배관에 중량 대비 10 wt % 정도의 응축수 발생 • 가스배관 및 각종 밸브는 부식이 발생할 가능성이 있음
탈황장치	• 습식탈황장치는 특히 겨울철 가성소다 응결로 순환배관이 자주 막혀 운영에 어려움이 많음 • 황화수소 과다 유입 시 발전기, 보일러 등에 부식 현상 발생
가스발전기	• 바이오가스는 유기성 폐기물 성상에 따라 농도, 유량이 자주 변하므로 도시가스처럼 일정한 유량 및 농도를 기대하기 어려움 • 가스발전기 연소가스 배출 연도와 보일러를 구분하여 설치하지 않아서 공동 사용 시 미배출된 연소가스가 역류하는 현상 일부 발생

공정 설비	문제점 정리
약품탱크	• 약품 유출 방지용 방류벽이 없는 경우가 있음
옥외 소화조	• 소화조가 옥외에 설치되어 있는 경우 펌프고장이나 배관청소 등으로 슬러지가 자주 유출됨
보일러	• 가스누출 감지기 및 가스차단 밸브가 미설치된 보일러가 비치되는 경우가 있음 • 보일러 연소가스 배출 연도를 가스발전기와 구분하여 설치하지 않고 공동 사용 시 미배출된 연소가스가 역류하는 현상 일부 발생
폐수 냉각설비	• 공랭식 칠러 방식은 폐수에 썩어 있는 슬러지 등에 의해 자주 막힘 현상 발생
발효조 및 소화조 열교환기	• 이중관식 열교환기는 순환 슬러지로 인해 자주 막힘 현상 발생 • 중·대규모 시설에서 스팀 분사방식은 완전혼합, 온도 유지 등이 어려움
옥외 펌프	• 옥외 펌프는 덮개 등이 제작되지 않아 보온이 되지 않음
폐수처리실	• 악취포집시설이 미반영 되어 있어 특히 여름철 폐수온도 상승에 따른 암모니아 가스 과다발생으로 악취가 심함
워크웨이	• 설비 업체별로 워크웨이 규격이 상이하여 통일성이 없음
고압송풍기	• 고압송풍기 특히 루츠 블로어 타입은 진동과 소음이 심하나 별도 방음실이 없음

3. 음식물류폐기물 특징

음식물류폐기물은 고농도 유기성 폐기물로서 다음과 같은 특성을 고려하여야 한다.

1) 음식물류폐기물의 성상

음식물류폐기물은 고농도의 고형물 및 유기물 함량을 나타내고 있으며, 낮은 pH와 높은 염분 농도를 함유하고 있어 설비의 고장 및 부식 등의 원인이 될 수 있다. 전체 음식물류폐기물 중에서 고형물의 농도는 약 20% 정도로 그 점도가 높으며 많은 이물질을 함유하고 있는 특성을 나타낸다. 총고형물 중 혐기성 소화조에서 분해 가능한 VS/TS는 약 0.7～0.8 정도로 나타났으며, 총고형물 중에서 20% 정도는 이물질이나 협잡물 등의 분해 불가능한 회분(Fixed Solid, FS)으로 분류된다. 즉, 이러한 이물질 및 협잡물 등은 전처리설비에서 분리되거나 파쇄되도록 하여 혐기성 소화효율을 높일 수 있도록 하는 것이 중요하다. 질소 등의 영양염류 역시 높은 농도를 나타내고 있다. 이는 대부분이 혐기성 소화조에서 분해되지 않기 때문에 후속되는 폐수처리 설비에서 제거되어야 하는데 혐기성 소화조에서 상당량 분해된 COD로 인하여 실제 C/N비가 낮아 폐수처리에 어려움을 겪고 있다.

질소 등의 영양염류 역시 높은 농도를 나타내고 있으며, 혐기소화 처리 이후에 오히려 5~10% 정도 증가하는 추세이다. 음식물류폐기물을 건식 처리할 경우는 질소 축적이 더욱 높게 나타나서 총질소(TN) 농도가 6,000 mg/L까지에 이르기도 한다. 보통 음폐수의 바이오가스화(습식 처리)에서 총질소는 평균 3,000 mg/L 정도이며 시설에 따라서 다소 그 농도가 달라져 약 2,000~4,500 mg/L에 이르므로 총질소 농도를 정확히 아는 것이 중요하다. 질소는 대부분이 혐기성 소화조에서 분해되지 않기 때문에 후속되는 폐수처리 설비에서 제거되어야 하는데 혐기성 소화조에서 상당량 분해된 COD로 인하여 실제 C/N비가 낮아 폐수처리에 어려움을 겪고 있다.

2) 음식물류폐기물의 이물질

바이오가스화시설에 유입되는 음식물류폐기물은 많은 비닐, 철재, 뼈 등의 이물질을 함유하고 있다. 일반적으로 유입되는 음식물류폐기물 중 이물질의 함량을 5% 전후라고 알려져 있지만, 조사결과 처리용량별로 유입되는 음식물류폐기물 중 이물질 함량은 큰 유의성은 없으나, 전체적으로 5% 이상의 이물질이 발생되는 것으로 나타났다.

또한, 조사 처리시설 중 50%에서는 약 10% 이상의 이물질이 발생되며, 많게는 30% 이상의 이물질이 발생되는 경우도 있다. 이러한 이물질은 이송설비의 막힘이나 혐기성 소화의 효율을 저하시키므로, 전처리과정에서 확실하게 분리 및 파쇄되어야 한다.

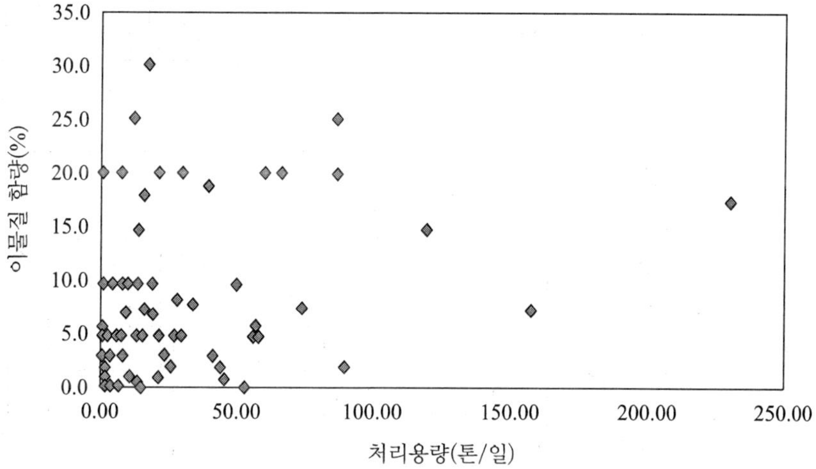

그림 3.2 시설용량별 음식물류폐기물 내 이물질 함량

3) 음식물류폐기물의 배출 특성(요일별, 계절별, 지역별)

음식물류폐기물은 발생량과 성상이 매우 다양하게 변화하며 그림 3.3과 같이 가정배출의 요일별, 계절별 발생량의 차이가 크게 나타나고 있다. 특히, 바이오가스화시설에 음식물류폐기물의 반입은 대부분 시설에서 일요일은 반입이 되지 않고 월요일에 대량으로 들어오기 때문에 일주일 중에 화요일에서 금요일은 평균 반입량으로 들어오나 일요일과 월요일, 그리고 화요일은 그림 3.3에서 보는 바와 같이 매우 큰 차이가 나타나고 있다. 1인당 배출량은 요일별로 편차가 커서 약 2배 정도의 차이가 나타나고 있으며, 계절별로 여름철은 많고 가을 및 겨울철은 적어 약 20~30% 정도의 편차가 생기고 있다. 바이오가스화시설에 반입되는 양도 요일별로 차이가 매우 크게 나타나고 있다.

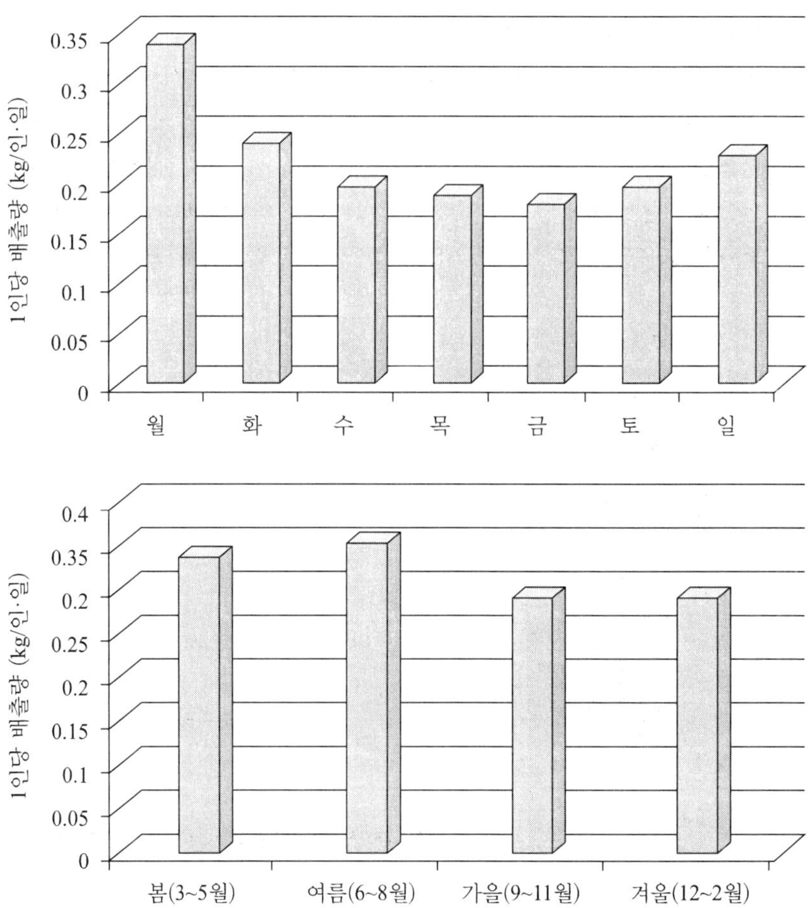

그림 3.3 가정배출의 계절별 및 요일별 음식물류폐기물 발생량

김장철과 명절 이후에는 음식물류폐기물의 배출량이 크게 증가되므로 별도의 처리도 고려해 보아야 하며, 특히 김장철은 배출량이 급증할 뿐만 아니라 혐기소화에서 분해속도가 느린 음식물류폐기물 성상이 많아서 외부에서 별도 처리를 권장한다.

3.1.2 설계·운전 지침 주요 내용 정리

1. 설계 시 전체 적용사항

음식물류폐기물 바이오가스화시설에 대해 전체적으로 적용해야 할 사항은 아래와 같다.

1) 음식물류폐기물은 지역별, 계절별, 요일별 배출 특성을 고려하여야 한다. 음식물류폐기물의 계절별 및 요일별 배출량 변동 폭이 매우 크기 때문에 바이오가스화시설 설계 시 지역별로 그 특성을 반영하여 시설용량 설계 시 여유율을 10~30% 정도 감안할 필요가 있다. 따라서 시설용량은 처리용량과 여유율의 합(시설용량=처리용량+여유율)으로 한다. 처리용량은 연간 처리량을 조업일수로 나누어준 용량을 말한다. 여유율은 월별, 계절별 등 처리량의 변동 폭에 대한 충격부하를 완화하기 위하여 처리용량에 대한 여유 비율로 한다. 예를 들면 100톤/일 규모의 처리용량 설계 시 여유율을 20%로 하고자 한다면, 시설용량은 120톤/일(=100톤/일+100톤/일×0.2)로 한다. 여유율 산정은 시설이 설치되는 지방자치단체의 음식물류폐기물 발생 특성, 즉 요일별, 지역별, 계절별 그 발생량의 변화와 발생되는 음식물류폐기물의 고형물(TS) 함량 변화 등을 고려하여 정할 수 있다. 그리고 김장철에 김장 쓰레기는 바이오가스화시설에서 전처리 시설에 걸림현상과 소화조에서 소화가 안 되고 스컴 형성을 일으키는 등 문제를 야기하므로 별도 처리하는 것이 바람직하다. 또한, 명절과 같은 음식물류폐기물의 대량 발생 시점에는 한시적으로 시설용량을 초과하여 발생될 수 있으므로 소화조에 무리한 처리를 하지 않고 별도로 처리를 할 것을 권고한다.
2) 소규모 시설(시설용량 20톤/일 이하)은 전처리 및 소화 공정 등 전체적으로 2계열화를 하지 않아도 된다. 2계열화란 시설용량을 1/2로 나누어서 2기로 설치하는 것을 말한다. 예를 들면 100 m^3/d의 설비 시설용량 설치 시 50 m^3/d 용량의 설비시설 2기를 설치하는 것을 말한다.

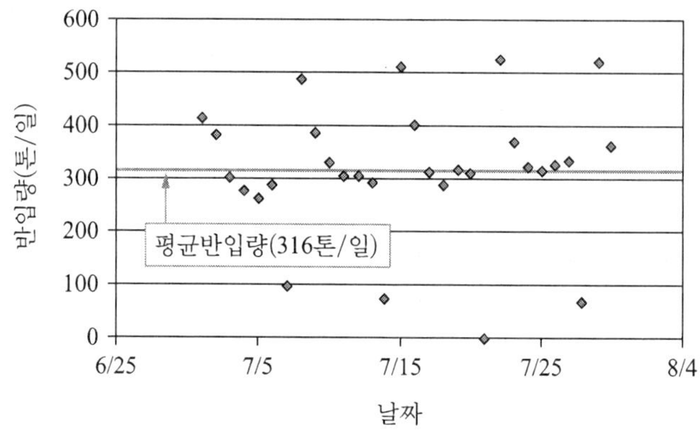

그림 3.4 바이오가스화시설에 반입되는 음식물류폐기물의 반입량 변화

3) 음식물류폐기물(음폐수 포함)을 처리하는 바이오가스화시설은 폐기물처리시설에 관한 인·허가 사항을 검토하여야 한다.
4) 음식물류폐기물의 바이오가스화시설은 지역별, 유입물 물성별, 계절별, 공법별 특성이 다를 수 있으므로 이 지침서에서 제시하는 내용과 상이할 경우는 지자체(민간 시설의 경우는 시공사)에서 전문가 회의 또는 위원회 등을 거쳐서 별도로 적용할 수 있다.

2. 공정별 설계·운전 가이드라인 종합

그림 3.1에서 보듯이 바이오가스화에 의한 처리는 반입 및 전처리 공정을 거쳐 혐기소화를 하게 되며 기체상인 바이오가스는 소화가스 이용공정으로, 소화여액을 탈수한 후에 탈수케익은 퇴비화 등 고상처리로, 그리고 폐수는 주로 하수처리장 연계기준에 맞춘 처리를 하게 된다. 아래 표들에는 공정별로 설계·운전 가이드라인을 요약 정리하였다.

표 3.2 반입 공정 주요 설계 고려사항(운전인자 포함)

문제점	GUIDE LINE 제시	비고
1) 요일별, 계절별 발생량 편차가 매우 큼	• 최소 2일, 권장치 3일 이상 저장 가능하도록 용량 산정	
2) 폐기물 밀도기준 부재	• 폐기물 밀도(0.7 ~ 0.9 t/m^3) 고려하여 용량을 계산	
3) 저장호퍼 내부의 부식 문제 발생	• 호퍼 내부는 내부식성 재질로 코팅	

문제점	GUIDE LINE 제시	비고
4) 동절기 호퍼 내 폐기물 동결 문제	• 호퍼 내 가온설비(스팀, 온수 등) 설치	권장사항
5) 호퍼 하부 침출수 발생 문제	• 호퍼 하부 드레인 밸브 및 타공망 설치	
6) 호퍼 내부 브릿징 현상 발생	• 진동장치 등 브릿징 제거설비 설치	권장사항
7) 하부 이송 컨베이어 막힘 문제	• 하부 이송 컨베이어의 2계열화	
8) 유입물 온도 설정 필요	• 동절기(4℃), 하절기(25℃)	
9) 악취방지	• 반입장은 에어커튼식 및 전동셔터, 악취 확산 방지 • 투입실 안식각을 5° 이상 • 바닥 청소용 및 차량 청소용 공정수 배관 설치	

※ 음폐수는 음식물류폐기물의 문제점에서 1), 3)이 고려사항

표 3.3 전처리 설비 주요 설계 고려사항(운전인자 포함)

문제점	GUIDE LINE 제시	비고
1) 폐기물 파쇄 목표입경 확립 필요	• 10～20 mm 이하로 계획	
2) 컨베이어류 설치 기준 미확립	• 스크루 컨베이어 : 45° 이하 경사각 유지 • 플라이트 컨베이어 : 20° 이하 경사각 유지	권장사항
3) 조대입자의 소화조 유입문제	• 5 mm 이하로 계획 권장함	권장사항
4) 잦은 고장으로 유지보수 어려움	• 2계열 이상의 계열화를 통한 유지보수 • 운영시간을 주간 8시간 기준, 한 Line이 고장 시 다른 Line이 16시간 운영하도록 함	
5) 목표입경 기준 불확실	• 파쇄설비 후단 목표입경에 적합한 스크린 설치	
6) 유분 제거 미흡	• 유분을 분리·제거할 것을 권장함(배관 막힘과 스컴 제어를 위함)	권장사항
7) 중간 저장조 기준 미확립	• 유효용량 3일 이상 지장 가능하도록 용량 산정, 2단으로 설치 • 완전혼합하여야 함, 안전을 위해 메탄 감지장치 설치해야 함	

※ 음폐수의 전처리 목표 입경은 5 mm 이하로 계획.
음폐수는 음식물류폐기물의 문제점에서 3), 4)이 고려사항

표 3.4 이송설비 공정 주요 설계 고려사항

문제점	GUIDE LINE 제시	비고
1) 펌프의 잦은 고장 및 막힘	• 모든 펌프에 예비대수 적용	
2) 배관의 잦은 막힘	• 이송배관 최소 관경 : 150 A(소화전), 300 A(월류부분), 300 A(슬러지 인발 배관)	

문제점	GUIDE LINE 제시	비고
3) 배관 막힘 시 유지보수 어려움	• 직관부는 10~20 m 마다 플랜지 접합 • 곡관부는 밴딩 접합 • 상습 막힘 예상 구간에 세척수 노즐 설치	
4) 배관 유지보수 시 폐기물 누출	• 플랜지 및 밴딩 접합부에 배수피트 설치	

표 3.5 혐기소화 공정 주요 설계 고려사항

문제점	GUIDE LINE 제시	비고
1) pH 설계 기준	• 단상소화조 : 6.5~8.0 • 이상소화조(산발효조) : 4.5~6.5 • 이상소화조(메탄발효조) : 7.0~8.0	±1.0 이내
2) 소화 온도 설계 기준	• 중온소화 : 30~42℃ • 고온소화 : 50~60℃	±2.0 이내
3) 음식물 온도 기준 상이	• 동절기(4℃), 하절기(25℃)	
4) 저해인자 농도 기준	• Volatile Acid : 4,000 mg/L 이하 (건식) 3,000 mg/L 이하 (습식)	
5) 소화일수 설계 기준	• 중온소화 : 최소 20일 이상 • 고온소화 : 최소 15일 이상	
6) 교반 성능 평가 방법 없음	• 고형물 온도 편차 : 상부－하부 2℃ 이내 • 고형물 농도 편차 : 상부－하부 10% 이내	
7) OLR(유기물 부하) 기준 필요	• VS Base : 1.5~4.0 kg $VS/m^3 \cdot day$ • VS Base : 2.5~5.0 kg $VS/m^3 \cdot day$	습식 건식
8) 소화조 유입 불균형	• 유입펌프, 배관 및 소화조 2계열로 구성	권장사항
9) 가스발생량 과소설계	• 표준상태(0℃, 1기압)로 수분이 제거된 건가스 시설설계 기준 : 순간 부하율 변동을 고려하여 <u>최대치</u>를 권장함. 0.30~<u>0.48</u> Nm^3 CH_4/kg VS_{in} • 실제 시설설계 기준은 현장상황을 감안하여 수분, 관내 온도, 고압이 반영되어야 함. 현장 바이오가스는 시설에 따라 다르지만 부피기준으로 대략 20~25% 정도 표준상태보다 증가됨. 따라서 메탄가스 생성률 시설설계 기준(단독처리) : 순간 부하율 변동을 고려하여 <u>최대치</u>를 권장함. 0.48~<u>0.65</u> m^3 CH_4/kg VS_{in}	습윤, 실온 가스기준
10) 침전물 배출	• 하부 침적물 배출 : 경사각 1/12 이상	
11) 소화조 감시 제어 어려움	• pH meter, 온도계, Level Gage 설치 • 투시창 및 점검맨홀 설치 • 시료채취 장치 설치	권장사항
12) 상부 스컴, 하부 침전물 제거 장치	• 레이크·스크루 회전, 스컴층에 소화가스로 교반, 상등수 살수 등으로 스컴 제거 • 하부 침전물 제거 및 배관장치 설치	

문제점	GUIDE LINE 제시	비고
13) 소화조에 유입 불균형	• 습식 처리의 경우 가능하면 24시간 균등 투입이 되도록 운전 • 건식 처리의 경우 가능하면 최대한 균등 투입이 되도록 운전	

표 3.6 소화가스 이용설비 공정 주요 설계 고려사항

문제점	GUIDE LINE 제시	비고
1) 소화가스 저장조 용량 부족	• 일 가스발생량의 1/4 저장용량 확보(최소 3시간 이상)	
2) 잉여가스연소기 설치기준 및 용량	• 단위공정 및 설비의 외면으로부터 10 m 이상 이격 • 소화가스 저장조로부터 20 m 이상 이격 • 시간당 가스발생량의 200% 이상으로 계획	
3) 적용 관련 법규의 미확립	• 바이오메탄 연료 품질기준(대기환경보전법 시행규칙 별표 33, KS M 2890) • 「도시가스사업법」에 시설·기술·검사 기준 등 준수	
4) 제습처리 미흡	• 소화가스 이용설비가 적정 운전될 수준으로 바이오가스가 제습되어야 함	
5) 분진제거 미흡	• 소화가스 이용설비가 적정 운전될 수준으로 바이오가스 내 분진이 제거되어야 함	
6) 황화수소 처리 미흡	• 소화가스 이용설비가 적정 운전될 수준으로 바이오가스의 황화수소가 처리되어야 함	
7) 가스유량계 미설치	• 바이오가스의 발생량과 이용량이 측정될 수 있도록 각각 설치해야 함 • 가스유량계 설치 위치는 소화조에서 바이오가스 발생 직후(발생량용) 및 바이오가스 이용시설 직전(이용량)으로 함	
8) 바이오가스의 공급설비(승압송풍기)의 압력 조절 미흡	• 바이오가스가 소화가스 이용설비에 충분히 공급될 수 있도록 공급설비의 압력이 안정적으로 유지되어야 함	

표 3.7 소화슬러지 탈수 공정 주요 설계 고려사항

문제점	GUIDE LINE 제시	비고
1) 탈수케익 활용을 위한 함수율 기준	• 퇴비화 : 관련법에서 제시하는 함수율 • 필요시 함수율 조절용 톱밥 등 부자재 혼합 고려	
2) 탈수케익 반출	• 최소 2일 이상, 권장치 3일 이상 저장이 가능하도록 계획 • 악취확산 방지 필요	권장사항
3) 이송설비	• 이송펌프 2계열화 • 이송배관 150 A 이상	권장사항

표 3.8 폐수처리 공정 주요 설계 고려사항

문제점	GUIDE LINE 제시	비고
1) 낮은 C/N Ratio	• 필요시 외부탄소원 주입	
2) 폐수처리 온도 상승	• 최적 온도 범위 : 15~30℃ • 필요시 냉각설비를 적용	
3) 질산화에 의한 pH 저감	• 상시 pH 7.0~8.0범위 내에서 운전 • pH 저감방지를 위한 약품 투입	
4) 연계처리 기준	• 연계처리 유입하수 오염 부하량의 10% 이내	
5) 폐수 내의 총질소(TN) 유입 농도 설정 미흡	• 폐수처리 TN 농도 설정이 필요함	

표 3.9 악취제거 공정 주요 설계 고려사항

<table>
<tr><th>문제점</th><th>GUIDE LINE 제시</th><th>비고</th></tr>
<tr><td>1) 환기횟수 기준 미확립</td><td>
<table>
<tr><th>구분</th><th>적용</th><th>환기횟수</th></tr>
<tr><td rowspan="2">실 탈취</td><td>반입장, 폐수처리실, 탈수기실, 협잡물 반출실, 탈수케익 반출실, 전처리실 등</td><td>12회/hr 이상</td></tr>
<tr><td>펌프실, 약품실 등</td><td>8회/hr 이상</td></tr>
<tr><td rowspan="2">기기 탈취</td><td>반입호퍼, 저장조 및 저류조, 유량조정조, 파쇄기, 선별기, 탈수기, 폐수처리 반응조 등</td><td>15회/hr 이상</td></tr>
<tr><td>연계처리수조, 응집조, 응집침전조 등</td><td>12회/hr 이상</td></tr>
<tr><td rowspan="2">국소 탈취</td><td>이송 컨베이어, 전처리설비 등</td><td>15회/hr 이상</td></tr>
<tr><td>반출 컨베이어, 협잡물 및 탈수케익 반출호퍼 등</td><td>10회/hr 이상</td></tr>
</table>
</td><td></td></tr>
<tr><td>2) 주요 악취원인 물질</td><td>• 황화합물 : 황화수소, 메틸머캅탄
• 질소화합물 : 암모니아, 트리메틸아민
• 알데하이드류 : 아세트, 프로피온, 뷰틸</td><td></td></tr>
<tr><td>3) 모니터링 기준농도 오류</td><td>• 배출허용기준 보다 10~20% 낮게 설정 추천</td><td>권장사항</td></tr>
</table>

표 3.10 안전관리에 대한 주요 설계 및 운영 고려사항

문제점	GUIDE LINE 제시	비고
1) 안전관리 체계 미흡	•「유기성 폐자원 바이오가스화시설 안전관리매뉴얼」 제2장에 따라 안전관리조직을 구성하고 운영한다(부록 8 참조).	
2) 안전관리 장치 설치 미흡	•「유기성 폐자원 바이오가스화시설 안전관리매뉴얼」 제3장에 따라 가스설비 제조, 설치, 보수 및 관리를 하여야 한다(부록 8 참조).	
3) 안전관리에 대한 자율 검사 미흡	•「유기성 폐자원 바이오가스화시설 안전관리매뉴얼」 제4장에 따라 자율검사 및 안전유지를 해야 한다(부록 8 참조).	
4) 안전을 요하는 작업에 대한 관리 미흡	•「유기성 폐자원 바이오가스화시설 안전관리매뉴얼」 제10장에 따라 안전작업을 준수해야 한다(부록 8 참조).	

3.2 바이오가스화시설의 공정별 설계 고려사항

3.2.1 반입 및 전처리 공정

1. 반입설비(반입차량, 투입구(실), 반입호퍼)

음식물류폐기물 반입설비는 다음과 같은 사항을 고려하여야 한다.

1) 음식물류폐기물 반입차량

음식물류폐기물의 반입차량은 5톤 암롤 차량 및 자동수거차량이 대표적이며, 각 차량의 제원을 바탕으로 투입구(실)의 크기와 회전반경을 고려하여야 한다. 대표적인 음식물류폐기물 반입차량의 종류와 제원을 표 3.11에 나타내었다.

표 3.11 음식물류폐기물 반입차량의 제원(5톤 기준)

구분	암롤 차량	후부투입 수거차량	자동 수거차량
사진			
길이	6,600 mm	6,300 mm	6,500 mm
높이 (투입높이)	2,900 mm (3,900 mm)	2,600 mm (3,600 mm)	2,900 mm (3,900 mm)
너비	2,200 mm	2,300 mm	2,300 mm
총중량	10,000 kg	13,000 kg	12,000 kg
적재중량	4,500 kg	6,300 kg	5,300 kg

2) 음식물류폐기물 투입구(실)

투입구(실)의 폭은 음식물류폐기물 반입차량의 제원 및 안전율을 고려하여 4.0 m 이상으로 하고, 높이는 투입 시 차량 최대 높이 이상이어야 하며, 악취확산 방지를 위하여 에어커튼(측면) 및 고속 전동셔터의 설치를 고려하여 설치한다. 또한, 차량의 회전반경을 고려하여 출입이 원활하도록 계획하여야 한다.

표 3.12 음식물류폐기물 반입실의 구성

구분	구조	악취방지	감시
출입구	• 차량 진출입을 고려한 회전반경, 높이, 넓이 계획	• 에어커튼(측면), 고속전동셔터 및 2중 이상의 악취확산 방지 계획	• 계량대 설치를 통한 반입량 감시 • CCTV 및 차량 감지기 설치
반입실	• 반입구 바닥과 동일한 레벨로 계획 • 5° 이상의 경사각을 통한 누출 폐기물의 청소 용이성 확보	• 음(−)압의 형성으로 악취확산 방지	• CCTV
반입저장 호퍼	• 호퍼 상부레벨과 반입실 바닥 레벨을 동일하게 계획하여 투입 효율성 확보 • 3일 이상 저장 가능한 용량 계획 • 하중에 견딜 수 있는 재질 및 구조로 계획 • 하절기 폐기물 부상방지 대책 마련 • 동절기 결빙방지 대책 마련	• 완전밀폐 구조 계획 • 누출 폐기물의 청소가 용이하도록 배수피트 설치 • 하부 드레인 밸브 설치	• CCTV

음식물류폐기물 투입구(실)의 높이는 투입실 바닥의 레벨과 동일하게 적용하여야 하며, 반입저장호퍼로의 안정적인 덤핑과 덤핑 중 누수되는 음식물류폐기물 청소 등의 유지관리를 위하여 투입실의 안식각을 5° 이상으로 계획하여야 한다. 또한, 차량 반입 시 호퍼로 반입하는 과정 중에 음식물의 누출이 발생하여 악취의 확산과 청소의 문제가 발생되므로 완전밀폐를 통한 악취확산의 방지가 이루어지도록 하며, 청소 등의 유지관리의 효율성을 위해 누수가 우려되는 구역에 배수피트를 설치한다.

3) 음식물류폐기물 반입저장호퍼

반입량의 표준편차가 매우 큰 음식물류폐기물을 공휴일 및 연휴 등을 고려하여 충분히 저장 가능하도록 한다.

① 반입저장 총량은 반입 음식물류폐기물량의 최소 2일, 권장치 3일 이상 분을 저장할 수 있도록 설계하여야 한다.

② 반입저장호퍼의 용량 산정 시 음식물류폐기물의 밀도(0.7 ~ 0.9 kg/m^3)를 반드시 고려하여 설계하도록 한다.

③ 음식물폐기물의 안정적인 저장을 위해 투입호퍼의 상부 여유고는 50 cm 이상으로 한다.

2. 전처리설비(선별, 파봉 및 파쇄, 분쇄)

음식물류폐기물 전처리설비는 혐기성 소화 설비에서 소화효율을 극대화하고, 설비 간 이송이 원활하게 될 수 있도록 계획한다. 소화가스화시설의 설계 시 전처리설비에 큰 비중을 두지 않고 계획하면 모든 후속 공정들의 실패 원인이 될 수 있으며, 전처리 공정(선별, 파봉 및 파쇄, 분쇄 등)의 성공 여부가 혐기성 소화효율에 미치는 영향이 매우 크다는 것을 고려하여야 한다. 음식물류폐기물의 이물질 제거 및 입경을 최소화하여 설비 간의 이송 문제를 해결하고, 소화조 내 반응 면적을 크게 하여 효율을 높일 수 있다. 또한, 성상을 균등화하고 소화조로 일정량을 공급해줌으로써 소화조 내 소화일수 조절과 충격 부하 방지 등의 효과를 볼 수 있다. 전처리설비 운영시간은 주간 8시간 기준으로 설계한다. 전처리설비를 예비 개념을 두고 설치하기에는 비경제적이고 가동시간 8시간을 기준으로 설계하여 1 Line이 고장이거나 정기점검 시 다른 1개 Line을 16시간 가동하여 전처리설비 가동에 문제가 없도록 한다. 단 펌프류는 예비기가 필요하다.

1) 파쇄(파봉) 및 선별

음식물류폐기물에는 비닐, 철재류, 조개껍질, 뼈 등의 이물질이 다량 포함되어 있으므로 파쇄선별, 비중선별, 자력선별 등 이물질 선별기를 폐기물의 특성을 고려하여 적용하여야 한다. 선별기 전단에 스크린을 설치하여 선별기의 부하를 감소시켜 선별 효율을 높일 수 있다. 선별기 설치 시 2계열 이상으로 계획하여 고장 및 유지보수 시 정상적인 운전에 문제가 없도록 한다. 자력선별기를 설치할 경우, 선별된 철편류는 반드시 찌꺼기 등을 제거하여 반출할 수 있는 설비로 구성한다. 비중선별기의 경우 선별 이외에 파쇄 및 분쇄기능이 복합된 설비로 구성하는 것을 권장한다. 비중선별기는 특히 미세비중물(모래, 조개껍질, 계란껍질 등)을 선별하여 소화조의 침전물을 줄이기 위해 필요시 설치한다. 이송펌프를 설치할 경우 예비대수를 반영하여 유지보수 용이성을 확보하도록 한다.

표 3.13 음식물류폐기물 특성에 따른 스크린 선정

구분	드럼스크린	스크루스크린	계단식 스크린
구조		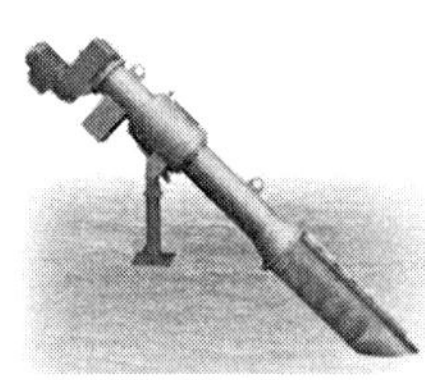	
특징	• 이물질 분리 • 유기물 회수 용이 • 밀폐타입 • 연속적 운전이 가능 • 소음 및 진동이 적음	• 침전 슬러지류 처리용이 • 이물질로 인한 스크루 손상 주의 • 전력소모 적음 • 자동운전이 용이 • 악취확산 방지 • 미세협잡물 효율 저하	• SS 제거율 높음 • 유기물 손실이 큼 • 전력소모 높음 • 설치각도가 높아 설치공간 적음 • 미세목에도 유체저항 손실 적음

폐기물 입경이 큰 음식물류폐기물의 파쇄를 위한 설비는 다음 표 3.14와 같다. 파쇄기를 선정함에 있어서 미세파쇄기 등의 추가(2차) 파쇄기를 표 3.15와 같이 추가 설치할 수 있다. 파쇄에 의한 목표 입경은 1차 및 2차 파쇄기를 이용하여 10～20 mm 이하가 되도록 한다. 또한, 계획한 목표 입경이 초과되어 배출될 경우를 대비하여 파봉 및 파쇄기 후단에 기준 입경의 스크린을 설치하여 배출되는 조대입자를 선별할 것을 권장한다.

표 3.14 음식물류폐기물 특성에 따른 1차 파쇄기의 선정

구분	선별 파쇄기	회전식 파쇄기	2축 파쇄기
구조			
특징	• 선별+파쇄 동시 수행 가능 • 조대입자의 전처리 우수	• 전단력 및 충격력 우수 • 협잡물의 선별 효율 저조	• 연속적 정량공급 가능 • 축 및 칼날의 유지보수 어려움

표 3.15 음식물류폐기물 특성에 따른 2차 파쇄기의 선정

구분	미세파쇄기	회전분쇄공급기	해머파쇄기
구조	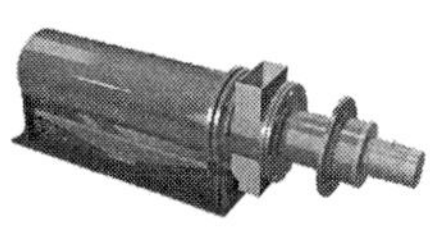		
특징	• 함수율 85% 이상 폐기물에 효율이 높음 • 가수 공정 불필요 • 중량 이물질 제거에 탁월	• 스크린 사이즈 조절이 가능 • 막힘 시 자동 역회전 가능 • 철 등의 금속 이물질 유입 시 칼날의 손상이 큼	• 스컴 생성 최소화 • 가수공정 불필요 • 철 등의 금속 이물질에 약함

2) 분쇄(3차 파쇄)

전처리의 핵심요소는 폐기물의 입경을 최소화하고, 불순물을 분리하는데 있다. 일반적으로 선별, 파봉 및 파쇄로도 혐기성 소화를 위한 폐기물의 입경을 최소화할 수 있다고 알려져 있지만, 실제 운영 중인 많은 현장에서는 그 효율이 적절하게 발현되지 않고 있는 실정이 많다. 즉, 유입폐기물의 성상 및 특성, 발생량의 가변성이 큰 음식물류폐기물의 전처리에서 파쇄된 폐기물을 한 번 더 파쇄 및 분쇄하여 입경의 크기를 최소화할 것을 권장한다.

3. 이송설비(컨베이어류, 펌프류, 배관)

전처리설비에서 설비간의 이송은 효율적인 유지관리를 위하여 가장 중요하게 고려되어야 한다.

1) 컨베이어류

전처리(파봉 및 파쇄, 선별 등)과정에서 전처리된 유기성 폐기물의 원활한 이송을 위하여 예비라인을 통한 2계열 이상으로 계획할 것을 권장하며, 컨베이어 고장 또는 막힘 시 원활한 대응이 강구되어야 한다.

컨베이어류는 상부의 덮개에 의한 밀폐운전이 가능하도록 적용할 것을 권장하고 유지관리를 위하여 덮개의 개방이 가능한 구조로 적용하여야 한다. 이송설비는 음식물류 폐기물의 이송 중 그 하중을 충분히 견딜 수 있는 구조와 강도로 적용하여야 하며 폐기물 비중이 고려된 이송중량을 기준으로 하여야 한다. 컨베이어에 점검창을 설치하고 청소가 용이하도록 브러시 및 용수 배관 라인(line)을 설치하는 것을 고려하는 것이 좋다.

표 3.16 컨베이어 종류에 따른 특징

구분	스크루 컨베이어	플라이트 컨베이어	뉴메틱 컨베이어
구조		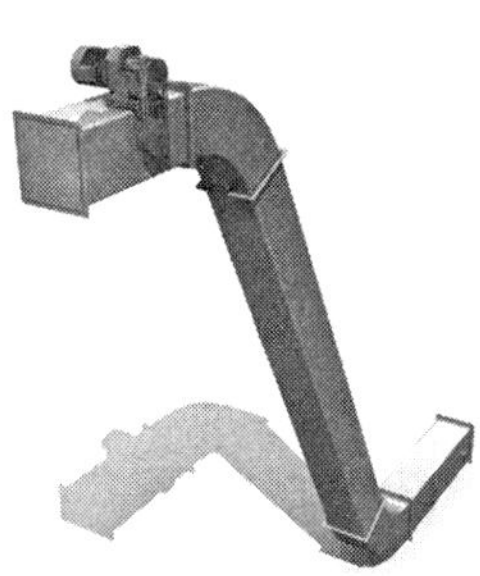	
특징	• 좁은 공간 설치적용 가능 • 유지관리동선 확보 용이 • 슬러지, 협잡물 이송용이 • 이물질 끼임 현상 발생 • 금속류 반입 시 스크루 작동 불가	• 좁은 공간 설치적용 가능 • 유지관리동선 확보 용이 • 수직, 수평 동시 이송가능 • 고점도 및 고압력 이송불가 • 이물질에 의한 막힘 현상 발생	• 좁은 공간 설치적용 가능 • 수직, 수평 동시 이송가능 • 공압 이송으로 공기 사용량 과다 • 과도한 압력 발생 • 이물질 압착으로 인한 뭉침 현상 발생

비상시 및 유지관리를 위하여 운전 정지가 불가피할 때, 이송 중인 음식물류폐기물이 자연 배출되거나 역이송 되지 않는 구조로 적용하여야 하며, 자동운전을 우선적으로 적용하되 수동운전이 가능하도록 해야 한다. 또한, 컨베이어의 스크루 및 샤프트(shaft)는 동하중과 정하중에 충분히 견디는 강도로 적용하여야 한다. 음식물류폐기물 중 입경이 큰 고형물 반입에 따른 컨베이어 폐색이 빈번하게 일어나고 있으며, 이를 고려하여 컨베이어의 직경에 충분한 여유율을 고려하여야 한다.

2) 펌프류

펌프는 반입된 음식물류폐기물을 파봉, 선별, 파쇄한 후 이를 혐기성 소화조에 공급하기 위한 장치로서 파쇄된 음식물류폐기물 특성에 알맞게 설계 제작되어야 한다. 펌프의 흡입구에는 음식물류폐기물의 유입 중 발생할 수 있는 막힘 현상이 발생하지 않도록 부속장치를 갖추도록 한다. 음식물류폐기물의 이송에 지장이 없고 운전이 용이하며 유지보수에도 간편한 구조여야 하고, 1일 24시간 정량공급에 문제가 없도록 하여야 한다. 또한, 비상시를 대비하여 펌프의 예비대수를 적용하여야 한다. 다만, 유압 피스톤 펌프는 예비품으로 대체할 수 있다. 펌프는 음식물류폐기물의 특성에 맞도록 하고 내부식성 재질을 사용하여야 하며, 펌프는 확실한 실링(sealing)이 되도록 하여야 한다. 그리고 각 이음부는 음식물류폐기물의 이송 중 점성 및 부하에 충분히 견딜 수 있는 구조로 하고 펌프의 흡입구, 내부, 토출부에서 막힘이 없어야 한다. 음식물류폐기물의 이송펌프 선정 시 다음의 사항을 고려한다.

① 음식물폐기물의 종류와 특성에 따라 펌프를 선정한다. 슬러지는 특성에 따라 점성이 높은 슬러지, 점성이 낮은 슬러지, 스컴 및 협잡물, 탈수케익의 네 가지로 나눌 수 있다. 슬러지 펌프의 선정기준은 펌프에 의한 슬러지의 수송가능 여부가 중요하다. 예를 들어 슬러지가 흐를 수 있으면 원심펌프의 사용이 적합하며, 슬러지가 흐를 수 없으면 정량펌프가 적합하다. 단, 슬러지의 농도가 너무 높은 경우에는 정량펌프의 손실수두가 매우 높아지기 때문에 컨베이어 등과 같은 다른 방법으로 이송하는 것이 더 경제적이다.

전처리과정에서 이송되는 슬러지나 탈수슬러지, 협잡물과 같이 고형물농도가 높은 슬러지는 펌프의 이송보다는 컨베이어 등의 다른 이송 방법을 권장한다. 만약 이송을 위해서 펌프를 사용한다면, 유지관리 및 경제성 측면에서 매우 불리하다. 표 3.17은 점도가 높은 슬러지의 총 고형물농도를 나타내었다.

표 3.17 고점도 슬러지의 총 고형물농도

슬러지의 종류	TS(%)
유입 음식물류폐기물	15～25
탈수케익	20～40
협잡물	30～50

점도가 중간 또는 낮은 슬러지는 펌프의 이송을 권장한다. 총고형물의 농도가 낮지만, 음식물류폐기물 슬러지의 특성상 점도가 높기 때문에 양정이나 마모에 불리하기 때문에 예비기를 적용하여 운영에 차질이 없도록 하여야 한다.

② 음식물류폐기물 내의 이물질에 의한 마모 및 부식에 강한 재질을 사용하여야 한다. 음식물류폐기물 슬러지는 다량의 염분을 포함하며, 점도와 고형물의 함량이 높기 때문에 마모와 부식에 약한 펌프를 사용할 경우 운전에 실패를 초래할 수 있다. 펌프의 재질은 반드시 내부식성 재질을 사용하거나 코팅 처리, 마모에 강한 재질을 사용한다.

③ 막힘이 없고, 청소 등의 목적을 위하여 분해 및 조립이 용이하여야 한다. 음식물류폐기물의 이송 시 가장 큰 문제점은 막힘 현상이다. 대부분의 시설에서 막힘에 대한 문제가 빈번하게 발생되며, 이를 해결하기 위한 분해 조립을 염두에 두지 않아 유지보수 시 누출에 의한 악취 발생이 문제가 되고 있다. 따라서 막힘 현상 발생 시 유지보수가 용이하도록 분해 및 조립이 편리해야 하며, 청소 시 청소수 배출이 원활하도록 배수피트를 설치한다.

④ 설치대수는 예비대수를 포함하여 2대 이상으로 한다. 모든 펌프는 반드시 주펌프와 동일한 용량의 예비펌프를 계획하여 고장 및 유지보수 시에도 정상적인 이송이 가능하도록 한다.

⑤ 펌프를 제어할 수 있도록 관련 설비를 갖추어야 한다. 바이오가스화시설의 펌프는 자동 또는 수동으로 제어가 가능하여야 한다. 펌프의 운전 상태를 확인하기 위하여 진공계 및 압력계를 설치하며, 운전조작의 안정성 확보를 위하여 펌프의 흡입구 및 토출구에 수위계를 설치하는 것이 바람직하다. 유량 확인을 위한 유량계와 제어반을 계획하여 유지관리의 용이성을 확보할 것을 권장한다.

3) 이송배관

전처리 중이거나 전처리된 폐기물은 약 10～50 mm의 입경으로 이송 시 배관의 막힘 문제가 발생하게 된다. 이송배관 중 막힘 문제가 빈번하게 발생되는 곡관부는 밴딩 접합, 직관부분은 플랜지 접합을 하여 유지관리에 문제가 없도록 하여야 하며, 막힘 발생 시 신속한 대처를 위하여 일정구간(직관의 경우 10～20 m)마다 플랜지를 설치하여 문제해결이 용이하도록 설치하는 것을 권장한다. 막힘 시 청소를 위하여 막힘 우려 구간에 세척수 노즐을 설치할 것을 권장하고, 배관의 플랜지 접합부 및 세척 노즐 설치 구간에는 배수피트를 설치하여 유지관리 시 누출되는 음식물류폐기물의 청소가 수월하여야 한다.

표 3.18 펌프 종류에 따른 특징

구분	로터리 펌프	모노 펌프	피스톤 펌프
구조			
특징	• 점성이 없는 기질에 적합 • 압력 또는 양정에 따라 출력이 심하게 좌우됨 • 음식물류폐기물 소화가스화설비에는 비적합	• 고형물의 농도가 높고 점성이 많은 기질에 적합 • 이송량을 속도로 제어 가능 • 압력 및 양정 변화에 비교적 안정적	• 입경이 큰 폐기물의 이송에 효율적임 • 유지관리가 용이 • 이송 방향의 변경이 비교적 자유로움

또한, 관경이 작으면 관거 내의 청소나 점검 및 사용 후의 새로운 부착관의 설치 등 유지관리에 지장을 초래한다. 유량 및 양정에 의한 계산상 150 A 이하로 충분하지만, 많은 시설의 운영 결과 소화조 전 배관에 150 A 이상의 관경을 사용하고, 소화조 후 월류(배출) 부분 구간은 300 A 이상, 슬러지 인발 배관에는 300 A의 관경을 사용하는 것이 바람직하다. 최소관경 이상에 대해서는 펌프구경, 유속, 마찰손실, 폐수 내 이물질 및 점도 등을 종합적으로 고려하여 관경에 여유율을 두어야 한다.

필요에 따라서는 세척장치를 설치한다. 막힘 발생이 우려되는 곡관부에는 세척장치를 설치할 것을 권장한다. 직관부 역시 탈부착이 용이하도록 10～20 m마다 플랜지 접합을 권장하지만, 필요에 따라서는 세척장치를 설치할 수 있다. 곡관의 경우는 밴딩 접합을 통하여 구성하고, 유지보수 시 누출되는 슬러지의 청소가 용이하도록 배수피트를 적용한다.

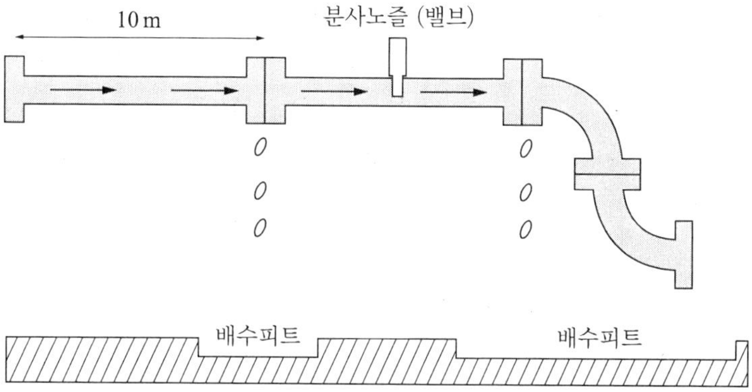

그림 3.5 배관 구성의 예

4. 저장조

저장조는 소화조로 유입되기 전에 성상의 균질화 및 정량공급이 가능하도록 한다. 이물질이 선별된 음식물류폐기물을 혐기성 소화조에 안정적으로 공급하고, 혐기성 소화조에 공급될 슬러지의 균질화를 목적으로 설치하여야 하며 혐기성 소화조의 적정운영을 위해 충분한 체류시간이 확보될 수 있도록 시설용량의 권장치 3일 이상 용량으로 계획하여야 한다. 산발효조가 있는 경우는 저장조를 설치하지 않을 수 있다. 또한, 건식 소화 중에서도 고상 투입을 위하여 저장조가 필요 없는 경우는 저장조를 설치하지 않을 수 있다. 반입된 음식물류폐기물의 교반장치를 설치하여 완전혼합이 가능하고 고액분리 현상과 스컴 발생이 없도록 한다. 반입저류조는 연속운전 중에도 침전물 제거와 청소 등의 유지관리가 용이하도록 분할하여야 하며, 접액부는 내부식성 코팅이나 동등 이상으로 처리하여야 한다. 운영 중 침전물이 발생되었을 때, 하부 침전물을 제거할 수 있는 드레인 밸브 및 침전물 제거장치를 적용하여 유지관리에 문제가 없는 구조로 적용하여야 한다. 반입저류조는 음식물류폐기물 슬러리의 체류시간 중 발생하는 가스를 배출할 수 있는 장치를 구비하고 가스의 유출이 발생하지 않는 구조이어야 한다.

1) 철근콘크리트나 철골콘크리트로 주로 축조하며 방수, 방식을 고려하여야 한다.
2) 저류조의 용량은 시설용량의 3일 이상을 원칙으로 하되, 그 기능을 고려하여 정한다.
3) 저장조는 2조 이상을 원칙으로 하고 교반장치를 설치한다.
4) 펌프실은 기계의 배치와 반출입이 가능하도록 충분한 공간을 확보하여야 한다.
5) 펌프실은 조명시설을 갖추고 전기설비의 설치는 침수를 고려하여 설치 위치를 정한다.

6) 악취를 고려하여 환기시설 및 탈취설비를 설계하고, 역세설비 및 배수설비의 설치를 고려하여야 한다.
7) 근무자 안전을 위하여 메탄 감지장치를 설치하여야 한다.

3.2.2 혐기성 소화 공정

소화조 용량 산정은 반입호퍼에서 동절기에 음식물류폐기물을 해빙하기 위하여 스팀을 사용하는 경우, 소화조 가온에 증기를 주입하는 경우, 그리고 음식물류폐기물의 총고형분(TS)을 낮추기 위하여 희석수를 사용하는 경우 등에 주입되는 스팀이나 희석수의 양을 추가하여 산정하여야 한다.

1. 교반

교반방식으로는 기계식 교반기를 설치할 수도 있고, 펌프를 설치하여 조 내의 슬러지를 재순환시킬 수도 있으며, 소화조의 바닥에 설치된 산기관을 통하여 소화가스를 재순환시켜 슬러지를 혼합시킬 수도 있다. 그림 3.6에는 소화조의 혼합방법을 나타내고 있다.

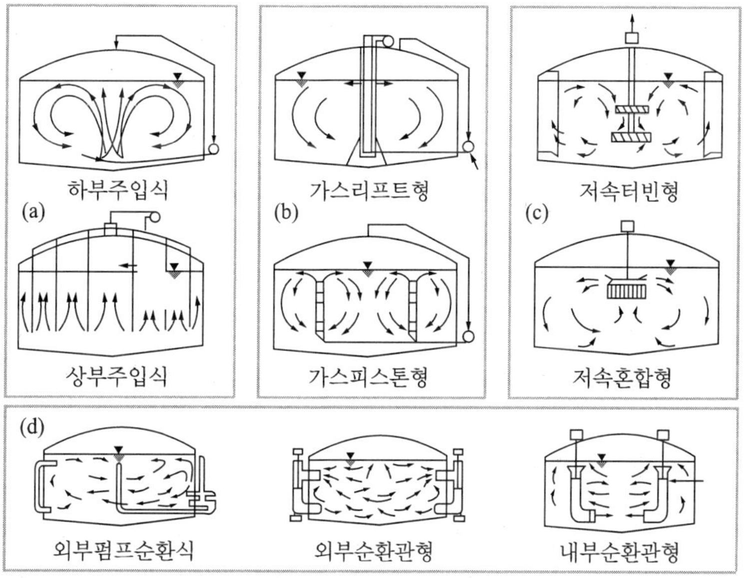

그림 3.6 소화조 혼합방법의 예

표 3.19 교반방식에 따른 장단점

구분	기계식 교반	펌프식 순환	가스식 교반
원리	모터를 이용한 교반장치의 구동에 의해서 소화조 내 혼합	순환펌프에 의한 슬러지 순환으로 소화조 내 혼합	소화조 내에서 발생되는 가스를 이용한 혼합
장점	• 장치가 간단 • 운전 조작이 쉬움 • 스컴 제거가 용이	• 장치가 간단 • 운전 조작이 쉬움 • 설비가 경제적	• 상하 혼합력이 강함 • 균일한 혼합이 가능 • 가스관의 유지관리 용이
단점	• 교반장치가 비쌈 • 2～10년 교환 주기 필요	• 많은 전력비가 소요 • 혼합효과가 낮음	• 설비가 비쌈 • 높은 전력비 소요

1) 기계식 교반

출력을 이용한 기계식 교반에서 교반기의 선정은 기질의 점도, 조 용량 등의 변수를 고려하여 우수한 교반효율을 달성하는 것이 중요하다. 여러 가지 형태의 기계식 혼합기(그림 3.6의 (c) 참조)가 소화조의 혼합을 위하여 이용될 수 있는데 평판날개터빈(flat-bladed turbine)이나 위들리스 프로펠러(weedless propeller) 등이 그 예이다. 소화조의 지붕이 부유식인 경우에는 혼합기를 측벽에 설치하는 것도 좋다. 프로펠러식인 경우에는 소화조의 깊이가 얼마든 간에 프로펠러가 물속에 잠기기만 하면 일정한 혼합을 유지할 수 있다. 또한, 측벽에 설치된 혼합기는 소화조 바닥을 깨끗이 유지하기 위해서도 알맞다. 그러나 정비 시에는 소화조를 비워야 한다는 단점이 있다.

지붕에 설치된 혼합기는 고정식 및 부유식 지붕에 모두 이용되며, 소화조 내의 슬러지를 모두 혼합시키면서 동시에 스컴이 축적되지 않도록 소화조 내의 수면을 유지할 수 있다. 혼합기 구동장치는 패킹상자(stuffing box)나 기계식 밀폐법에 의하여 소화조의 슬러지로부터 격리시킬 수 있다

2) 펌프식 순환

펌프와 순환관(draft tube)에 의한 혼합(그림 3.6의 (d) 참조)은 소화조에 유입되는 슬러지를 소화 중인 슬러지와 효과적으로 혼합시키는 방법으로 외국에서 가장 많이 쓰이고 있다. 펌프의 용량조절로 소화조 내의 혼합 정도를 조절할 수 있는 장점이 있다.

3) 가스식 교반

소화가스를 재순환시켜 슬러지를 혼합시키는 방법은 널리 이용되며 여러 가지 방법이 있다. 산기관을 사용하는 경우에는 압축기로 소화가스를 압축시켜 소화조의 바닥에

볼트로 고정되거나 조의 바닥 중앙의 콘크리트 바닥 지지대에 설치된 산기관으로 뿜어줌으로써 혼합을 한다. 산기관에 의한 재순환 방법의 예는 그림 3.6의 (a)에 나타내었다.

재순환되는 가스를 여러 개의 방출관으로 방출시키는 방법(그림 3.6의 (b) 참조)에서는 소화조의 둘레를 따라 조 깊이의 1/2~3/4 지점에 설치된 관을 이용한다. 이때 각 관은 각각 다른 시간에 가스가 방출될 수 있도록 시간조정기에 의해서 통제된다. 따라서 가스방출관은 정해진 시간 간격으로 압축기에서 보내지는 가스를 방출시키게 된다. 슬러지 소화조의 고형물 부하가 높은 경우 이 방법을 사용하여 소화조를 완전혼합시키면 효과적이다.

혐기성 소화조 내의 성공적인 혼합을 위해서는 각 교반방식에 적합한 인자를 바탕으로 완전혼합에 적합한 설계가 이루어져야 한다. 축 동력이나 가스의 흐름, G값 등의 인자가 여기에 포함된다. 일반적인 혐기성 소화조의 교반시스템 주요 설계인자를 아래에 나타내었다.

교반이 잘 이루어지는지에 대한 평가방법은 소화조 내 높이에 따른 온도 및 농도의 편차, 사구역(dead space)의 비율, FS의 유입 대비 배출량 등으로 가늠할 수 있다. 혐기성 소화에 관여하는 미생물은 특히, 메탄 생성균은 온도에 매우 민감하다.

표 3.20 혐기성 소화조의 교반시스템 설계인자

구분	교반시스템	설계 기준
축동력	기계식 교반	0.005~0.008 kW/m^3
가스 유량	개방형 가스 교반	0.0045~0.005 m^3/(m^3 · min)
	밀폐형 가스 교반	0.005~0.007 m^3/(m^3 · min)
G(velocity gradient)	모든 교반시스템	50~80 sec^{-1}
교반시간	밀폐형 가스 교반 및 기계식 교반	20~30 min

2. 가온

1) 가온방식

① 직접가온(열교환기를 사용하는 방법)

슬러지 소화조를 외부의 열원으로부터 가온하는 이중관식 열교환기의 예를 그림 3.7에 나타내었다. 슬러지를 흘려보내는 내관으로는 강관을 사용하고, 온수용 외관으로는 주철관을 이용하는 이중관식으로 관내의 흐름을 서로 반대 방향이 되도록 한다. 이 방법을 채택하면 시설비가 많이 들고 슬러지나 상징수를 온수의 경우와 마찬가지로 관내에 강제 순환시켜야 한다는 단점이 있으나 열전도율이 높고 조 외부에 설치되므로 청소, 수리 등이 용이할 뿐만 아니라 90℃ 정도의 온수를 사용하면 50~60℃의 고온소화를 실시할 수 있다는 장점이 있다.

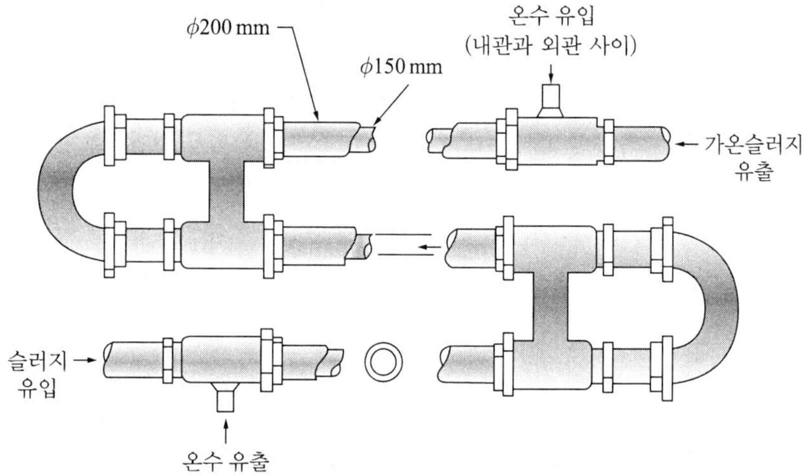

그림 3.7 이중관식 열교환기의 예

② 증기를 주입하는 방법

이 방법은 고온의 수증기를 직접 슬러지에 주입하는 방법으로 시설비가 낮고 조작이 간편하다는 장점이 있다. 우리나라의 대규모 하수처리시설에서 대부분 이 방법에 의해 소화조를 가온하고 있는 것으로 알려져 있다. 그러나 주입되는 수증기량에 상당한 양의 물을 공급해야 하므로 슬러지가 희석되며 완전혼합이 이루어지지 않으면 부분적인 과열현상이 발생할 가능성이 크다.

2) 가온열량

소화조에 유입되는 슬러지의 온도를 소화에 알맞은 온도로 높이기 위하여 요구되는 열량은 다음 식과 같다. 여기서 중요한 부분은 유입슬러지와 소화슬러지의 온도이다. 우리나라의 경우 4계절의 온도 편차가 심하기 때문에 각 계절별 슬러지의 온도를 다음 표 3.21과 같이 적용하여도 무방할 것으로 판단된다.

$$Q_1 = CQ_i(T_p - T_s) \times 1,000$$

여기서, Q_1 : 유입슬러지 온도를 소화온도까지 상승시키는데 필요한 열량(kcal/h)

C : 슬러지의 비열[≒1 kcal/(kg · ℃)]

Q_i : 슬러지 유입속도(m^3/h)

T_p : 소화슬러지의 온도(℃)

T_s : 유입슬러지의 온도(℃)

1,000 : 슬러지의 비중(kg/m^3)

표 3.21 유입 및 소화 슬러지 온도 기준

구분	유입슬러지 온도	소화슬러지 온도
봄	15℃	중온소화의 경우 35℃ 고온소화의 경우 55℃
여름	25℃	
가을	15℃	
겨울	4℃	

보일러는 2대 이상 설치를 권장하며 가온용 보일러는 가온하는 방법에 따라 형식이 다르다. 열교환기로 가온하면 압력이 낮으므로 보통 주철제 보일러를 사용하나 증기를 주입하는 경우, 노통연관식(爐筒煙管式, fire-tube boiler) 보일러나 노통수관식(爐筒水管式, water-tube boiler) 보일러가 사용된다. 노통연관식 보일러는 노통수관식 보일러에 비하여 효율이 낮으나, 설치면적이 작고 비용이 저렴하며 가스연소 가온부의 스케일 제거가 편리하다. 상당증발량 10,000 kg/h를 초과하는 경우 외에는 노통연관식 보일러를 주로 사용한다. 슬러지 소화조를 가온하는 목적은 소화속도를 가속시킬 수 있는 알맞은 온도를 유지하는 것이다.

3) 보일러 구조

보일러는 수위 저하, 불완전 연소 등의 사고가 발생할 수 있으므로 연소, 급수, 온도 등을 자동제어 할 수 있도록 한다. 또한, 고장 시 또는 정기 성능검사 시에는 운전을 정지하여야 한다는 점을 고려하여 2대 이상의 보일러를 설치하는 것이 좋다. 보일러는 폭발의 위험이 있으므로 설치장소 및 유입구의 결정에 특히 유의하여야 한다. 소화가스를 연료로 이용하는 경우에는 실내의 환기에 유의하며 가스누출 탐지기를 준비해야 한다.

4) 보일러 및 증기배관

보일러, 열교환기, 증기관, 온수관 등은 단열재로 싸서 열손실을 감소시킨다. 증기관에는 응축수 여과를 위한 스팀트랩(steam trap)을 설치한다. 온수관에는 팽창조 및 공기밸브를 설치하고, 가온배관은 필요한 곳에 신축관을 설치할 필요가 있다. 추운 지방에서는 운전 정지 시 증기관 내의 응축수가 동결되는 경우가 있으므로 필요에 따라 배관가온용 히터를 설치하고 배관 내부의 응축수는 전부 배수되도록 한다.

5) 증기 주입

증기 주입부의 증기속도는 20 m/s 이상으로 하는 것이 바람직하며, 주입관의 측면에는 노즐을 설치하여 증기 주입을 분산시켜 액면 아래 3.0 m 이상 깊이에서 주입하는 것을 권장한다. 주입관의 관경은 50～80 mm로 한다. 건식의 경우에는 혼합기 양쪽에 증기를 주입하는 노즐(15 mm)을 설치하고 먼저 한쪽 면을 사용하고 부식이 발생하면 그 반대편을 사용하는 구조로 구성하는 것이 좋다.

6) 급수처리장치

보일러용수가 칼슘 및 마그네슘 등 경도유발물질을 다량 함유한 경우, 보일러용수를 여러 번 재사용함에 따라 관 내부 표면에 스케일이 생성되어 열전달효율이 떨어지고 열을 전달받는 부분이 과열되어 보일러 파손의 원인이 된다. 이를 방지하기 위하여 보일러용수의 수질이 좋지 않은 경우, 경수연화장치를 설치하며, 스케일방지제나 탈산소제 주입장치를 적용하기도 한다.

3. 안전설계기준

1) 산발효조

산발효조에는 발생하는 가스에 의해 내부의 압력이 과도하게 상승하는 것을 방지하기 위해 내부압력을 측정할 수 있는 계측기기(KS규격 또는 동등기준 이상)나 시설의 상부에 측정공을 설치하여야 하며, 이상압력 상승 시 가스를 배출할 수 있는 안전밸브 등 안전장치(KS규격 또는 동등기준 이상)를 구비하도록 한다.

산발효조의 접액부는 내부식성 재료(내부식성 코팅 등 동등 이상)로 처리하여야 한다.

2) 혐기성 소화조

소화조 상부측 또는 기타 부분에 소화조에서 발생하는 가스를 배출할 수 있는 방출관(KS규격 또는 동등기준 이상) 또는 관련 장치 등을 설치하여야 한다.

혐기성 소화조에는 발생하는 가스에 의해 내부의 압력이 과도하게 상승하는 것을 방지하기 위해 내부압력을 측정할 수 있는 계측기기(KS규격 또는 동등기준 이상)나 시설의 상부에 측정공을 설치하여야 하며, 이상압력 상승 시 가스를 배출할 수 있는 안전밸브 등의 안전장치(KS규격 또는 동등기준 이상)를 구비하도록 한다. 혐기성 소화조는 메탄 등의 가스가 발생되는 용기이므로 용접부 seal 막 등에서의 가스 누설이 없도록 기밀을 유지하여야 한다. 혐기성 소화조에 저류된 가스는 부식성이 강한 가스이므로 소화조 재질은 내식성을 고려하여 내부식성 재료 또는 코팅이 가능한 것으로 처리하여야 한다.

3.2.3 바이오가스 이용공정

바이오가스의 발생량과 이용량이 측정될 수 있도록 각각 설치해야 하며, 소화조에서 바이오가스 발생 직후 및 바이오가스 활용 시설 직전에 바이오가스 유량계를 설치하여야 한다.

1. 소화가스의 저장 및 잉여가스의 배출

표준상태(0℃, 1기압)에서 수분이 제거된 건가스로서의 시설설계 기준은 0.30～0.48 Nm^3 CH_4/kg VS_{in}(음식물류폐기물)로 나타났으며, 순간 부하율 변동을 고려하여 최대치를 권장한다. 그러나 실제 시설설계 기준은 현장상황을 감안하여 수분이 함유되어 있으며 관내 온도와 고압인 것을 반영하여야 한다. 현장 바이오가스는 시설에 따라 다르지만, 부피기준으로 대략 20～25% 정도가 표준상태보다 증가하는 것으로 나타났다. 메탄가스 생성률 시설설계 기준(단독처리)은 순간 부하율 변동을 고려하여 최대치를 권장하고, 0.48～0.65 m^3 CH_4/kg VS_{in}(음식물류폐기물)로 한다. 음식물류폐기물의 메탄 생성률은 현장에서 0.7 m^3 CH_4/kg VS_{in} 이상이 나타나는 경우도 많이 있다.

정확한 폐기물의 특성에 따른 가스발생량은 BMP Test를 통하여 적정 값을 선정할 것을 권장하고, 시공 후 소화가스 저장조의 용량 부족과 같은 문제가 없도록 면밀한 검토가 필요하다. 소화가스의 성분은 소화상태에 따라 다르게 나타나며, 일반적인 소화가스의 메탄함량은 55～70%로 분포한다.

소화가스 저장조는 기밀, 내압 구조를 기본으로 작동 전 누출 여부를 반드시 테스트한다. 소화가스 저장조는 일일 가스발생량의 1/4 이상을 저장할 수 있는 용량으로 설계한다. 일반적으로 최소 3시간 이상 저장이 가능하도록 하루 내지 이틀 생산량에 대한 용적을 권장하나, 국내 여건에 비추어 볼 때 어려운 점이 많은 것이 사실이다. 소화가스 이용시설의 형태 및 떨어진 거리에 따라서 소화가스 저장조의 용량을 유동적으로 조절할 수 있다.

국내 소화가스 저장조는 멤브레인 홀더의 과압 범위 0.5～3.0 bar의 저압 저장조를 가장 많이 사용하며, 통상적으로 외부에 별도로 설치되나 간혹 소화조 위에 통합으로 설치되는 경우도 있다.

중압 또는 고압 가스 저장조는 5～250 bar의 소화가스를 저장하며, 10 bar까지의 압력 홀더는 0.22 kWh/m^{3}까지의 에너지 수요를, 200～300 bar의 고압홀더는 0.31 kWh/m^{3}의 에너지 수요를 고려한다. 소화가스 저장은 통합 저장조와 외부 저장조로 구분할 수 있다. 통합 저장조의 경우 소화조 자체에 저장조가 설치된다면 멤브레인 돔을 사용하며, 통합 저장조 중 가장 널리 사용되는 것은 이중 멤브레인 지붕으로 상하부의 멤브레인으로 구성한다. 외부 저장조는 멤브레인 쿠션의 형태로 구성된다. 생성되는 소화가스의 메탄 농도를 측정할 수 있으며, 가장 많이 사용되는 방식이다. 소화가스 저장방식에 따라서는 표 3.22와 같이 구분할 수 있으며 각각의 개요 및 장단점을 나타내었다.

소화가스 저장조에 추가로 저장이 불가능하거나 유지관리가 필요하여 소화가스를 활용할 수 없을 때 반드시 잉여가스연소기를 계획하여 무해하게 폐기하여야 한다. 잉여가스연소기를 설치할 경우 산업안전시행규칙에 의거하여 단위공정시설 및 설비의 외면으로부터 10 m 이상 이격하여 설치해야 하며, 위험물질 저장탱크(본 시설에서는 소화조 및 소화가스 저장조가 해당)에서 20 m 이상 이격해서 설치하여야 한다. 잉여가스연소기는 최대 연소 시 복사열이 지면에 도달하는 양을 고려하고 역화방지 밸브를 반드시 설치한다. 잉여가스연소기의 용량은 가스발생량의 200～300% 이상으로 계획하여야 하며, 그 계산 방법은 다음과 같다.

$$Q = 1/24 \times Q_{gas} \times \alpha$$

여기서, Q : 잉여가스연소기 용량(Nm^3/hr)
Q_{gas} : 소화가스 발생량(Nm^3/day)
α : 여유율 (=2.0～3.0)

잉여가스연소기의 연소로 내부는 단열 및 내화재를 적층하여 단열하며, 적층된 단열 및 내화재가 충분히 지지되어야 하며, 열팽창에 견딜 수 있는 구조여야 한다. 연소로의 직경 및 높이는 완전 연소가 되도록 충분한 크기로 설계되어야 한다.

표 3.22 소화가스 저장조 형식

구분	건식구조			습식구조
	멤브레인 타입	피스톤 데크 타입	스틸 저장조	
형상	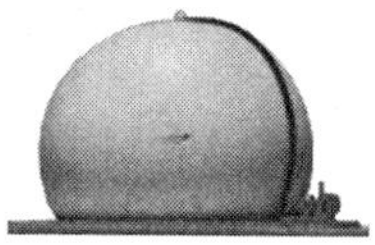	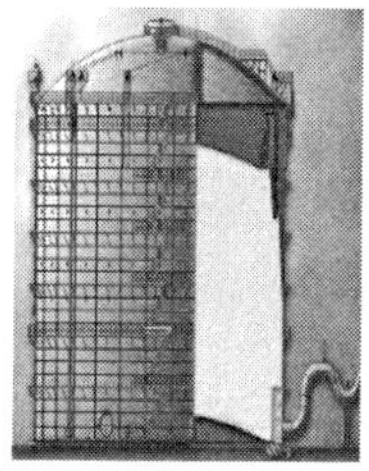	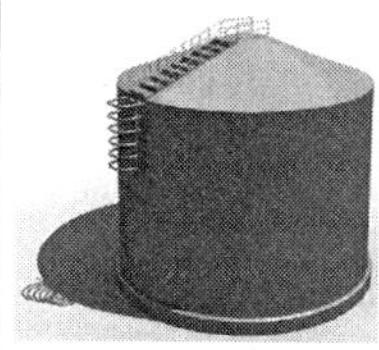	
개요	• Double membrane 가스저장탱크로서 공기압에 의하여 지지되는 항구적 구조물	• 가스 용량에 따라 피스톤 데크가 가변적으로 움직여 가스용량에 따라 가변적 저장 가능	• 유황을 제거시킨 소화가스를 저장하는 탱크로서 저판, 측판, 지붕, 가동피스톤과 측판 사이의 기밀을 유지하는 seal과 피스톤 평형장치로 구성	• 수조와 가스조로 구성되어 있는 가스용 탱크를 말함 • 가스 저장부의 가스조는 저장량에 따라 상하 이동
장점	• 구성품이 간단하고 가스포집 및 밀봉 우수 • 유지관리가 용이 • 설치기간이 짧음 • 피뢰침 설비가 필요 없음	• 구성품이 간단하고 가스포집 및 밀봉 우수 • 유지관리가 용이 • 설치기간이 짧음 • 가스발생량 변화에 유연함	• 외부충격에 안정적임 • 가스누설의 위험요소가 적음 • 구성품이 간단하고 가스포집 및 밀봉 우수	• 가스누설의 위험요소가 적음 • 주기적인 유지관리 필요
단점	• 외부충격에 약함	• 피스톤 데크 부위가 부식에 취약	• 철 구조물 제작 설치비 고가 • 부식문제	• 결빙현상 발생 • 가스 중에 수분 함량이 높아질 수 있음
공정 구성	• 가스 저장조 → 탈황설비	• 가스 저장조 → 탈황설비	• 가스 저장조 → 탈황설비	• 가스 저장조 → 탈황설비

2. 발전기 설치 규격

바이오가스가 발전기에 충분한 공급이 될 수 있도록 송압 송풍기 등 공급설비의 압력이 안정적으로 유지되어야 한다. 소화가스를 이용한 발전설비의 구성 시 가스발생량에 의하여 발전기의 종류가 결정된다. 마이크로 가스터빈은 주로 소용량 발전(25～300 kW)에 이용되고, 일반 가스엔진은 발전 용량 0.05～1.3 MW에 주로 이용된다. 주요 발전설비의 특징은 표 3.23과 같다.

표 3.23 바이오가스를 활용한 발전설비의 특징

구분	디젤엔진	가스엔진	가스터빈	연료전지
출력범위(kW)	15 ~ 10,000	8 ~ 5,000	300 ~ 100,000	50 ~ 10,000
발전효율(%)	30 ~ 42	28 ~ 40	20 ~ 35	36 ~ 50
종합열효율(%)	60 ~ 75	80 ~ 90	75 ~ 80	80 ~ 90
열전비	약 1.0	약 1.5	2 ~ 3	-
연료	등유, 경유, 중유	바이오가스, LPG	바이오가스, 등(경)유	바이오가스, 등유
최소메탄함량(%)	30	40	40	60
엔진가격	저	저	중	대
유지보수 비용	대	저	대	대
소음 진동	대	대	중	저
장점	• 발전효율이 높음 • 연료가격이 저렴 • 실적이 다수	• 배가스가 깨끗함 • 열 회수가 용이 • 유지보수 용이	• 설비의 컴팩트 • 냉각수 불필요 • 저 소음 및 진동	• 발전효율이 높음 • 저 소음 및 진동
단점	• 배가스 처리 필요 • 냉각수 온도 낮음	• 소음진동이 큼 • 설비비 높음	• 발전효율이 낮음	• 설비비가 높음

현재 바이오가스화시설의 규모별 예상발전 용량은 대부분 5,000 kW 이하이며, 가스엔진은 바이오가스 이용 발전설비로서 가장 널리 사용되는 방식으로 적정 용량은 8 ~ 5,000 kW이다. 소규모 바이오가스화시설에서 사용하는 발전설비의 대부분 가스엔진 방식이다. 발전설비의 설계 시 발전 가능량 산정은 다음과 같다.

$$\text{발전 가능량} = \frac{\text{메탄가스량} \times \text{발열량} \times \text{발전효율}}{\text{단위 전력당 발열량}}$$

여기서, 순수메탄의 저위발열량은 8,550 kcal/m^3이다.

3. 연료 품질규격

활용 가능한 소화가스를 생산하기 위해서는 반드시 국내 및 국외의 품질기준을 보증할 수 있는 설비로 구성하여야 한다. 정제 소화가스를 자동차 연료 혹은 천연가스로 이용하는 유럽의 주요 국가는 스웨덴, 스위스, 독일, 오스트리아, 프랑스 등이다. 국내에서는 2012년 07월「대기환경보전법 시행규칙」별표 33, KS M 2890에서 자동차 연료, 첨가제 또는 촉매제의 제조기준 시행으로 소화가스의 품질기준을 표 3.24와 같이 제정하였다.

정제된 소화가스는 도시가스로도 활용이 가능하며, 국내 도시가스 품질검사기준은

표 3.25와 같다.

표 3.24 소화가스 연료 품질규격

항목	단위	유럽	대한민국
CH_4	vol. (%)	>97	>95
H_2O	mg/Nm^3		<32
불활성가스(CO_2, N_2 등)	vol. (%)	<4	<5
S	mg/Nm^3, (ppm)	<23	(<10)
O_2	vol. (%)	<1	

표 3.25 도시가스 품질기준

항목	단위	허용기준
황화수소	mg/m^3	1.0 이하
이산화탄소	mol-%	2.5 이하
산소	mol-%	0.03 이하
질소	mol-%	1.0 이하
암모니아	mg/m^3	검출되지 않음
할로겐	mg/m^3	10 이하
실록산	mg/m^3	10 이하
기타(수소, 아르곤, CO 등)	mol-%	1.0 이하

4. 정제기술

원료 바이오가스는 수증기 포화 상태이고 메탄(CH_4)과 이산화탄소(CO_2) 외에 상당한 양의 황화수소(H_2S)도 포함하고 있다. 황화수소는 독성이 있고 달걀이 썩은 듯한 불쾌한 냄새가 난다. 또한, 황화수소와 바이오가스에 함유된 수증기가 결합하여 황산을 형성한다. 산은 바이오가스 활용에 이용하는 엔진과 전방 및 후방에 위치하는 구성품(가스 라인, 배기 라인 등)을 부식시킨다. 또한, 황 성분은 후단 정화 단계(CO_2 제거)의 성능을 감소시킨다.

이러한 이유로 바이오가스 플랜트에서는 일반적으로 획득한 바이오가스를 탈황 및 건조한다. 바이오가스에 함유된 부수적인 물질 또는 사용하는 기술(예; 천연가스 치환)에 따라 더욱 광범위한 가스 정제가 필요할 수 있다. 열병합 발전소 시공업체는 사용하는 연료용 가스의 특성에 대한 최소한의 요건을 제시한다. 이는 바이오가스 이용 시에도 적용된다. 정비 주기가 짧아지지 않도록 또는 엔진 손상을 방지하기 위해서는 연료용 가스 품질기준을 준수해야 한다.

1) 탈황

소화가스를 정제하기 위해서 이산화탄소와 황화수소를 제거하고 있는데, 일반적으로 이산화탄소 제거를 위한 기술은 수용액 흡수법, 고압흡착(PSA)이며, 황화수소의 제거를 위한 기술은 흡수법과 활성탄을 가장 많이 사용하고 있다.

바이오가스 내의 황은 약 3,000~5,000 ppm의 범위로 존재한다. 황을 제거하기 위해서는 크게 건식탈황법과 습식탈황법으로 구분될 수 있으며, 각 방식에 대한 장단점은 표 3.26과 같다. 바이오가스 내의 황 농도와 바이오가스의 사용 목적 등에 따라 적절한 탈황법을 선정하는 것이 매우 중요하다. 소화가스의 고질화 기술은 크게 wet scrubbing, chemical scrubbing, PSA, membrane, cryogenic이 대표적으로 사용되고 있으며, 각 처리공법별 특징을 표 3.27에 나타내었다.

탈황에는 여러 가지 방법이 있다. 생물학적, 화학적 그리고 물리적 탈황법으로 구분할 수 있고 또는 적용 사례에 따라 대략적인 탈황과 미세 탈황으로도 구분할 수 있다. 사용하는 방법 또는 방법들의 조합은 후속하는 이용 경로에 따라 달라진다. 표 3.28은 탈황 방법 개요를 담고 있다.

가스 조성 외에 무엇보다 탈황장치를 통과하는 바이오가스 관류 속도가 본질적인 역할을 한다. 이는 프로세스 운영에 따라 현저하게 변동될 수 있다. 특별히 높은 일시적인 바이오가스 방출 속도와 그와 결부된 빠른 관류 속도는 발효조에 신선한 기질을 공급한 후와 교반기 작동 중에 관찰할 수 있다. 신뢰할 만한 탈황을 보장하기 위해 탈황 시스템을 보다 크게 설계하거나 다양한 방법을 조합하는 것이 일반적이다.

표 3.26 탈황기술의 비교

구분	습식탈황법	건식탈황법
장점	• 황 제거효율이 우수 • 고효율의 바이오가스 생산 • 운전 및 유지관리비 저렴 • 고농도의 황 제거 가능	• 황 제거효율이 우수 • 운전 및 유지관리비 저렴
단점	• 제습 시 열효율의 저하 방지가 필요 • 주기적인 유지관리 필요 • 폐수가 발생	• 고농도 황 유입 시 효율이 불균일 • 수분에 의한 탈황제 응결 • 주기적인 유지관리 필요
특이사항	• 폐수가 발생되어 적절한 처리방안을 강구해야 함	• 폐탈황제의 처리방안이 필요

표 3.27 소화가스 고질화기술 비교

구분	원리	장점	단점
Wet scrubbing	가스 용해도 차이	• 상용화 실적 다수 • 대용량에 적합	• 다량의 물과 높은 에너지 소비 • 높은 메탄 손실
Chemical scrubbing	흡수제 사용	• 상용화 실적 다수 • 낮은 메탄 손실	• 화학약품 사용 • 열 손실 높음
PSA	가스상 물질의 흡착특성	• 상용화 실적 다수 • 낮은 에너지 소비 • 고순도 메탄 회수 • 동시 제습이 가능	• 메탄 손실이 다소 높음 • 고농도 황 유입 시 전처리 필요 • 대용량에 부적합
Membrane	분자의 극성 차이	• 건식공정 • 고순도 메탄 분리	• 전처리 필요 • 고압 공급설비 필요 • 높은 메탄 손실 • 상용화 실적 극소
Cryogenic	액화 온도 차이	• 낮은 메탄 손실 • 액화 CO_2 추출	• 상용화 실적 극소 • 에너지 소모량 높음

표 3.28 탈황 방법 개요

방법	에너지 수요		가동용 연료		공기 유입	순도 (ppmv)	DVGW 충족 여부[a]	문제점
	전기	열	소비	폐기				
발효조 내부 생물학적 탈황	++	0	++	++	예	50~2,000	아니오	부정확한 프로세스 제어
외부에서 생물학적 탈황	−	0	+	+	예	50~100	아니오	부정확한 프로세스 제어
바이오 세척기	−	0	−	+	아니오	50~100	아니오	공정 수고가 많이 듦
황화물 침전	0	0	−−	0	아니오	50~500	아니오	느린 방법
내부에서 화학적 탈황	0	0	−−	−−	예	1~100	아니오	정화 작용 현저히 감소
활성탄	0	0	−−	−	예	<5	예	폐기량 많음

a : DVGW 가이드라인 G 260에 따름
++ 매우 바람직, + 바람직, 0 중간, − 부정적, −− 매우 부정적

① 발효조 내 생물학적 탈황

생물학적 탈황은 자주 발효조 안에서 실시되며, 이때 후단에 배치하는 방법도 생각할 수 있다. *Sulfobacter oxydans* 박테리아는 산소가 있을 때에 황화수소를 원소상 황으로 변환시키고, 이는 이어서 발효 부산물을 통해 반응조 밖으로 배

출된다. 이를 위해서는 발효조 내에 충분히 영양소가 있어야 한다. 이들 박테리아들은 추가로 공급하지 않아도 된다. 필요한 산소는 예컨대 소형 컴프레서(예, 수중 펌프)를 이용하여 공기를 발효조 내로 공급한다. 발효조 내에서 달성된 품질이면 탈황된 가스를 열병합 발전소에서 연소하는 데에는 대부분 충분하다. 원료 가스의 농도 변동이 심한 경우에는 황 농도의 변동도 심하게 나타날 수 있으며, 이는 열병합 발전소에 부정적인 영향을 끼칠 수 있다. 이 방법은 천연가스 품질로 맞추도록 정제하기에 부적합하다. 왜냐하면 질소와 산소 농도가 높아 다시 제거하기가 어렵고 그로 인해 가스연소 특성이 악화되기 때문이다.

② 외부 반응조에서 생물학적 탈황

위에 언급한 단점을 피하기 위해 생물 여과법이라 불리는 발효조 외부에서의 생물학적 탈황도 실시한다. 이를 위해 몇몇 업체는 별도의 탱크에 배치된 생물학적 탈황탑을 제공한다. 이를 이용하여 탈황에 필요한 공기 또는 산소 공급들의 조건을 보다 정확하게 유지할 수 있다.

황화수소가 세척 매체에 의해 흡수되는(대기 중 산소와 혼합되어 용제로 재생성) 생물 여과법은 99%까지의 분해율을 달성할 수 있고, 이는 황의 잔여 가스 농도를 50 ppm 이하로 낮출 수 있다.

③ 생화학적 가스 세척 - 바이오 스크러버

생물 여과법과 발효조 내부 탈황에 비해, 바이오 스크러버는 천연가스 품질로 정제하기 위해 사용할 수 있는 유일한 생물학적 방법이다. 2단계로 이루어지는 이 방법은 충진탑(희석된 수산화나트륨으로 H_2S 흡수), 생물 반응조(대기 중 산소를 이용하여 세척 용액 재생) 그리고 황 분리기(원소상 황 배출)로 구성되며, 별도 재생으로 공기가 바이오가스로 유입되는 것을 막는다. 비록 생물 여과 시스템과 결과가 비슷할 때에도 매우 높은 황 부하를 제거할 수 있으나(30,000 mg/m^3까지) 이 기술은 설비와 관련한 비용이 많이 들어 가스 흐름 또는 H_2S 부하가 높은 플랜트에만 적합하다.

④ 황 침전

화학적 탈황은 발효조 안에서 일어난다. 이 방법은 생물학적 탈황법과 마찬가지로 예비 탈황에 이용된다(H_2S 값이 100～150 ppm 달성 가능). 철 화합물을 발효조에 첨가하면 황이 화학적으로 발효 기질에 결합되고, 그로 인해 황화수소 배출을 억제할 수 있다. 이 방법은 소형 바이오가스 플랜트 또는 H_2S 부하가 낮은(<500 ppm) 플랜트에 적합하다.

⑤ 활성탄 흡수

미세 탈황법으로 사용하는 활성탄 흡수는 황화수소가 활성탄 표면에서 촉매에 의해 산화되는 것을 바탕으로 한다. 반응속도를 개선하고 부하 용량을 높이기 위해 활성탄 함침 또는 도핑이 가능하다. 함침제로는 요오드화칼륨과 탄산칼륨이 있다. 충분히 탈황되기 위해서는 수증기와 산소가 있어야 한다. 따라서 함침된 활성탄은 공기가 없는 가스에 사용하기에는 부적합하다. 그러나 최근 몇 년간 시장에 출시된 도핑된 활성탄(과망간산칼륨) 덕분에 공기가 없는 가스에도 사용할 수 있게 되었다. 이와 관련하여 미세 기공이 막히지 않아 탈황 성능이 개선된다.

2) 제습 처리

바이오가스에 포함된 수분은 정제설비에서 부식 등의 문제를 초래하며, 고순도 메탄가스를 생성하기 위하여 반드시 제거되어야 한다. 바이오가스가 수용할 수 있는 물 또는 수증기의 양은 가스 온도에 따라 다르다. 바이오가스의 상대 습도는 발효조 내에서 100%이다. 제습이란 가스 중의 수증기량을 증가시키거나 감소시키는 조작을 말하며 수증기를 전혀 포함하지 않은 가스를 일반적으로 건가스라 하고, 수분을 포함한 가스를 건가스에 이르게 하는 처리법을 감습 또는 제습이라고 부른다. 건가스의 상태를

표 3.29 바이오가스 제습설비

구분	냉각 제습	흡착법	흡수법	압축냉각법
개요	• 열교환기를 통해 가스 온도를 1~ 5℃ 정도로 냉각시켜 수분제거	• 활성탄 등 흡착제에 수분을 흡착시켜 제거하며, 두 개의 반응기로 구성되어 흡착/탈착과정이 교대로 바뀌어 운전	• Glycol 등과 같은 흡수제에 수분이 흡수되면서 제거되고 흡수제 재생 시 약 200℃ 이상의 열을 가하여 재생	• 혐기 소화에 의한 메탄가스화 이용공정 중 습식탈황설비 후단에 설치하여 바이오가스에 포함된 수분을 제거하는 설비
장점	• 다량의 수분처리가 능 • 바이오가스의 경우 단독으로 사용 시 열병합발전공정에 적합 • 고질화 공정에는 단독 공정으로 사용 불가능	• 수분을 dew point −60℃ 이하로 제거가능 • 바이오가스 고질화 공정에 많이 적용	• 에너지 소모량 많음 • 적용실적 적음	• 온도가 올라가므로 냉각과 겸용하면 효과가 큼 • 소요동력이 많이 듦 • 소규모 플랜트 적합

확인할 수 있는 지표는 수분량이며, 상대적인 값 또는 가스 1 kg 중의 수분량으로 표시하는 절대습도로 나타낸다. 표 3.29에 제습설비의 특징을 나타내었다.

① 냉각 제습(또는 응축 건조)

이 방법의 원리는 바이오가스를 이슬점 이하로 냉각하여 응축수를 분리하는 것이다. 바이오가스 냉각은 종종 가스 라인에서 실시된다. 가스 라인을 매설할 때에 적당한 경사를 이용하여 응축수를 가스 라인의 최저점에 설치된 응축수 분리기에 모은다. 가스 라인을 지하에 매설하면 냉각 효과가 높아진다. 물론 가스 라인에서 바이오가스를 냉각하기 위해서는 가스 라인의 길이가 냉각하기에 충분해야 한다. 수증기 외에 응축수를 통해 일부 다른 원하지 않는 내용물, 수용성 가스 및 에어로졸이 바이오가스에서 제거된다. 응축수 분리기는 정기적으로 비워야 하므로, 접근하기가 좋아야 한다. 응축수 분리기는 결빙되지 않도록 설치하여 반드시 동결을 방지해야 한다. 냉수를 통해 냉기를 전달하면 추가로 온도를 낮출 수 있다. 이러한 방법으로 3～5℃의 이슬점에 도달할 수 있고, 그로 인해 수증기 비율이 0.15 vol. %까지 감소된다. 이 방법은 가스 연소 시에는 충분하나, 가스 계통에 연계 시에는 조건적으로만 충족한다. 응축 건조는 어떠한 유량에도 적용할 수 있다.

② 흡착 건조

제올라이트, 실리카겔 또는 산화알루미늄을 기반으로 하는 흡착법을 이용하면 건조법보다 훨씬 우수한 결과를 달성할 수 있다. 이때 －90℃까지의 이슬점이 가능하다. 고정층 내에 설치된 흡착기들이 주변 압력 6～10 bar일 때 교대로 작동하고, 소량 내지 중간 정도의 유량에 적합하다. 흡착 재료 재생은 저온 또는 고온 재생으로 이루어질 수 있다. 이 방법은 모든 이용 옵션에 적합하다.

③ 흡수 건조

바이오가스를 흡수 타워 안에서 반대 방향으로 글리콜 또는 트리에틸렌 글리콜로 유도하는 물리적인 흡착법인 이른바 글리콜 세척은 천연가스 정제에서 비롯된 것이다. 이때 수증기뿐만 아니라 상당한 탄화수소도 생산된 바이오가스에서 제거할 수 있다. 재생은 글리콜 세척 시에 세척 용액을 200℃로 가열함으로써 이루어지며, 이로 인해 방해 물질이 증발된다. 도달 가능한 이슬점으로는 －100℃가 제시되고 있다. 이 방법은 경제성의 관점에서 보았을 때 큰 유량(500 m^3/h)에 적합하다. 따라서 후속 옵션이 바이오가스 계통 공급인 경우에 적합하다.

3.2.4 소화슬러지 처리 공정

1. 탈수기 선정

소화액의 처리는 탈수하여 퇴비로 이용하거나 소각 등으로 처리된다. 탈수케익의 활용 목적에 따라 목표 함수율까지 탈수하는 것이 중요하며, 이를 위하여 소화액의 특성에 맞고 함수율의 만족이 가능한 탈수기를 선정하는 것이 중요하다.

표 3.30 탈수기 특징

구분	원심탈수기	가압탈수기	벨트프레스	스크루프레스	전기침투탈수
원리 및 구조	1000～3000 G의 원심력을 통한 고속회전으로 소화액을 농축 탈수	여과포 양면에 압력차를 조절, 400～500 kPa 정도의 압력으로 탈수	벨트형태 여과천에서 중력에 의하여 탈수된 후 상하롤에서 압착	외부동력에 의한 중력 여과 후 스크루 날개의 압출에 의한 압착력과 회전력에 의한 전단력으로 탈수	전력량을 조절하여 슬러지를 파괴하고, 세포내부로 전기가 침투하여 전기분해의 원리로 물과 슬러지를 분리
운전상 주의점	• 약품주입률 • 약품의 선정 • 볼과 스크루의 회전차 • 분리수의 월류 높이 조절	• 약품주입률 • 약품의 선정 • 압력조절 • 가압시간 • 여과포 선정	• 약품주입률 • 약품의 선정 • 여과포 압력 조절 • 여과포 선정	• 약품주입률 • 약품의 선정 • 스크루 회전수	• 약품주입률 • 약품의 선정 • 전력량 조절
탈수케익 함수율	70～80%	60～80%	70～85%	70～85%	55～75%
활용	매립	소각, 매립	소각, 매립	소각, 매립	소각, 매립, 연료화

3.2.5 폐수처리 공정

1. 유입폐수의 성상

음식물류폐기물의 혐기성 소화 및 탈수 후 발생되는 탈리액의 성상은 표 3.31과 같으며, 조사 결과 평균 BOD 8,250 mg/L, SS 3,300 mg/L, T-N 2,900 mg/L, T-P 165 mg/L의 농도로 나타나며, C/N비가 1.7~3.9로 매우 낮은 특성이 있다. 이는 질소 및 인의 영양염류 제거를 위한 외부탄소원 주입이 불가피한 사실을 잘 나타내주고 있다.

표 3.31 음식물류폐기물 탈리액 성상

구분	A시설	B시설(건식)	C시설	D시설	E시설	F시설	평균
BOD(mg/L)	8,100	13,000	6,500	5,500	10,000	6,400	8,250
COD_{Cr}(mg/L)	-	23,000	13,000	-	-	-	18,000
COD_{Mn}(mg/L)	8,100	-	-	3,100	9,500	5,200	6,500
SS(mg/L)	2,300	3,600	2,100	3,000	6,000	2,900	3,300
T-N(mg/L)	2,100	4,200	3,800	2,000	2,700	2,500	2,883
C/N(BOD/T-N)	3.9	3.1	1.7	2.8	3.7	2.6	2.9
T-P(mg/L)	110	130	160	200	300	100	165

2. 적정 폐수처리 운영인자(C/N비, 체류시간, 온도, pH)

1) C/N비

폐수처리의 효율을 결정하는 가장 중요한 요소는 발생 폐수의 특성을 고려하여 적정한 공법을 선정하는 것이다. 음식물류폐기물의 탈리액은 질소 및 인의 영양염류의 농도가 높은 반면, 혐기성 소화로 인하여 유기물의 농도가 상대적으로 낮아 질소 및 인의 제거가 어렵다. 따라서, 질소, 인의 효율적인 제거를 위하여 물리화학적 방법과 생물학적 방법을 병행함으로서 처리할 수 있다. 폐수처리에 적정한 C/N비를 맞추기 위하여 외부탄소원을 주입하거나 물리화학적 질소 제거를 수행하는데, 이는 유지관리비 및 초기 설치비 등의 경제성을 면밀하게 검토하여 계획하여야 한다.

생물학적 처리를 위한 외부탄소원은 주로 포도당(glucose)이나, 메탄올 등을 사용하며, 다음 표 3.32를 참조하여 여유율을 감안하여 충분한 주입이 이루어지도록 해야 한다. 물리화학적 질소의 제거를 위해서는 여과, 흡착, 탈기 등이 있으며 그 중 여과 및 흡착의 방법은 탈리액의 높은 고형물 농도로 인하여 많이 사용되지 않는다. 인의 제거를 위해서는 응집에 의한 고액분리가 가장 효율적이다.

하수성상을 식 (3-1)과 같이 가정 또는 메탄올[식 (3-2)], 초산[식 (3-3)] 등을 전자공여체로 사용하는 경우에는 이론적인 C/N비는 아래와 같다.

$$\text{하 수}: C_{10}H_{19}O_3N + 10NO_3^- \rightarrow 5N_2 + 10CO_2 + 3H_2O + NH_3 + 10OH^- \quad (3\text{-}1)$$

메탄올 : $5CH_3OH + 6NO_3^- \rightarrow 3N_2 + 5CO_2 + 7H_2O + 6OH^-$ (3-2)

초 산 : $5CH_3COOH + 8NO_3^- \rightarrow 4N_2 + 10CO_2 + 6H_2O + 8OH^-$ (3-3)

하수 내 유기물을 탄소원으로 이용한 경우 이론적으로 NO_3-N를 제거하는데 필요한 유기물 양은 1.4 g $C_{10}H_{19}O_3N$/g N이고 메탄올과 초산을 탄소원으로 이용한 경우에는 이론적으로 1.9 g CH_3OH/g N(2.9 g COD/g N)이 필요하다.

표 3.32 탄소원에 따른 탈질효율 평가 예시

탄소원 종류	C/N비	탈질률(%)	참고문헌
Acetic acid	2.4～3.2	≤99.7	Her and Huang, 1995
	3.0～3.4	69.4～90.0	Lee and Welander, 1996
	2.5	≤99.9	Srinandan et al., 2012
Glucose	2.4～3.2	98.8～99.8	Her and Huang, 1995
	2.5	≤99.9	Srinandan et al., 2012
Methanol	0～10.5	9.2～99.4	Her and Huang, 1995
	3.6	94.2	Lee and Welander, 1996
	2.5	72.0	Srinandan et al., 2012
Benzoic acid	2.1～3.4	69.7～92.0	Her and Huang, 1995

2) 체류시간

생물학적 폐수처리에서 질산화를 위한 수리학적 체류시간은 최소 5일 이상을 권장한다. 질소제거 중 질산화에 관여하는 미생물은 무기탄소원을 기질로 하는 독립영양 미생물로서 그 성장속도가 느리기 때문에 최소 5일 이상의 체류시간을 보통 필요로 한다. 그러나 체류시간은 질소제거 방식에 따라 달라질 수 있다. 예를 들면, 고온(40℃ 이상)에서 스트리핑을 활용한 질소저감시설을 운영하는 경우는 체류시간을 달리할 수 있다.

3) 온도

온도는 미생물의 성장속도와 질소 제거속도에 영향을 미치며, 생물학적 질산화의 일반적인 운전 범위는 15～30℃로 알려져 있다. 일반적으로 Arrhenius식에 의하면 적용 범위 내에서 온도가 10℃ 증가할 때마다 성장률이 2배 이상 증가된다고 알려져 있지만, 35℃ 이상에서는 적용되지 않으며 오히려 성장률이 감소한다. 운전 범위 온도에서 멀어진 반응조는 생물학적 처리의 기능이 현저하게 저하되며, 온도 상승 시나 하강 시

적정온도를 유지할 수 있는 방안을 강구하여야 한다.

4) pH

질소제거에 있어서 pH는 질산화 및 탈질의 효율을 결정짓는 인자이다. 일반적으로 질산화가 진행되면 알칼리도가 소모되어 pH가 낮아진다. 특히 고농도의 질소를 함유하고 있는 음식물류폐기물 탈리액은 pH의 저하가 심각하여, 알칼리도를 보충하지 않으면 운전실패에 가장 큰 요인으로 작용한다. 질산화의 적합한 pH는 7~8범위이며, pH 6.5 이하에서는 질산화 효율이 급격하게 저하된다.

3. 처리 후 농도

고농도의 음식물류폐기물 탈리액을 처리 후 방류하기 위해서는 고도의 처리설비가 필요할 뿐만 아니라 그 운전이 매우 어렵다. 일반적으로 처리 후 연계처리를 통하여 방류하는 것이 가장 효율적이며, 이를 위해서는 적정한 연계처리 수질을 설정하여야 한다. 「공공하수도시설 운영관리 업무지침」에 의하면 "축산폐수, 분뇨 및 음식물처리시설 배출수 등을 연계 처리하는 경우, 전처리수의 오염부하량은 공공하수처리시설의 정상운영에 지장을 주지 않도록 총질소 및 총인의 오염부하량은 설계 시 유입하수 오염부하량의 10% 이내까지 전처리한 후 연계 처리하여야 한다."라고 명시되어 있다. 음식물류폐기물의 폐수처리 후 공공하수도와 연계하기 위하여 반드시 총 오염부하량의 10%를 넘지 않도록 계획하여 기 운영 중인 처리시설에 영향을 최소화 할 수 있어야 한다. 또한, 반드시 처리되어 연계되는 폐수의 농도 및 부하량을 실시간 모니터링이 가능한 측정장비를 설치하여 연계처리 시 문제가 없도록 한다.

4. 연계처리 방안

음식물류폐기물 탈리액의 처리는 주로 기준 부하량에 적합한 처리 후 인근 하수처리장으로 연계처리하는 방법이 가장 많이 사용된다. 이때 공공처리시설에서 중간 처리한 음식물류폐기물 탈리액을 공공하수처리시설에 유입하는 기준은 유입되는 오염물질 부하량이 공공하수처리시설의 운영에 지장을 주지 아니하는 정도이며, 공공처리시설에서 유입되는 총질소 및 총인의 양은 공공하수처리시설에서 처리할 수 있는 100분의 10 이내이어야 한다. 또한, 자체 처리 후 방류기준에 맞게 배출하는 방법과 수요처가 확보된다면 액비로 활용하는 방법도 있다. 하지만, 자체 처리하여 방류하기 위해서는 고도의 처리설비가 소요되어 공사비의 증가가 불가피하다. 또한, 액비 역시 지속적인 수요처가 발생되지 않는 한 연속적인 공급이 어려우며, 액비 저장조의 필요, 수요처 확보 등의 어려움이 따른다. 일반적으로 음식물류폐기물 바이오가스화시설의 폐수 발생은 유입되는 폐기물 대비 0.8~2.0배 정도로 발생되며, 이는 처리 방식이나 반출 탈수케익의 함수율에 따라서 차이를 보인다.

3.2.6 악취제거 공정

음식물류폐기물 처리시설에서 발생되는 악취는 대부분이 고농도 악취에 포함된다. 처리시설을 완전밀폐로 구성하여도 일부 누기는 불가피하며, 그에 따라 완벽한 포집이 이루어질 수 있는 설비를 구성하여야 한다.

1. 환기횟수

일반적으로 악취는 고농도, 중농도, 저농도의 악취로 구분이 가능하며, 이는 풍량 산정 시 환기횟수를 각기 다르게 하여 포집효율을 높여야 한다. 또한, 탈취 시 기기, 실, 국소를 구분하여 운전방식이나 기기의 특성을 고려하여 환기횟수를 적용하여야 한다. 악취의 농도 구분 기준은 표 3.33과 같이 나타낼 수 있다.

표 3.33 악취농도에 따른 환기횟수

구분		적용	환기횟수
고농도	실탈취	반입장, 폐수처리실, 탈수기실 등	12회/hr 이상
	기기탈취	반입호퍼, 저장조 및 저류조, 유량조정조, 파쇄기, 선별기, 탈수기, 폐수처리 반응조 등	15회/hr 이상
	국소탈취	이송컨베이어, 전처리설비 등	15회/hr 이상
중·저 농도	실탈취	협잡물 반출실, 탈수케익 반출실, 펌프실, 약품실 등	8회/hr 이상
	기기탈취	연계처리수조, 응집조, 응집침전조 등	12회/hr 이상
	국소탈취	반출컨베이어, 협잡물 및 탈수케익 반출호퍼 등	10회/hr 이상

2. 악취제거방식

음식물류폐기물의 가장 대표적인 악취물질은 암모니아, 황화수소, 메틸머캅탄 등으로 알려져 있으며, 그 외 알데하이드류 및 휘발성 지방산 성분의 악취도 기여도가 높다. 그림 3.8은 음식물류폐기물 소화가스화시설에서 발생되는 악취의 기여도를 나타내었다.

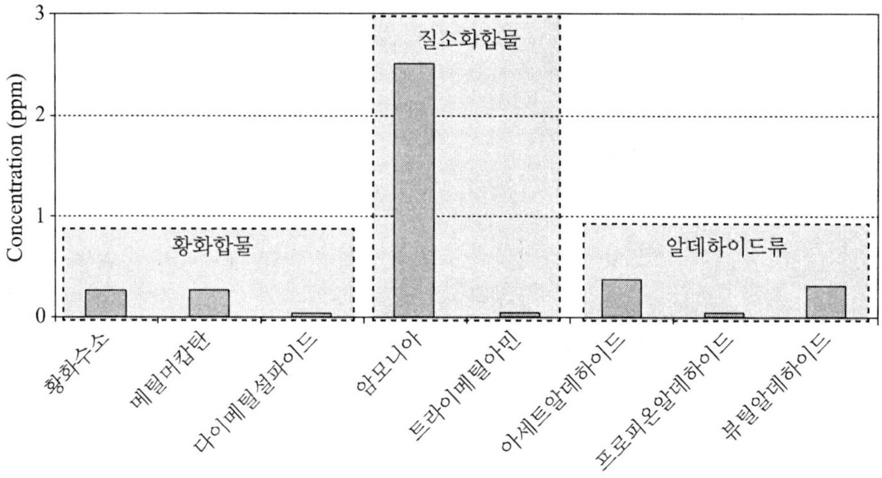

그림 3.8 음식물류폐기물 소화가스화시설의 주요 악취물질

주로 음식물류폐기물 소화가스화시설에서 발생되는 악취는 질소화합물, 황화합물, 알데하이드류로 나눌 수 있으며, 악취에 기여하는 대표적인 물질은 최소 감지농도가 낮은 메틸머캅탄과 아세트알데하이드로 볼 수 있다. 이러한 악취물질을 제거하기 위해서는 물리적, 화학적, 생물학적 악취제거방식을 사용할 수 있으며, 목표로 하는 기준농도와 악취성분의 구성 등을 사전에 명확히 조사하여 가장 적합한 악취제거방식을 선정하는 것이 중요하다.

가장 흔히 사용되는 방식은 약액세정으로 운전 노하우나 효율에 있어서 많이 검증되었다. 하지만, 폐수의 다량 발생, 약품비 증가, 동결문제 등의 난점이 있다. 시설의 설계 시 반드시 악취에 대한 측정이나 시뮬레이션을 수행할 것을 권장하며, 악취 성분에 적합한 탈취방식을 복합적으로 설치하는 것을 권장한다. 또한, 탈취를 위한 흡입팬은 반드시 비상시를 고려하여 예비대수를 적용하고, 탈취설비 전단에 설치하여 유지보수에 효율성을 확보하여야 한다.

표 3.34에 여러 가지 악취제거방식을 나타내었다. 각 악취처리방식에 따라 제거 가능한 악취물질을 정확하게 판단하여 악취 성분에 맞는 방식을 적용하는 것이 중요하다.

표 3.34 주요 악취제거방식

구분	약액세정	오존산화	미생물탈취	활성탄흡착	직접연소
공정 개요	액체의 기체 용해성을 이용하여 악취 성분을 산·알칼리 등의 반응에 의해 화학적으로 흡수시켜 탈취하는 방법	오존에 의한 악취성분을 산화·분해하여 오존 자체가 악취를 커버하는 마스킹 작용을 하는 방식	악취를 미생물이 집적되어 있는 필터층에 통과시키는 악취제거방식	활성탄의 흡착성을 이용하여 악취 등을 제거하는 방법	악취물질을 보일러 연소용 공기로 공급하여 800℃에서 연소시켜 분해
구조	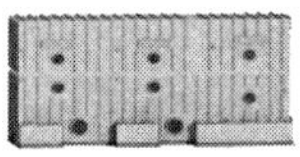				
장점 및 특징	• 고·저 농도에 관계없이 처리 가능 • 먼지/분진 동시 제거 • 주위 환경변화에 영향 없음 • 유지관리가 용이	• 고농도 악취 제거에 효과적 • 화학반응에 의해 악취물질들이 치환된 후 다시 환원되지 않음	• 복합 취기에 효과 우수 • 내약품성 및 내마모성 우수 • 운전 정지 시에도 미생물 활성 유지 가능, 반영구적임	• 저농도 취기에 효과적 • 배수시설 불필요 • 부지소요량 적음 • 짧은 체류시간, 작은 규모	• 탈취효과 우수 • 폭발 한계 이하 높은 농도의 장소에 유리
단점	• 난용해성 악취가 존재할 경우 약품(NaOCl, O_3, OH Radical 등) 사용량 증가 • 설치 부피/높이 큼	• 악취물질량에 대한 오존 첨가량의 적절한 제거 필요 • 잔류 오존에 대한 대책이 필요 • 배출된 세정수의 처리시설이 필요 • 낮은 효율	• 높은 초기투자비 • 생물학적 반응에 의한 시설로 동절기 효율 저하 우려(히터 등 동절기 대비용 부대시설 필요) • 설치부지가 많이 소요되고, 부대설비가 많음	• 고온, 다습한 악취 처리에 효과가 미약 • 고가의 활성탄 교체비	• 탈취기 운영은 24시간 운전으로 보일러 가동을 위한 연료비가 과다하게 필요. • 전처리설비 필요(수분, 먼지, 유분 제거)
처리 특성	• 난분해성 물질 제거 • H_2S 처리에 효과적(알칼리 세정) • $H_2S + NaOH = Na_2S + H_2O$	• 고농도에 적합하나 처리효율은 낮음	• 모든 발생 악취 처리에 효과적 • VOCs 등 처리 효과적	• 암모니아 제거 어려움 • 이황화메틸 제거 어려움	• 스타이렌 제거가 어려움

구분	약액세정	오존산화	미생물탈취	활성탄흡착	직접연소
실적	• 고양시 바이오매스 에너지시설 • 부산시 생곡 음식물자원화시설 등 다수	• 용연하수처리장	• 수원시 음식물처리시설 • 광주광역시 음식물처리시설	• 고양시 바이오매스 에너지시설	• 울산광역시 유기성 폐기물 소화가스화시설

3. 배출허용기준

음식물류폐기물 소화가스화시설에서 발생되는 악취는 고농도의 악취로서 민원발생이나 근무자의 근무환경 개선을 위하여 그 처리가 매우 중요하다. 악취제거설비는 실시간 모니터링이 가능하도록 계획하고 배출허용기준을 준수하여 처리 후 배출한다. 악취 모니터링의 농도 설정은 배출허용기준보다 낮게 설정하여 사전 예방이 가능하도록 구성하고, 기준 초과 시 대응 방안을 마련하여 피드백이 가능하도록 한다. 모니터링의 기준이 되는 국내의 배출허용기준을 표 3.35에 나타내었다.

표 3.35 악취 배출허용기준

구 분		배출허용기준		엄격한 배출허용기준의 범위	
		공업지역	기타지역	공업지역	기타지역
복합악취 (배)	배출구	1,000 이하	500 이하	500~1000	300~500
	부지경계선	20 이하	15 이하	15~20	10~15
지정악취물질 (ppm) : 부지경계선	암모니아	2 이하	1 이하	1~2	-
	메틸머캅탄	0.004 이하	0.002 이하	0.002~0.004	-
	황화수소	0.06 이하	0.02 이하	0.02~0.06	-
	다이메틸설파이드	0.05 이하	0.01 이하	0.01~0.05	-
	다이메틸다이설파이드	0.03 이하	0.009 이하	0.009~0.03	-
	트라이메틸아민	0.02 이하	0.005 이하	0.005~0.02	-
	아세트알데하이드	0.1 이하	0.05 이하	0.05~0.1	-
	스타이렌	0.8 이하	0.4 이하	0.4~0.8	-
	프로피온알데하이드	0.1 이하	0.05 이하	0.05~0.1	-
	뷰티르알데하이드	0.1 이하	0.029 이하	0.029~0.1	-
	n-발레르알데하이드	0.02 이하	0.009 이하	0.009~0.02	-

구 분		배출허용기준		엄격한 배출허용기준의 범위	
		공업지역	기타지역	공업지역	기타지역
	i-발레르알데하이드	0.006 이하	0.003 이하	0.003 ~ 0.006	-
	톨루엔	30 이하	10 이하	10 ~ 30	-
	자일렌	2 이하	1 이하	1 ~ 2	-
	메틸에틸케톤	35 이하	13 이하	13 ~ 35	-
	메틸아이소뷰티르케톤	3 이하	1 이하	1 ~ 3	-
	뷰티르아세테이트	4 이하	1 이하	1 ~ 4	-
	프로피온산	0.07 이하	0.03 이하	0.03 ~ 0.07	-
	n-뷰티르산	0.002 이하	0.001 이하	0.001 ~ 0.002	-
	n-발레르산	0.002 이하	0.0009 이하	0.0009 ~ 0.002	-
	i-발레르산	0.004 이하	0.001 이하	0.001 ~ 0.004	-
	i-뷰티르알코올	4.0 이하	0.9 이하	0.9 ~ 4.0	-

4. 모니터링

음식물류폐기물 바이오가스화시설에서 포집한 악취를 제거하여 배출허용기준에 적합한 농도로 배출할 때 반드시 모니터링이 가능하도록 한다. 모니터링을 위한 악취 측정장치는 배출구와 부지경계에 각각 설치하여 실시간 감시가 가능하도록 한다. 음식물류폐기물의 주요 악취물질은 암모니아와 황화수소가 대표적이며, 기타 악취물질은 복합악취로 대신할 수 있다. 따라서 악취의 측정은 암모니아, 황화수소, 복합악취를 필수로 측정하여야 하며, 기타 특성에 맞게 추가적인 설치가 가능하다. 농도가 초과되어 배출될 때에는 반드시 알림 경보로서 운영자가 인지할 수 있어야 하며, 피드백 시스템을 통하여 원인을 파악하고 신속한 대처가 가능하도록 한다. 이때 주의점은 악취 배출농도 설정이며 배출허용기준보다 약간 낮은 농도로 제어해야 한다. 배출허용기준 농도로 설정할 경우, 초과배출 인지 시 기준농도 초과된 상태에서 유지보수가 이루어져야 하므로 많은 양의 악취가 배출되는 문제가 발생한다. 악취는 시설 설치장소가 주택가인 경우 별도의 더욱 엄격한 배출기준을 설정하여 관리해야 한다.

표 3.36 모니터링을 위한 농도 설정 기준

구분			배출허용기준		엄격한 배출허용기준의 범위	
			공업지역	기타지역	공업지역	기타지역
복합 악취 (배)	배출구	기준	1,000 이하	500 이하	500～1000	300～500
		설정	900 이하	400 이하	400 이하	250 이하
	부지경계	기준	20 이하	15 이하	15～20	10～15
		설정	18 이하	13 이하	13 이하	9 이하
지정 악취 물질 (ppm) : 부지 경계선	암모니아	기준	2 이하	1 이하	1～2	-
		설정	1.8 이하	0.8 이하	0.8 이하	-
	황화수소	기준	0.06 이하	0.02 이하	0.02～0.06	-
		설정	0.05 이하	0.018 이하	0.018 이하	-
	메틸머캅탄	기준	0.004 이하	0.002 이하	0.002～0.004	-
		설정	0.003 이하	0.0018 이하	0.0018 이하	-

3.3 바이오가스화시설의 운전 고려사항

3.3.1 시설 운전인자

바이오가스화시설은 앞 절에서 설명하였듯이 반입·전처리 공정, 혐기성 소화 공정, 소화가스이용 공정, 소화슬러지 처리 공정, 폐수처리 공정, 악취제거 공정 등 크게 6공정으로 나눌 수 있다. 바이오가스화시설의 운전상에서 가장 큰 애로사항으로는 전처리 설비들의 잦은 고장, 시설용량(전처리설비 및 혐기성 소화 설비 포함) 부족과 음식물류폐기물 유입의 요일·계절별 큰 변동으로 인한 불안전 운전, 바이오가스 저장 및 이용시설의 시설용량 부족 문제 등이다. 전처리설비의 잦은 고장은 앞 절에서 설비 보완사항과 함께 운영도 같이 다루어졌으며, 시설용량 부족 및 유입원의 요일·계절별 큰 변폭 관리도 앞 절에서 시설용량 산정 수정[기존 처리용량 → 처리용량+여유율(10～30%)]과 반입호퍼 및 저장조의 저장능력 제고 등으로 해결책을 제시하였다. 또한 바이오가스 저장 및 이용시설의 시설용량 부족은 메탄가스 생성률 재산정(설계 시 최소 0.35 → 0.48 Nm^3 CH_4/kg VS)으로 해결책을 제시하였다.

본 운전지침에서는 혐기성 소화 공정에 대하여만 다루기로 한다. 나머지 5공정들에 대한 운전사항은 앞장에서 설계 고려사항을 다룰 때 함께 다루어진 부분을 참조하기로 한다.

혐기성 소화가 호기성 소화에 비하여 지닌 장점으로는 다음과 같다.

- 유효한 자원인 메탄이 생성된다.
- 처리 후 슬러지 생성량이 적다.
- 동력비 및 유지관리비가 적게 든다.

혐기성 소화의 단점으로는 높은 온도(35℃ 혹은 55℃)를 요구한다는 것인데, 이는 발생하는 메탄가스를 열원으로 이용하면 해결할 수 있는 문제이다. 또한, 미생물의 성장속도가 느리기 때문에 초기 운전 시나 온도, 부하량의 변화 등 운전조건이 변화할 때 그에 적응하는 시간이 길다는 점과 암모니아와 황화수소, 머캅탄 등에 의한 악취도 단점으로 지적될 수 있다.

혐기성 처리에서는 외부로부터 산소가 주입되지 않기 때문에 유기물의 안정화는 메탄의 생성을 통해서만 일어나며, 이때 생성되는 메탄과 미생물의 양은 적절한 양론식을 세움으로써 예측할 수 있다. McCarty에 의하면 체류시간 20일인 혐기성 소화조에서 일어나는 반응식은 다음 식과 같다.

$$C_{10}H_{19}O_3N \rightarrow 5.78CH_4 + 2.47CO_2 + 0.19C_5H_7O_2N + 0.81NH_4^+ + 0.81HCO_3^-$$

위 식에서 보면 약 210 g의 유기물이 혐기성 분해되면 5.78 mole(129 L)의 메탄과 0.19 mole(21.5 g)의 미생물, 그리고 0.81 moles(40.5 g as $CaCO_3$)의 알칼리도가 생성됨을 알 수 있다. 또한, 가스 중 메탄 구성비는 약 70%[5.78/(5.78+2.47)]이다.

표 3.37 혐기성 소화조 설계 시 주요 인사 참고값(음폐수 기준)

구분			참고값
pH	1 phase		6.5~8.0
	2 phases	acidogenic	4.5~6.5
		methanogenic	7.0~8.0
Temperature(℃)	Mesophilic		30~40
	Thermophilic		50~60
OLR, kg-VS/(m^3 · d)			1.5~4.0 (습식 기준) 2.5~5.0 (건식 기준)

1. 소화일수(체류시간)

혐기성 소화 공정에서 가장 중요한 매개변수 중 하나는 체류시간 즉, 소화일수이다. 체류시간은 일반적으로 일(day)로 표기하며, 계산을 위해 매일 공급되는 기질량(Q)에 대한 반응조 용적(V)의 관계를 설정하여야 한다.

$$\mathrm{HRT} = \frac{V}{Q}\ [\mathrm{day}]$$

실제 체류시간은 이와 일치하지 않으며, 이는 혼합물에 따라 각 성분들이 반응조를 떠나는 속도가 다르기 때문이다. 반응조의 체류시간은 용적 부하와 밀접한 관계가 있다. 용적 부하란 유입되는 건조고형물이 시간당 소화조에 공급되는 양으로서 kg/(m^3·d)로 나타낼 수 있다. 용적 부하와 체류시간은 그림 3.9와 같이 밀접한 관계가 있다.

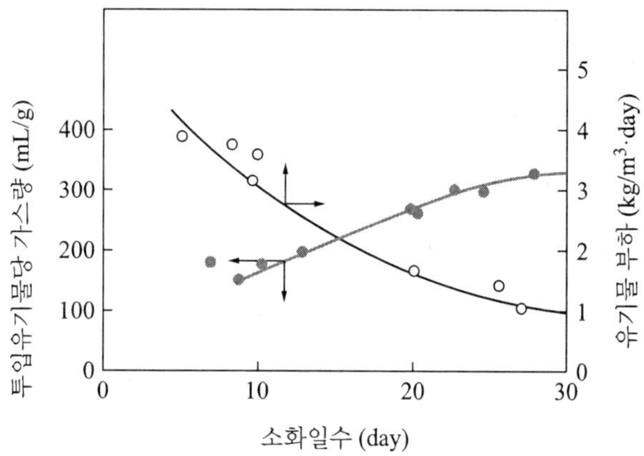

그림 3.9 유기물 부하와 체류시간의 상관관계

(출처: McCarty, P. L., Anaerobic Waste Treatment Fundamentals, Part 2: Environmental Requirement and Control)

일반적으로 기질의 조성이 동일하게 유지된다고 가정하면, 용적 부하가 높아질수록 더 많은 유입량이 소화조에 공급되어 체류시간은 짧아진다. 국내 음식물류폐기물의 특성상 혐기성 소화를 위한 소화일수는 중온소화의 경우 최소 15일 이상이 필요하며, 고온소화의 경우 최소 10일 이상으로 할 것을 권장한다. 유입되는 음식물류폐기물의 특성과 소화온도 등의 기타 매개변수를 잘 고려하여 체류시간 선정에 많은 검토가 필요하다.

2. 소화온도

기본적으로 화학적 반응이 빠르게 진행될수록 주변 온도는 상승하는데, 이는 생물학적 분해 및 변환 프로세스에는 제한적으로 적용된다. 혐기성 소화에 관여하는 미생물들은 다양한 온도 범위에서 분포되고 있으며, 대표적으로 저온과 중온, 고온으로 구분할 수 있다.

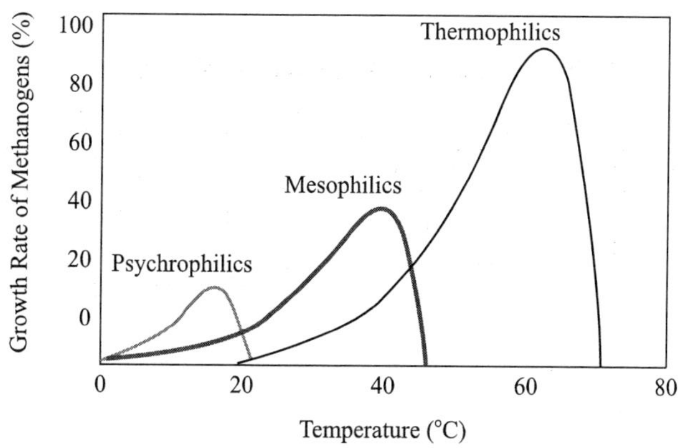

그림 3.10 온도에 따른 메탄 생성균 성장률

1) 저온 혐기성 소화

저온성 미생물을 위한 최적 온도는 20~25℃이다. 저온 혐기성 소화에서는 기질이나 소화조를 가열하지 않으나, 소화효율과 가스발생량이 현저히 적다. 따라서 음식물류폐기물 혐기성 소화조의 경제적인 운영이 가능하지 않다.

2) 중온 혐기성 소화

일반적으로 많이 알려진 메탄 형성 고세균은 30~40℃에서 가장 잘 성장한다. 중온 범위의 혐기성 소화조는 가장 넓게 분포되어 실제 운영 중에 있으며, 중온에서는 상대적으로 높은 소화효율과 가스발생량을 나타낸다. 동절기 기간 중 소화조의 온도를 유지하기 위해서는 별도의 가온이 필요하며, 이는 발생되는 소화가스를 이용한 에너지원으로 충분히 가온이 가능하다.

3) 고온 혐기성 소화

고온성 미생물의 최적 온도는 50～60℃이다. 이때 높은 공정온도로 인하여 분해속도는 빨라지고 기질의 점도는 낮아진다. 그러나 소화조의 가열을 위한 에너지원이 다량 소모되어 소화조 운영을 위한 유지관리에 경제성이 부족하다. 또한, 고온의 미생물은 메탄 형성 고세균보다 적게 존재하고 성장에 매우 민감하여 프로세스 장애, 기질 공급의 불규칙, 소화조 가동 방식 등의 변수에 매우 민감하여 운영이 까다롭다.

표 3.38 소화온도에 따른 온도범위 및 운영 여건

구분	저온 혐기성 소화	중온 혐기성 소화	고온 혐기성 소화
온도 범위	20～25℃	30～40℃	50～60℃
운영 여건	• 운영관리 용이 • 가온의 필요성 없음	• 운영관리 용이 • 하절기 가온 필요 • 자체 에너지원 활용 가능	• 운영관리 어려움 • 가온 필요 (운영비 과다)

3. pH 및 알칼리도

pH에서도 온도의 경우와 유사한 맥락이 적용된다. 다양한 분해 단계에 참여하는 미생물들은 자신들이 가장 잘 성장할 수 있는 각기 다른 pH의 범위를 필요로 한다. 가수분해와 산 형성을 위한 미생물의 최적 pH는 5.0～6.2이다. 그러나 이들 미생물이 반드시 이 범위에 의존하는 것은 아니며 pH가 근소하게 높거나 낮을 경우에도 기질의 분해가 가능하다. 메탄 형성 단계에 관여하는 미생물의 최적 pH는 6.5～8.0의 중성 범위에서 형성되나, 8.0을 넘는 경우도 나타나곤 한다.

pH 값은 암모니아, 휘발성 지방산, 황화수소와 같은 주요 대사 반응물의 해리 평형을 조절한다. 매체의 완충 용량(주로 탄화수소와 암모늄)이 일반적으로 안정된 pH 값을 보장한다. 그럼에도 불구하고 중대한 변화가 있고 pH 값이 최적의 범위를 벗어나면 이는 대부분 심각한 장애의 징후이며 즉각 조치를 취해야 한다. pH 값도 중요하지만, pH 변동 폭이 급격하게 일어나지 않도록 관리하는 것이 매우 중요하다. pH 값의 변동이 있기 전에 휘발성 지방산의 값의 변화가 먼저 일어나는 것에 주의하여야 한다.

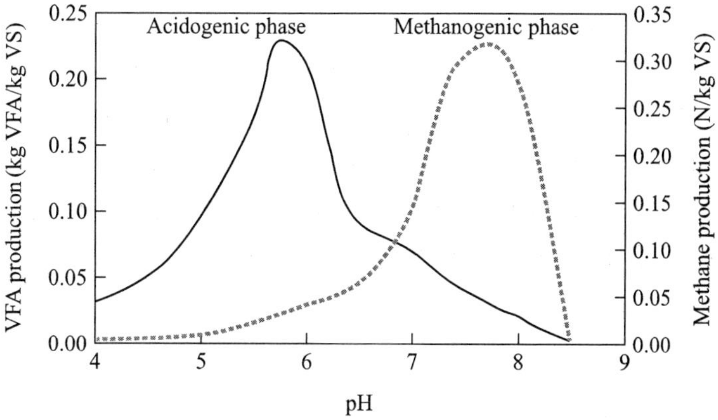

그림 3.11 산 생성과 메탄 생성을 위한 최적 pH

단일반응조에서 산 생성과 메탄 생성이 동시에 발현되는 경우 이 pH의 범위를 유지하여야 한다. 일반적으로 pH는 CO_2-HCO_3^-의 평형상태에 의하여 다음과 같이 pH가 결정된다.

$$BA = 6.3 \times 10^{-4}\left(\frac{P_{CO_2}}{10^{-pH}}\right)$$

여기서, BA : $CaCO_3$(mg/L)로 나타낸 HCO_3^- 알칼리도

P_{CO_2} : 소화조 내 CO_2 분압(atm)

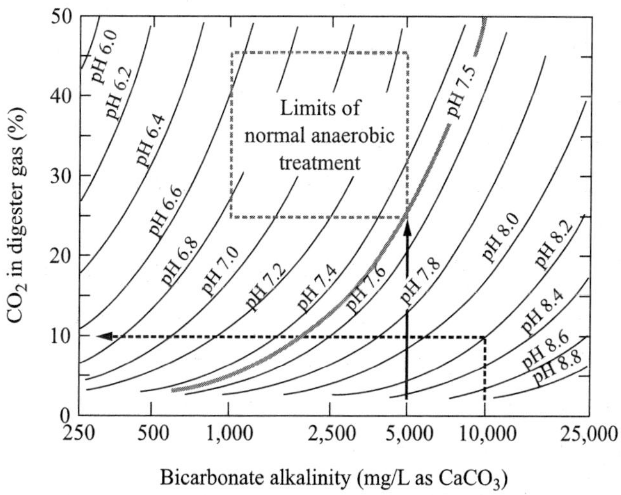

그림 3.12 pH, CO_2, 분압 및 HCO_3^- 알칼리도 간의 관계

(출처: McCarty, P. L., Anaerobic Waste Treatment Fundamentals, Part 2: Environmental Requirement and Control)

혐기성 소화조에서 HCO_3^- 알칼리도는 2,500～5,000 mg/L로 유지를 권장하고 있으나 음식물류폐기물의 경우는 5,000 mg/L 이상으로 유지하는 것이 바람직 할 수 있다. VFA(휘발성 유기산)/HCO_3^- 알칼리도의 비율은 0.2～0.3 이하를 권장하고 있다. 휘발성 지방산 축적에 의하여 pH가 저하된 경우에는 휘발성 지방산이 완전히 분해될 때까지 슬러지 유입속도를 줄이는 방법과 소석회[$Ca(OH)_2$], $NaHCO_3$ 또는 NaOH, KOH 등을 주입하여 pH를 정상적으로 유지시키는 방법이 있다.

4. 영양소 공급 및 영양미량물질

혐기성 분해 미생물들은 종별로 다량 영양소와 미량 영양소 그리고 비타민을 필요로 한다. 이들 영양소의 농도와 이용도가 다양한 개체군의 성장속도와 활동력에 영향을 끼친다. 종별 최소 농도와 최대 농도가 존재하고, 이러한 농도를 결정하는 것은 각기 다른 배양균의 다양성과 부분적으로는 독특한 적응력으로 인해 어렵다. 투입한 기질로부터 가능한 많은 메탄을 획득하려면, 미생물에 대한 최적의 영양소 공급을 보장해야 한다. 결국 얼마나 많은 메탄을 투입한 기질로부터 획득하느냐 하는 것은 기질의 단백질, 지방 및 이산화탄소의 비율을 통해 결정된다. 이 요소들은 영양소에 대한 특수한 요구에도 영향을 끼친다.

안정적인 프로세스 진행을 위해서는 다량 영양소와 미량 영양소 간에 균형이 필요하다. 탄소 외에 가장 필요한 영양소는 질소이다. 질소는 대사 작용을 실행하는 효소 형성을 위해 필요하다. 따라서 사용하는 기질의 C/N비가 중요하다. 만일 이 비율이 너무 높으면(탄소가 많고 질소가 적으면), 대사 작용이 불충분하여 존재하는 탄소를 충분히 변환하지 못하고, 최대로 가능한 메탄 수율에 도달하지 못한다. 반대의 경우에는 질소 과다로 인해 암모니아(NH_3)가 과도하게 형성될 수 있고, 과도한 암모니아는 적은 농도로도 박테리아의 성장을 방해하고 심지어는 전체 미생물 군락을 완전히 와해시킬 수도 있다. 따라서 프로세스가 장애 없이 진행되려면 C/N비가 10～30 범위 이내가 되어야 한다.

탄소와 질소 외에 인과 황도 필수 영양소이다. 황은 아미노산의 구성 성분이며, 인화합물은 에너지 담체인 ATP(아데노신 삼인산)과 NADP(니코틴아마이드 아데닌 다이뉴클레오타이드 인산)의 형성을 위해 중요하다. 미생물이 충분히 영양소를 공급받을 수 있으려면 반응조 내 C : N : P : S 비율이 600 : 15 : 5 : 3이 되어야 한다.

다량 영양소 외에 미량 원소의 이용 가능성이 충분한가 하는 것도 미생물에게는 필수적이다. 대부분의 바이오가스 플랜트의 경우는 미량 영양소에 대한 요구도가 대체로 충족된다. 특히 동물의 배설물을 이용할 때 그러하다. 그러나 에너지 작물의 단일 발효

시에 미량 원소 결핍이 매우 빈번하게 일어난다. 메탄 형성 고세균은 코발트(Co), 니켈(Ni), 몰리브덴(Mo), 셀레늄(Se)과 부분적으로는 텅스텐(W)을 필요로 한다. Ni, Co, Mo는 대사 작용에서 필수 반응을 위한 공동인자로 이용된다. 또한 마그네슘(Mg), 철(Fe), 망간(Mn)도 중요한 미량 영양소로서, 전자 운반과 특정 효소의 기능을 위해 필요하다.

다양한 문헌들을 비교해볼 때, 특히 필수적인 것으로 간주되는 미량 원소 농도의 변동 범위가 매우 크다는 점이 눈에 띈다(부분적으로는 인자 100까지).

전적으로 유기성 폐기물만으로 운전하는 플랜트에서 가스 생산량이 떨어지고 산도가 상승하는 프로세스 장애가 발생했을 때 미량 원소를 첨가하여 해소할 수 있는 경우가 있다. 슬러리를 기반으로 운전하는 플랜트의 경우는 이러한 현상이 관찰되지 않는다. 탈황에 자주 이용하는 염화철 또는 수산화철 형태의 철-이온 첨가물은 안정화 작용을 할 수 있다. 이는 황화물이 쉽게 용해되지 않는 금속 황화물을 형성하고 그로 인해 미량 원소 가용성을 제한하기 때문이다. 황화물이 우선 철과 결합하면, 다른 금속의 가용성이 상승한다. 다음 표는 개별 원소의 기준값을 나타낸다. 미량 원소를 첨가할 때에는, 이러한 미량 원소 농도가 높을 때에는 억제 작용을 할 수 있고 유독 물질로 간주되는 중금속이라는 점에 유의해야 한다. 반드시 필요한 만큼만, 가능한 적게 첨가해야 한다.

표 3.39 미량 원소 기준값

원소	기준값[a] mg/kg TS	기준값[b] 농도 mg/L
코발트	0.4~10 (최적 1.8)	0.06
몰리브덴	0.05~16 (최적 4)	0.05
니켈	4~30 (최적 16)	0.006
셀레늄	0.05~4 (최적 0.5)	0.008
텅스텐	0.1~30 (최적 0.6)	
아연	30~400 (최적 200)	
망간	100~1500 (최적 300)	0.005~50
구리	10~80 (최적 40)	
철	750~5000 (최적 2400)	1~10

a : Europäische Patentanmeldung Patentblatt 2008/49, Anmeldenummer 08004314.4. Oechsner, Hans et al. 2008

b : Sahm, H.: Biologie der Methanbildung, Chemie-Ingenieur Technik 53, Nr. 11 (1981)

표 3.39에 제시된 미량 원소 농도 범위는 일부 바이오가스 플랜트에 제한적으로만 적용 가능하다. 왜냐하면 언급된 문헌에서 인용한 연구들이 부분적으로는 각기 다른 출발 조건과 연구 방법으로 하수 분야에서 이루어진 것이기 때문이다. 이뿐만 아니라 범위가 너무 넓고 주어진 프로세스 조건에 대한 정보(예컨대 용적 부하, 체류시간 등)가 없다.

미량 원소는 반응조 내에서 유리된 인산염, 황화물, 탄산염과의 쉽게 풀리지 않는 결합에 이용되고 따라서 미생물을 위해서는 더 이상 이용되지 않는다. 따라서 발효 물질 내 미량 원소 농도 분석으로는 미량 원소의 이용도에 대해 확실하게 말할 수 없다. 전체 농도만 측정할 뿐이다. 이러한 이유로 부족한 농도를 보충하기 위해 필요로 하는 것보다 더 많은 양의 미량 원소를 공급해야 한다. 필요량을 산출할 때에는 항상 모든 기질의 미량 원소 농도를 고려해야 한다. 다양한 음식물 및 사료의 미량 원소 함량을 분석한 결과 변동 범위가 매우 컸다. 이로 인해 미량 원소가 부족한 상황일 때 미량 원소를 가장 적합하게 계량하는 것은 매우 어렵다.

그럼에도 불구하고 미량 원소 계량 전에 먼저 발효조 내용물의 미량 영양소 함량을 측정하여, 미량 원소가 과도하게 계량되지 않게 해야 한다. 미량 원소가 과도하면 발효 부산물 내 중금속 농도가 농업 분야 재활용을 위한 허용 한계치를 초과하게 되어 발효 부산물을 유기 비료로 사용할 수 없게 된다.

5. 제한대상물질

혐기성 소화 공정에서 제한 및 실패의 원인으로 작용하는 것은 일반적으로 휘발성 지방산(VFA), 암모니아, 중금속류 등이 있다. 이러한 원인물질은 대개 혐기성 소화 공정에서 적정 농도가 필요하다. 하지만 소화조 운전이 지속되면서 이러한 농도는 일정 수준의 농도를 넘어 그 자체의 독성으로 혐기성 미생물의 증식을 억제한다.

표 3.40에서 언급한 혐기성 소화의 저해요인물질 이외에 산소도 혐기성균에 독성을 미치는 물질이다. 메탄 생성균이나 기타 편성 혐기성균들은 미량의 용존산소에도 매우 치명적인 손상을 입기 쉬우므로, 소화조는 항상 밀폐되어야 하며, 이 조건은 메탄의 회수에도 필수적이다. 산소에 의한 영향은 가역적으로 혐기성 미생물이 산소에 노출된 후 약 10일 정도 이후에는 가스발생량이 정상상태로 회복됨이 보고되었다.

표 3.40 혐기성 소화의 저해요인

구분	저해 농도(mg/L)
Volatile Fatty Acid (VFA)	>3,000 (acetic acid) 단, >4,000 (단, 음식물류폐기물의 경우) 가능
Ammonia	>3,000 (at pH>7.6)
Sulfide (Soluble)	>3,000
Calcium	2,500~4,500
Magnesium	1,000~1,500
Potassium	2,500~4,500
Sodium	3,500~4,500
Copper	>0.5
Cadmium	>150
Iron	>1,700

(출처: WPCF, Operation of Municipal Wastewater Treatment Plants, Manual of Practice No 11, Vol Ⅲ, 2nd ed., 1990을 참조하여 음식물류폐기물 특성을 고려하여 제작함.)

1) 휘발성 지방산 농도

유기산(organic acid)은 산성을 띠는 유기화합물의 총칭이며 카복실기와 술폰기가 들어 있는 유기화합물이 대표적이다. 휘발성 지방산(volatile fatty acid)은 휘발성 산 중에서도 대기압에서 증발할 수 있는 물에 용해될 수 있는 지방산이다.

Monod가 설명한 법칙에 따라 박테리아 증식은 기질 농도에 좌우되므로, 산 농도 증가는 증식속도 증가와 결부되며, 따라서 프로세스가 일정 한계에서 스스로 안정화된다. 그러나 산 생성속도가 산 분해 미생물의 능력을 지속적으로 초과하면 농도는 계속하여 올라간다. 이때 개입하지 않으면 발효 기질의 완충 능력이 소진되어 pH 값이 떨어지는 지점까지 산이 축적된다. 최대 허용 산 농도에 대한 한계 값을 정하는 것은 어려운 일이다. 왜냐하면 나타나는 농도는 체류시간, 사용하는 기질, 억제 물질과 같은 요소에 좌우되기 때문이다.

일반적으로 휘발성 지방산은 3,000 mg/L 이하로 관리할 것을 권장하고 있으며, 음식물류폐기물만 단독처리할 경우는 4,000 mg/L 이하까지 큰 장애가 일어나지 않는 것을 볼 수 있었다. 그러나 병합처리 시의 휘발성 지방산은 3,000 mg/L 이상에서 혐기소화 과정에 장애가 생기는 것을 볼 수 있다. 물론 휘발성 지방산 농도는 알칼리도 농도와 함께 상관관계를 살피면서 관리되는 것이 바람직하다.

2) 질소, 암모늄, 암모니아

질소를 함유한 유기물이 분해될 때에 질소가 암모니아(NH_3)로 변환된다. 암모니아는 물에 해리되고, 암모늄을 형성한다. 질소는 세포 합성에 필요한 필수 영양소이다.

또 다른 측면에서 기질 내에 포함된 암모니아/암모늄의 농도가 높으면 메탄 형성에 억제 작용을 하는 것으로 입증되었다.

많은 이들이 억제 작용은 해리되지 않은 부분, 즉 암모니아에서 기인하며, 억제 작용은 농도, 온도, pH 값에 좌우된다고 지적한다. 고온성 플랜트는 중온성 플랜트보다 암모늄이 높은 온도에 예민하게 반응한다는 상관성이 실제로 입증되었으며, 다음 암모니아 농도 계산 방정식으로 설명된다.

$$c_{NH_3} = c_{NH_4} \cdot \frac{10^{pH}}{e^{\frac{6344}{273+T}} + 10^{pH}}$$

여기서, c_{NH_3} : 암모니아 농도(g /L)

c_{NH_4} : 암모늄 농도(g/L)

T : 온도(℃)

표 3.41은 암모니아/암모늄 억제 주제를 다룬 다양한 문헌의 요약이다. 여기서 값들이 서로 현저히 차이가 나는 점을 볼 수 있다.

표 3.41 암모니아의 억제 농도에 관한 참고문헌 데이터

농도		비고	참고문헌
$>3000\ mg \cdot L^{-1} NH_4$		억제 작용	[3]
$>150\ mg \cdot L^{-1} NH_3$		억제 작용	[4]
$500\ mg \cdot kg^{-1} NH_3$ $1200\ mg \cdot L^{-1} NH_3$		안정적인 운전, 산농도 증가, 억제 작용	[5]
$<200\ mg \cdot L^{-1} NH_3$		안정적인 운전	[6]
 $160\ mg \cdot L^{-1} NH_3$ $155\ mg \cdot L^{-1} NH_3$ $207\ mg \cdot L^{-1} NH_3$ $257\ mg \cdot L^{-1} NH_3$	분해 정도(%) 71 62 61 56	모든 경우에 안정적인 운전, 그러나 분해 능력은 감소, 산농도 증가	[7]
$>700\ mg \cdot L^{-1} NH_3$		억제 작용	[8]

적응 시간이 길다는 전제 하에(1년까지) 미생물은 높은 농도의 암모니아에 적응할 수 있다. 고정층 반응조는 교반 반응조보다 훨씬 더 높은 농도에 적응할 수 있다. 이를 통해 박테리아의 나이가 적응에 중요한 역할을 한다고 결론 내릴 수 있다. 그에 따라 교반 반응조 내에 체류시간을 길게 하는 것이 억제 작용 지배를 위한 전략이라 할 수 있다.

6. 교반

소화조에서의 소화가스 생산성을 높이기 위하여 미생물과 기질이 강도 높게 접촉하여야 하며, 이는 소화조 내의 교반에 의해서 좌우된다. 소화조 내 교반이 원활하게 이루어지지 않게 되면, 미생물과 기질의 층 분리가 불가피하게 일어나게 되며, 분해 작용이 느리게 되어 소화가스 생산의 효율이 낮아지게 된다. 또한, 너무 과도한 교반이 일어나게 되면 미생물의 군집이 파괴되어 소화효율이 떨어지게 되므로 완전혼합을 위한 최적의 교반 강도를 선정하는 것이 관건이다. 교반이 원활하게 잘 이루어진다면 스컴을 제거할 수 있을 뿐 아니라 거품의 생성을 억제하고 계층화를 방지할 수 있다. 스컴이나 거품의 발생을 억제하기 위해서라도 교반은 혐기성 소화조를 설계하는 단계에서 매우 중요한 요소임에 틀림없다. 교반이 중요한 또 다른 이유는 밀폐된 공간에서 산소를 차단시키면서 소화조 내 미생물과 유기물의 접촉효율을 높여 소화효율을 향상시켜야 하기 때문이다. 교반이 잘 이루어지는지에 대한 평가방법은 소화조 내 높이에 따른 온도 및 농도의 편차, 사구역(dead space)의 비율, 비휘발성 고형물(FS)의 유입 대비 배출량 등으로 판단할 수 있다.

혐기성 소화에 관여하는 미생물은 특히, 메탄 생성균 온도에 매우 민감하다. 일반적으로 1℃/d 이상의 온도차가 발생되면 메탄 생성에 영향을 받기 때문에 0.5℃/d의 온도편차를 권장한다. 잘 설계된 소화조는 중온소화의 경우 34~36℃의 범위에서 반응이 이루어지므로 소화조 상부와 하부의 온도편차가 2℃ 이내로 유지된다면 교반효율이 안정적이라고 판단할 수 있다. 또한, 소화조 내 고형물의 농도편차가 10% 이내를 완전혼합으로 보고 있으나(소화조 효율개선 및 에너지 자원화사업 타당성 평가, 경기개발연구원), 소화조 교반의 가장 중요한 목적은 소화조 내 침전물이 퇴적되지 않고 배출되게 하여야 하므로 비중이 높아 퇴적되는 주요 물질인 FS의 배출효율이 높아야 한다고 판단된다. 일반적으로 FS는 소화조 내에서 분해되지 않기 때문에 100%가 배출되어야 하지만 일부 점도에 의하여 미생물에 부착되거나, 교반이 잘 이루어지지 않는 소화조 내에서는 퇴적되어 하부에 쌓이게 되고 상부 스컴층에 포함되기도 한다. 교반효율이 떨어지면 FS는 소화조 하부에 침전되게 된다. 따라서 반드시 하부 배출을 위한 드레인 밸브를 계획하고, 소화조 하부의 경사각을 1/12 이상 계획하여 침전물의 배출이 원활하게 이루어지도록 한다. 참고적으로 미국에서는 대부분의 경우 1/12 정도의 기울기를 요구하며, 일본에서는 원통형일 때 3/10 이상을, 그리고 계란형일 때 1/1 정도로 하고 있다.

표 3.42는 혐기성 소화조 교반효율 평가 기준 및 방법을 나타낸다.

표 3.42 소화조 교반효율 평가 기준 및 방법

구분	평가 기준	평가 방법
내부 온도	± 1℃	소화조 레벨에 따른 온도 측정
고형물 농도	± 10%	소화조 레벨에 따른 농도 측정
FS 배출량	± 2%	유입 및 배출 FS 측정
사구역 범위	< 10%	유동해석 모델링을 통한 사전평가

7. 유기물 부하율

소화조 유입 슬러지의 양은 음식물류폐기물의 특성, 전처리방법 그리고 슬러지 고형물농도에 의하여 좌우된다. 분석 자료가 없는 경우 유입 음식물류폐기물 내에 있는 부유물의 양은 일반적으로 추정될 수도 있는데, 우리나라의 경우 계절별, 지역별 차이가 크게 나타난다.

유입슬러지와 소화슬러지의 특성은 물리적 또는 화학적 측정용어로 표현될 수 있다. 물리적 특성은 함수율, 휘발성 고형물, 밀도, 색도, 액성, 소성 등을 포함하며 화학적 특성에는 질소, 인, 단백질, 탄수화물, 지방질 등의 농도가 있다. 슬러지의 특성은 음식물류폐기물 및 처리방법에 따라 변한다. 아래에 음식물류폐기물, 소화조 유입슬러지, 소화슬러지의 특성을 나타내었다.

일반적으로 소화온도 33~38℃, 소화일수 30일 정도의 중온소화에서 투입슬러지의 유기성분이 70% 이상이면 소화율은 75% 정도가 얻어진다.

음식물류폐기물의 경우에는 3 kg VS/(m^3·d)의 부하에서 약 80% 이상의 VS(휘발성 고형물질) 제거효율을 나타내고 있다. 일반적으로 유기물 부하는 습식 소화방식에서 1.5~4.0 kg VS/(m^3·d)와 2.5~5.0 kg COD_{Cr}/(m^3·d) 범위에서 형성되며, 건식 소화방식의 경우에는 2.5~5.0 kg VS/(m^3·d) 이하와 6.0 kg COD_{Cr}/(m^3·d) 이하 범위에서 형성된다. 시설 운영 시 유기물 부하율이 습식소화에서 4.0 kg VS/(m^3·d), 건식소화에서 5.0 kg VS/(m^3·d)가 초과되지 않도록 하여야 한다. 대부분의 시설에서 이 유기물 부하율을 초과할 경우 휘발성 지방산 값이 올라가고, 1주일 정도 지속되면 pH가 하락

하는 등의 현상들이 나타났다.

8. 가스발생량

메탄가스 생성률은 유기물 분해율과 혐기성 소화의 효율을 파악하는데 가장 명확한 인자이다. 소화가 원활하게 이루어지는 경우의 습윤가스, 배관 내 실온도 기준 바이오가스량은 평균 0.48 m^3 CH_4/kg VS 정도에서 나타난다. 실제 운전 시 0.5～0.6 m^3 CH_4/kg VS 이상의 가스발생량이 발현되는 경우가 많다. 따라서 최소 설계기준은 습윤가스, 배관 내 실온도 기준으로 0.48 m^3 CH_4/kg VS이고, 시설 설계기준은 0.48～0.65 Nm^3 CH_4/kg VS가 적정하다. 소화조에서 발생한 소화가스에서 습도를 제거한 건가스 기준 바이오가스량은 20～25% 정도 적어진다. 바이오가스 내에 함유된 습도는 고온 및 고압이며, 여러 가지 가스 유량계 측정 방법에 의하여 습윤가스와 건가스의 현장에서의 가스량 차이는 발생하고 있다. 정확한 폐기물의 특성에 따른 가스발생량은 BMP Test를 통하여 적정 값을 선정할 것을 권장하고, 시공 후 소화가스 저장조의 용량 부족과 같은 문제가 없도록 면밀한 검토가 필요하다. 소화가스의 성분은 소화상태에 따라 다르나 표 3.43에 나타낸 바와 같으며, 일반적인 소화가스의 메탄 함량은 55～70%로 분포한다.

표 3.43 소화가스 성분의 예(v/v %)

메탄	이산화탄소	수소	질소	황화수소
55～70	25～35	0～2	0～6	0.01～0.1

1) 바이오가스 조성

바이오가스 조성은 여러 가지 사실을 판단하는 데에 이용할 수 있다. 바이오가스의 개별 구성 요소 및 프로세스에 대해 지니는 의미를 이하에서 짧게 설명한다.

① 메탄

바이오가스에 포함된 메탄 함량은 메탄 형성 군집의 상태를 평가할 때 이용한다. 가스생산율과 관련지어 메탄생산율을 산정할 수 있다. 지속적으로 기질을 공급하는 데에도 불구하고 메탄생산율이 현저하게 떨어지면, 메탄 형성 고세균이 억제된다고 볼 수 있다. 메탄 생산성을 평가하기 위해서는 개별 발효조에 측정 지점이 있어야 한다. 메탄 농도는 적외선 센서나 열전도 센서로 측정한다. 열병합

발전소 측면에서는 가스 내 메탄 함량이 40~45% 아래로 떨어지지 않는 것이 중요하다. 40~45% 아래로 떨어지면 엔진이 바이오가스를 더 이상 활용할 수 없게 되기 때문이다. 국내 음식물류폐기물의 바이오가스 내의 메탄 함량은 55~70% 정도이다.

② 이산화탄소

이산화탄소는 가수분해/산 형성 단계에서 그리고 메탄 형성 단계에서 형성된다. 이산화탄소는 물에 녹아서 중요한 탄산수 완충제를 형성한다. 기질 조성에 변화가 없는데도 바이오가스 내 메탄/이산화탄소 비율이 떨어지면, 메탄 형성에 비해 강화된 산 형성에 원인이 있을 수 있다. 그러면 분해 프로세스 내 질량 흐름의 균형에 장애가 생긴다. 이러한 장애의 원인은 유기물 부하량의 변화 또는 메탄 형성 군락의 억제 등이 있다. 이산화탄소는 메탄과 마찬가지로 적외선 센서 또는 열전도 센서로 측정할 수 있다.

③ 산소

산소는 생물학적 탈황을 위해 제공되는 경우에 한해 적용할 수 있으며, 탈황을 위해 필요한 산소 함량을 조정하는 역할을 한다. 산소는 전기화학적 센서 및 상자성 센서로 측정할 수 있다.

④ 황화수소

열병합발전소에서는 황화수소 농도에 한계 값을 제시하는데, 이는 황화수소의 산화 반응물이 심한 부식 특성을 갖고 있기 때문이다. 따라서 황화수소를 측정하는 것은 일차적으로 열병합발전소를 보호하기 위함이다. 또한, 발전기를 통한 전기생산을 하고자 할 때 제거되어야 한다. 농도가 백분율 범위(약 20,000 ppm)일 때 황화수소 농도가 높으면 메탄 형성 고세균에 영향을 끼친다. 황화수소는 전기화학적 센서로 측정한다.

⑤ 수소

수소는 메탄 형성 프로세스에서 중요한 중간 반응물이다. 수소는 메탄으로 변환되기 전에 주로 산 형성 및 초산 형성 시에 생성된다. 바이오가스 내 수소 농도는 전기화학 센서로 간단하게 측정할 수 있다. 바이오가스 분야에서 사용되는 가스 분석기 제조업체 대부분은 모듈 방식의 기기를 제공하며, 사용자가 센서 유형 및 측정지점 개수를 선택할 수 있다. 전기화학 센서의 경우 이 센서는 "소모성"이며 예컨대 적외선 센서보다 더욱 강한 드리프트를 지닌다는 점에 유의해야 한다. 센서는 주기적으로 보정해야 한다.

9. 기질 특성 분석

공급된 기질의 양 외에 기질의 농도와 조성은 질량 평형을 위해 중요하다. 농도에 대해서는 총고형물(TS) 및 휘발성 고형분(VS)과 같은 총괄 매개변수를 사용한다. 액상 기질인 경우 화학적 산소요구량(COD)도 사용할 수 있으며, 총유기탄소(TOC)도 가끔 사용한다.

기질 내 분해 가능한 부분을 측정하는 첫 번째 단계로 수분 함량 또는 고형물 함량을 측정한다. 이를 위해 연구실에서 시료를 105℃에서 일정한 무게가 될 때까지 건조한다. 휘발성 고형분은 총괄 매개변수로서, 건조된 시료를 600℃에서 강열하여 얻는다. 강열 감량으로도 불리는 질량 손실이 휘발성 고형분으로 표시된다. 기질과 휘발성 고형분 함량을 알고 있을 때 예상되는 가스 생산량을 산정해 볼 수 있다.

시료를 강열 탄화시킬 때에 강열 잔류물이 남고, 이 잔류물이 기질 내 불활성 물질 분량이다. 모래를 많이 포함하는 기질의 경우 강열 잔류물을 이용하여 모래, 뼈 등 침전물 분량을 산정할 수 있고, 체에 걸러서 입자 크기 분포도 알 수 있다. 모래 함량은 부식을 일으키는 특성과 발효조 내에 침전을 일으켜 몇몇 기질의 경우에 중요한 인자이다.

기질의 농도에 따라서 혐기소화에서는 습식소화와 건식소화로 구분하고 있는데 독일 바이오가스화 기술지침서에 근거하여 보면 습식소화는 총고형물(TS) 12% 이하로 건식소화는 TS 15% 이상으로 구하고 있으며, 펌핑의 가능여부로 구분하고 있다.

10. 스컴 및 거품 발생

1) 스컴 발생

혐기성 소화조 관리자들이 흔히 겪는 문제 중 하나가 거품과 스컴이다. 스컴은 가스방울이 없는 경우에도 물보다 비중이 작은 물질(기름, 식물성분 등)이 부유하며 발생하는 것이며, 거품은 반드시 가스방울이 존재하는 경우에만 생성된다. 이 문제들은 주로 초기 가동단계와 유기물 과부하 시나 소화조의 균형이 맞지 않을 때 발생하게 된다. 초기 가동단계에서 휘발성 지방산 생성균의 활동은 활발하고 메탄균은 그 활동이 미약하여 휘발성 지방산이 축적되는 경우 흔히 거품이 발생한다. 하지만 약 1~2주 후면 소멸한다. 유기물 과부하 시나 소화조 내의 균형이 깨질 경우 검고 두꺼운 스컴층이 형성된다.

소화조 내에 스컴이 발생하여 수면에 스컴층을 형성하면 가스의 발생을 저해하고 소화가 억제될 뿐만 아니라 소화조의 유효용량이 감소하여 과부하상태가 될 수도 있으므로 스컴의 형성을 방지하거나 발생된 스컴층을 제거해야 한다. 스컴 방지는 스컴층의 형성을 방지하거나 파괴시키기 위해서는 다음과 같은 방법이 있다.

① 수면에 설치된 레이크(rake)나 스크루를 회전시키는 방법
② 펌프를 사용하여 상등수를 수면 상부와 하부에 설치된 노즐을 통하여 스컴층 위에 살수하는 방법
③ 소화가스를 소화조의 수면 부근에 주입하여 교반시키는 방법
④ 상부에 생성된 스컴(또는 전구물질)을 펌프 등을 이용하여 슬러지 저류조로 배출하는 방법

다만, 건식의 경우는 총고형물(TS)의 농도 최소 18% 이상으로 스컴 발생이 거의 없으므로 스컴 제거 장치를 설치하지 않아도 된다.

2) 거품 형성

바이오가스 생성 프로세스에서 생기는 거품의 정확한 원인은 알려져 있지 않다. 거품은 최적의 조건이 아닐 때에 발생한다(예컨대 부패한 사일리지, 높은 암모늄 농도와 결합된 과부하 현상). 프로세스 중에 표면에서 활동하는 중간 생성물 또는 박테리아 그룹의 농후화가 강력한 가스 형성과 결합하는 것이 원인이라고 볼 수 있다.

가스 라인이 막히거나 발효조 내 압력이 예컨대 과압력 안전장치에서 나온 거품을 밀어내면, 거품은 심각한 문제가 될 수 있다.

측정 기술을 이용해서는 다양한 충전 레벨 측정기와 조합하여 거품 형성을 파악할 수 있다. 압력 센서는 거품에 반응하지 않으나, 초음파 센서는 표면의 변화로 거품을 감지한다. 두 시스템의 차이로 거품 높이를 계산할 수 있다.

11. 기타(소화조 운전 제어)

혐기성 소화조의 원활한 운전 제어를 위하여 다음과 같은 설비들이 적용하여야 한다. 소화조는 1계열보다는 2계열로 구성하여, 1 Line 고장 시에 다른 Line를 활용하여 소화조를 운영할 수 있어야 한다.

1) 소화조 유입배관

원활한 소화를 위해서는 소화조 내에 유기물이 정량적으로 공급되어야 한다. 소화조

의 유입방식은 소화방식에 따라 크게 상부 유입 및 하부 유입으로 구분될 수 있다. 소화조 유입은 주로 펌프를 통한 정량 주입이 많이 사용되고 있지만, 배관의 막힘이나 펌프의 고장으로 정량 유입의 어려움이 발생하게 된다. 소화조 유입펌프는 예비펌프를 두어 연속운전에 문제가 없도록 할 것을 권장한다.

2) pH meter

소화조 내의 pH는 소화조 상태를 판단할 수 있는 좋은 지표로서 소화조 내부에 설치하여야 한다. 유지관리가 어려워 소화조 내부에 설치가 어려운 경우 유입부와 유출부에 설치하여 실시간으로 모니터링하는 것을 권장한다. pH meter가 현장에서 음폐수에 포함된 유분 등에 의하여 오염되어 측정 오류가 빈번하게 유발될 경우에는 샘플링하여 실험실에서 분석하여 모니터링하는 것을 권장한다. 건식의 경우는 슬러지를 샘플링 후 실험실에서 분석 후 관리할 수 있다.

3) 수위측정기

소화조 내의 수위는 일정하지 않으므로 각 소화조마다 계기판과 수위측정기로 구성된 수위 지시기가 필요하며, 압력식 측정기 사용이 권장된다. 부자식 수위계를 사용하면 부자관이 스컴으로 막히는 경우 부정확하게 될 위험이 있다. 부유식 지붕인 경우에는 수위계가 지붕의 운동에 의해 작동되며 지붕이 상단 및 하단에 도달하면 경보가 울리게 적용한다. 건식소화의 수위측정기는 초음파식 및 압력식으로 구성할 수 있다.

4) 온도측정장치

온도는 소화조의 운전상 대단히 중요한 요소이므로 상시 측정할 필요가 있으며, 이를 위해서 지시 및 기록온도계가 이용된다. 온도계는 소화조의 벽체로부터 3.3 m 이상 내부에 위치하는 것이 바람직하며 효율적인 측정을 위해 온도계의 위치를 상, 중, 하 등 3곳에 설치하는 것이 좋다.

5) 투시창

소화조 내의 액면상태를 관찰하기 위해 소화조 천장 부분에 투시창과 청소용 와이퍼, 수세노즐을 설치하여 손전등으로 조 내부를 비춰볼 수 있는 구조로 계획한다. 투시창은 소화조 압력을 버틸 수 있도록 설치하여야 한다. 다만, 건식의 경우 스컴 발생이 없는 경우가 많으므로 교반기를 별도로 설치하지 않은 공법에서는 투시창을 설치하지 않을 수 있다.

6) 시료채취장치

각각의 소화조마다 내경이 최소한도 50 cm 이상인 관을 최저수위 아래 1.0 m 정도까지 내려 소화조 내 여러 깊이로부터 상등수나 슬러지를 뽑아낼 수 있도록 한다. 슬러지의 시료채취를 위한 배관은 세척 및 배수가 편리한 장소에 설치한다.

7) 맨홀

맨홀은 소화조 내부의 점검, 수리 및 청소 등을 위하여 필요하다. 맨홀의 뚜껑은 덕타일 주철제를 사용하되 고무패킹을 한 다음 볼트로 조여서 기체가 새지 않도록 해야 한다. 소용량의 조에서는 가스돔을 맨홀과 겹치게 하기도 한다. 이때, 가스돔의 배관은 맨홀측벽에 접속시키며 맨홀 뚜껑은 단독으로 열릴 수 있는 구조로 한다. 맨홀은 소화조의 지붕에 적어도 2개 이상 설치되어야 하며 직경이 0.6 m 이상이 되어야 한다.

8) 침전물 제거

소화조 하부에 침전물의 퇴적에 따른 소화조 사공간이 발생 등으로 소화조 운전에 방해요인으로 작용하기 때문에 침전물을 주기적으로 제거할 수 있는 자동화 또는 수동장치를 설치한다.

참고문헌

1. 산업통상자원부, 도시가스사업법 시행령, (2014)
2. Jiunn-Jye, Her,, Ju-Sheng, Huang., "Influences of carbon source and C/N ratio on nitrate/nitrite denitrification and carbon breakthrough", Bioresource Technology, 54(1), pp.45-51 (1995)
3. Natuscka, M. Lee, "The different carbon sources on respiratory denitrification in biological wastewater treatment", Journal of Fermentation and Bioengineering, 82(3), pp.277-285(1996)
4. Srinandan, C. S., Glen, D'souza, "Carbon sources influence the nitrate removal activity, community structure and biofilm architecture", Bioresource Technology, 117, 292-299,

(2012)
5. McCarty, P. L., Anaerobic Waste Treatment Fundamentals, Part 2: Environmental Requirement and Control, Pub. Works (1964)
6. WPCF, Operation of Municipal Wastewater Treatment Plants, Manual of Practice, US EPA (1990)
7. McCarty, P. L., Anaerobic waste treatment Fundamentals Part 3: Toxic material and their controls, Public Works (1964)
8. McCarty, P. L., Mckinney., "Salt toxicity in anaeroic digestion", Journal water pollution control Federation, 33, pp.399～432 (1961)
9. Resch, C. et al., "Optimised anaerobic treatment of household sorted biodegradable waste and slaugtherhous waste under high organic load and nitrogen concentration in half technical scale", In conference proceedings of 4 th International symposium of anaerobic digestion of solid waste (2005)
10. Dornak, C., Mőglichkeiten der Opimierung bestehender Biogasanlagen am Beispiel Plauen/Zobes, Anaerobe biolobischen Abfallbehandlung, Tagungsband der Fachtagung (2000)
11. Kroeker, E. J., Schulte, D. D., "Anaerobic treatment process stability", J. water pollution control Federation, 51, pp.719-728 (1979)
12. Angelidaki, I. et al., "Anaerobic thermophilic digestion of manure at different ammonia loads: effect of temperature", Water Research, 28, pp.727-731 (1994)
13. Angelidaki, I and Sanders, W., "Assessment of the anaerobic biodegradability of macropollutants", Reviews in Environmental Science and Biotechnology, 3, pp.117-129 (2004)
14. EPA, Common Safety Practices for On-farm Anaerobic Digestion Systems, (2011)

4 CHAPTER

국내 가연성 폐기물 에너지화 시설의 현황 및 개선 방향

4.1 가연성 폐기물 에너지화 시설의 개요

폐기물의 처리 과정을 살펴보면 그림 4.1에 나타낸 바와 같이 물질 재활용과 에너지 재활용, 매립으로 나눌 수 있다. 폐기물은 자원순환사회 구축의 일환으로 발생 제로화, 발생원 분리배출에 의한 물질 회수, 물질선별시설을 통한 물질 회수, 물질 회수가 어려운 가연성 폐기물을 고형연료로 제조하여 열 회수, 가연성 잔재물과 고형연료 제조가 불가능한 가연성 폐기물의 소각에 의한 에너지 회수 방법이 적용되고 있으며, 최종적으로 매립처분되는 폐기물은 회분, 즉 불연성 물질에 대해서만 적용되는 흐름을 갖고 있다.

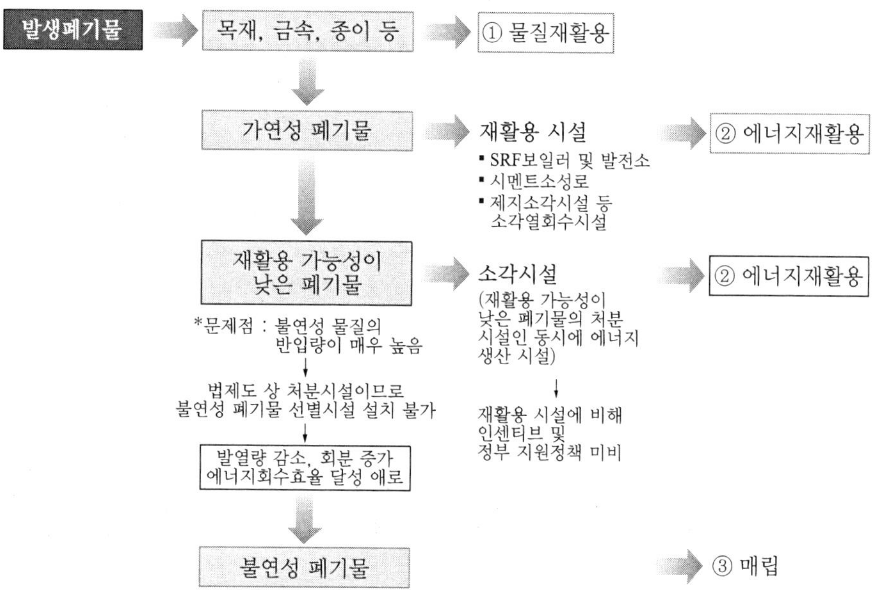

그림 4.1 폐기물의 처리 흐름에서 소각 에너지화 시설의 역할

폐기물 에너지화란 사업장 또는 생활환경에서 발생되는 가연성 폐기물 중 에너지 함량이 높은 폐기물을 열분해에 의한 오일화 기술, 성형/비성형 고형연료(SRF)의 제조 기술, 열분해/가스화에 의한 가연성 가스 제조기술과 소각에 의한 열 회수 기술 등의 공정기술을 활용하여 에너지를 생산하고, 이를 산업생산 활동이나 가정에 필요한 에너지로 이용될 수 있도록 하는 신재생에너지이다. 그림 4.2는 폐기물을 이용하여 변환에너지를 생산하는 개념을 나타낸 것이다. 폐기물로부터 얻을 수 있는 신재생에너지의 종류와 형태는 다음과 같다.[5]

- **폐기물의 소각여열** : 가연성 폐기물 소각열 회수에 의한 스팀 생산 및 발전, 시멘트 킬른 및 철광석 소성로 등의 열원으로의 이용 등
- **성형/비성형 고체연료(SRF)** : 종이, 나무, 플라스틱 등의 가연성 폐기물을 파쇄, 분리, 건조, 성형 등의 공정을 거쳐 제조된 고체연료
- **가연성 폐기물(도시고형폐기물, 플라스틱 등)의 열분해 연료유** : 플라스틱, 합성수지, 고무, 타이어 등의 고분자 폐기물을 열분해하여 생산되는 연료유
- **폐유의 정제유** : 자동차 폐윤활유 등의 폐유를 이온정제법, 열분해정제법, 감압증류법 등의 공정으로 정제하여 생산된 재생유

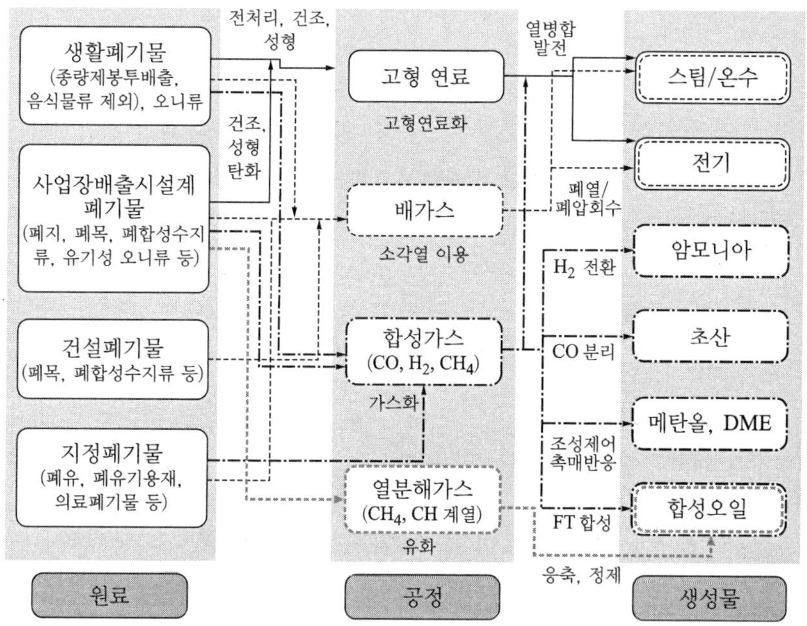

그림 4.2 폐기물의 에너지화 체계도[5,17]

특히 19세기 말부터 유럽에서 시작되어 범용적으로 이용하는 소각기술은 최종처분의 한 방법이면서 중간처리시설로서, 재활용되지 못하거나 매립지에서 생물학적 분해가 어려운 가연성 물질을 안정화처리하면서 에너지를 회수할 수 있는 방법이다. 폐기물은 조성에 따라 다르나 높은 연소온도에서 열화학적 산화 방법에 의해 이론산소요구량보다 많은 산소분위기에서 가연성분과 가연성 유해화학물질을 완전 연소 생성물인 가스상태로 전환되고, 불연성의 회분은 바닥재나 비산재의 형태인 잔류물로 바뀌게 된다.

폐기물 연소과정에서 발생되는 여열을 보일러를 사용하여 에너지를 직접 회수하는 방법인 재래식 소각시스템이 현재 가장 널리 이용되고 있지만, 다이옥신/퓨란의 발생

과 배출, 비교적 낮은 열 회수율, 소각설비의 초대형화, 바닥재와 비산재의 2차 처리가 요구되는 등의 단점이나 어려운 점이 나타나고 있다. 최근 들어서 이러한 단점을 해결할 수 있는 대기오염 제어장치가 설치되고 있고, 에너지 회수율을 높인 복합열 회수와 열 이용장치가 추가적으로 보완된 소각시스템이 보급되고 있다.

폐기물 소각시스템은 여러 목적으로 활용될 수 있는데, 소각에 의해 폐기물은 열화학적 산화분해를 통한 질량 감소(감량화)와 부피의 감소(감용화), 유기성 유해성분의 함량이 매우 낮은 멸균된 고체상 잔재물로 전환된다. 또한 소각은 환경오염 측면에서 입자상 물질, 산성가스, 미연소 성분, 미량 유기화합물 등에 의한 위험성이 존재할 수 있으므로 대기오염방지시설의 설치가 필요하다. 폐기물 중 소각방식으로 처리될 수 있는 상태를 나타내면 아래와 같다.

- 가연성 폐기물이 생물학적으로 유해할 경우
- 가연성 폐기물의 생분해가 느리고, 환경에서의 화학물질 잔류성이 큰 경우
- 휘발성이 높은 물질을 함유하고 있어 쉽게 분산되는 경우
- 매립으로 최종처분할 경우 2차 오염의 우려와 사후관리에서 안전하지 않는 경우
- 할로겐, 납, 수은, 카드뮴, 아연, 질소, 인, 황 등을 갖는 유기화합물들이 포함된 경우
- 고형연료를 생산하고 남은 가연성 물질인 경우
- 물질 선별 후 남은 가연성 물질인 경우
- 가연성 재난폐기물인 경우

4.1.1 가연성 폐기물 에너지화 시설의 활용 현황

국내에서 폐기물 소각시설이 폐기물의 안정화, 감량화, 감용화 처리 방법으로 활용되는 동시에 에너지 회수시설로 활용되기 시작한 것은 1980년대 대체에너지, 지금은 신재생에너지로 불리는 에너지 회수이다. 중대형 폐기물 소각시설의 보급이 본격적으로 이루어진 것은 1990년대 후반부터 2000년대 초반으로 소각시설의 내구연한을 고려하면 향후 5년 전후로 신규로 교체되거나 대보수 과정을 거쳐 시설의 개선이 요구된다. 이를 계기로 중대형소각로의 에너지 회수를 높일 수 있는 소각열 회수 이용 시스템의 적용이 고려되고 있다. 국내 대형소각시설의 경우에는 에너지 회수효율이 우수하여 정부의 에너지 회수정책에 실효성이 있는 것으로 평가되고 있으나, 중소형 시설(10~50톤/일)의 경우에는 에너지 회수에는 한계가 존재하고, 폐기물 에너지화 시설의 REC 부여가 0이 되는 상황일지라도 폐기물 처리 단가의 감소와 국가 에너지 자급률을 높이기 위한 방법으로 폐기물소각과정에서 발생되는 폐열을 최적/최대로 회수하여 사용할 가

치가 존재하고 있다(2019 환경백서).[23]

유럽지역에서는 소각시설에서 일차적으로 회수되는 열에너지(스팀)을 고온(약 400℃), 고압(40 bar)으로 생산하여 고온고압 스팀발전 후 배출된 스팀을 열에너지로 재활용하는 열병합발전기술을 개발하여 적용하고 있으며, 최근에 설치되어 운영되는 열병합 소각시설에서는 75～80% 이상의 에너지 회수율을 나타내고 있다. 또한 생활폐기물 소각시설의 에너지 회수와 관련한 최적가용기법(BAT) 기술을 적용하고 있다(BREF on WI (2006), CEWEP, Confederation of European Waste-to-Energy Plants).[19,20]

일본에서는 동일본대지진 이후 지방자치단체에서 설치되는 대형뿐만 아니라 중형소각로에서도 전력 생산과 함께 열을 이용할 수 있는 열병합설비를 갖추기를 권고하고 이를 국가보조금과 연계시켜 지원하고 있다. 이는 국가재난인 지진으로 장거리 전력네트워크에 의한 전력공급이 원활하지 않을 경우 지역별 자체적으로 전력을 생산할 수 있는 시설을 분산하여 설치하기 위한 것으로 판단된다.

미국 EPA(United States Environmental Protection Agency)는 연방정부 차원에서 폐열을 이용한 '열병합발전 파트너십(CHP, Combined Heat and Power partnership)'을 구축하여 왕복엔진(reciprocating engines), 연소터빈(combustion turbines), 스팀터빈(steam turbines), 마이크로터빈(microturbines), 연료전지(fuel cells) 등 패키지 열병합발전시스템(packaged CHP system) 기술에 대한 정보를 제공하여 에너지 회수 및 이용효율을 극대화하고 있다(출처: www.epa.gov/chp).[22]

세계 각국에서 통합폐기물관리체계(IWMS, Integrated Waste Management System)의 소각시설은 물질 재활용이 어려운 가연성 폐기물을 안정화시키고 에너지를 회수할 수 있으며, 매립을 최소화하기 때문에 폐기물 에너지화 시설인 소각시설을 많이 설치 운영하고 있다. 이에 우리나라의 경우에도 기존에 보유하고 있는 소각설비의 에너지 회수 장치와 대기오염방지시설을 보완하여 신규 소각시설이 도입되기 전까지 활용하도록 하고, 특히 소각시설의 효율적인 활용을 위해서 소각이 어려운 음식물쓰레기나 폐플라스틱 등은 사전에 분리수거하여 소각 시 대기오염 등 2차적인 문제의 발생이 최소화되도록 하여야 한다. 그림 4.3은 기존의 소각시설을 효율적으로 활용하고자 하는 방법론을 나타낸 것이다.

소각시설의 설치 및 운영효율을 높이기 위한 개선기술은 그림 4.4에 나타낸 바와 같이 각 발생원에서 배출된 재활용이 불가능한 가연성 폐기물을 한 장소에서 집중적인 관리 아래에서 처리될 수 있도록 하고, 스팀이나 온수를 생산하는 설비나 스팀과 전력을 복합적으로 생산할 수 있는 열 회수 시설을 설치하여 소각시설의 열 회수율을 높이고 설비의 운영 효율을 높이는 것이다. 또한 중형급 이상의 소각시설은 폐기물 매립장 또는 공단 등 열에너지 수요처 혹은 재활용시설과 연계될 수 있도록 한다. 특히 각 지방자치단체의 발생원에서 폐기물 관리에 가장 어려운 문제 중의 하나인 매립지 확보문제와 매립지 사용년한을 늘리기 위해서 재활용이 불가능한 가연성 폐기물을 소각한 후 잔재물만을 매립하는 방법으로 소각로를 활용한다.

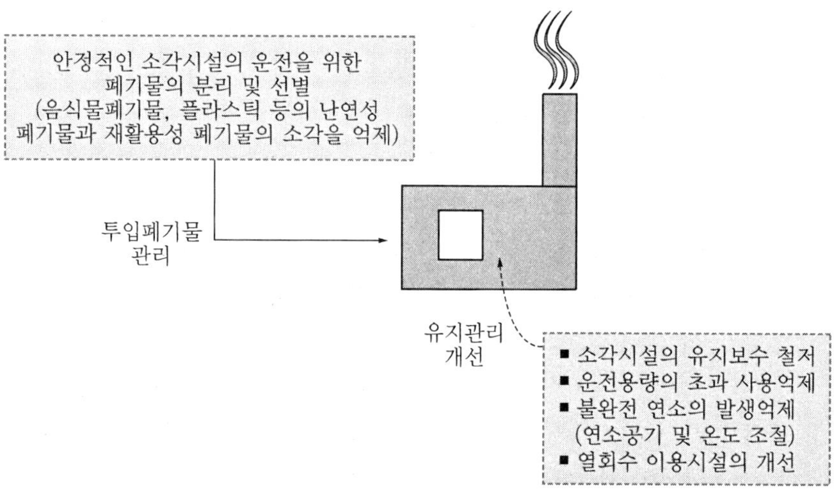

그림 4.3 기존 소각시설의 효율적인 운영 방안[9,10,11]

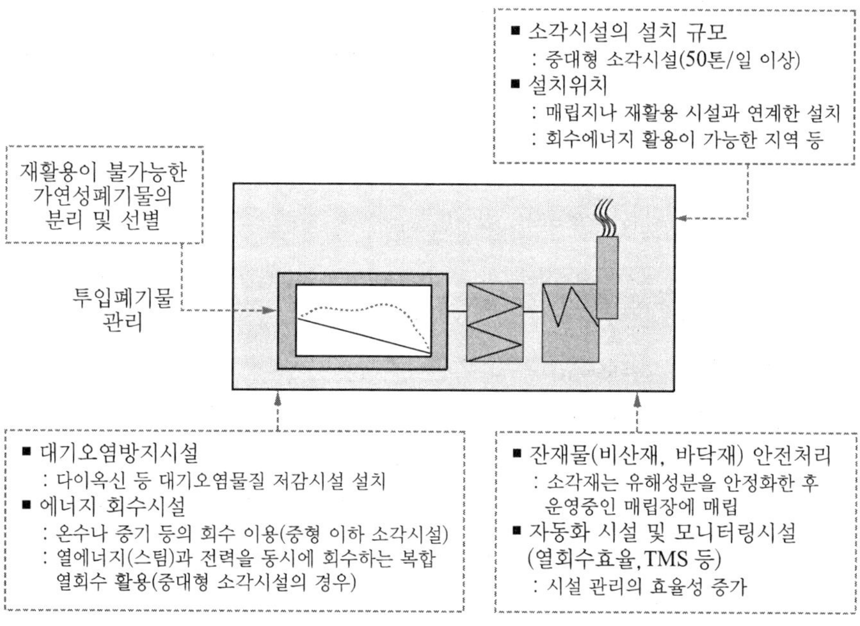

그림 4.4 소각시설의 설치 및 효율적인 운영[9,10,11]

4.1.2 폐기물 관리와 소각 에너지화 기술의 연관성

폐기물 소각기술은 폐기물의 종합관리체계에서 중간처리기술로서 활용되거나 최종 처분시설로서 사용되고 있다. 최근 우리나라뿐만 아니라 세계적으로도 'Zero Waste' 개념의 경제적인 자원순환체계 구축의 일환으로 물질 회수 재활용이 최우선으로 고려되고 있다. 물질재활용은 자원의 재순환이란 차원에 매우 중요한 환경정책 중의 하나인 것은 분명하다. 그러나 폐기물의 특성상 모든 물질을 100% 재활용하기에는 상당히 어려운 현실이다. 즉 이러한 자원순환정책의 변화 과정에서 우리나라의 경우에는 NIMBY현상이나 물질 회수를 100% 달성해야 한다는 의견으로 소각기술의 적용과 활용이 일부 축소되고 있는 경향을 보이고 있다.

표 4.1은 우리나라와 서양의 폐기물관리체계에 대한 기본적인 견해의 변화를 나타낸 것으로 농경사회의 주축이었던 20세기 이전에는 생활환경에서 발생되는 많은 폐기물과 부산물의 재활용이 이루어졌으나, 인구 증가와 재활용 방법의 한계로 폐기물의 처리가 필요하게 된 것이다.

표 4.1 시대에 따른 폐기물 처리 개념의 변화[6]

	농업사회(산업혁명 이전)	산업혁명 이후 현재
우리나라	100% 자원 (재활용, 자원순환, 열에너지)	격리 + 폐기 → IWM
서양(유럽)	격리, 폐기	IWM

주) IWM; Integrated Waste Management

폐기물의 자원순환 과정에서 소각과 매립의 관계는 그림 4.5에 나타낸 바와 같이 폐자원의 활용을 어떻게 할 것인가? 비용이나 사회적 여건에 따라 최적의 방법은 무엇인가를 고려하여 통합폐기물관리체계에서 소각기술이 적절히 활용되어야 한다. 즉 앞에서도 언급한 바와 같이 소각처리 후 발생되는 열을 회수하여 에너지로 활용하는 소각에너지화 시설은 물질재활용 후 남은 가연성 부산물이나 유해성분 등의 불순물이 혼합되어 물질재활용이 불가능한 가연성 폐기물, 물질재활용을 위해 투입되는 비용이 소각에너지화 하는 비용보다 큰 가연성 폐기물 등에 적용하는 것이 매우 합리적이라고 판단된다.

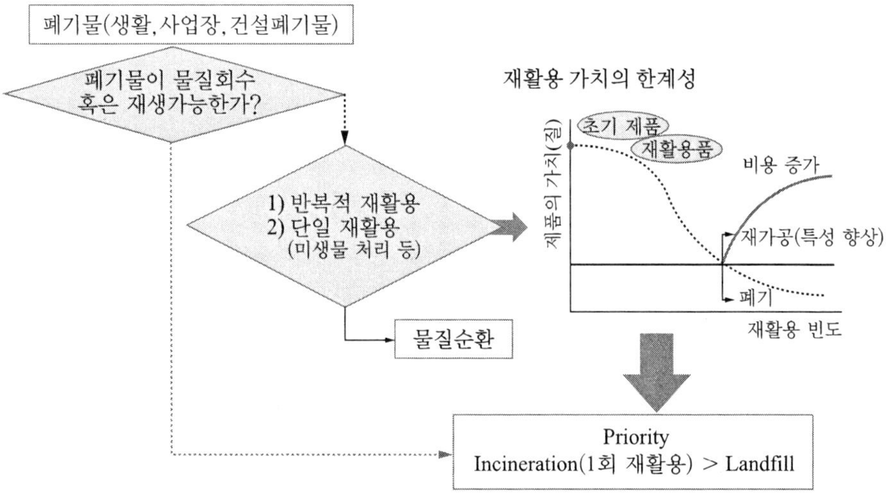

그림 4.5 폐기물의 물질순환과 소각, 매립의 관계[6,7,8]

표 4.2 폐기물 관리 단계별 기술적 요소와 목표의 지향점 분석[6]

단계 / 관점	발생원 분리 (물질 회수)	물질재활용 (선별, 재생)	소각 (열 회수)	매립
정책 및 관리시스템	Max.	Max.	Optimization	Min.
물질 회수	Max. < Opti.	Max.	-	-
에너지 회수	-	-	Max.	Max.
2차 환경오염	-	Residue, Odor, Noise, Dust, WW.	Residue, AP, Odor, WW.	LL, Odor, Dust
정책 운영 방향	1	2	3	4

주) WW; waste water, LL; landfill leachate, AP; air pollution

표 4.2는 폐기물의 자원순환사회 구축에서 활용되고 있는 각 단계별 기술적 요소와 핵심 지향점을 비교 분석한 것으로 기술적인 요소를 어떻게 활용해야 하는지를 잘 보여주고 있다. 폐기물 정책과 관리시스템에서는 발생원 물질분리 회수와 재활용 사업장의 선별 회수가 최대 효율 혹은 최적화를 가질 수 있도록 정책을 수립하여 시행해야 하고, 매립을 최소화해야 한다. 발생원에서의 분리 배출과 물질 회수는 제품의 디자인과 제조과정, 재료의 활용 등에 영향을 받으므로 그 여건에 맞는 최적화된 분리배출이 필요하다. 열 회수 이용시설이 설치된 소각시설의 경우에는 정책 및 관리시스템 차원에서 폐기물의 안정적 관리를 위해 최적 혹은 적정규모의 설비를 보급하여 운영할 필요성이 존재한다. 최근 설치 운영되고 있는 소각 에너지화 시설의 경우 유럽에서는 70~80% 이상의 에너지 회수율을 갖고 있으며, 전력생산효율은 화력발전소나 바이오매스

발전의 효율과 유사한 30% 정도를 보이고 있다. 우리나라의 경우에도 75% 이상의 에너지 회수율을 갖는 대형 생활쓰레기 시설을 활용하고, 소각 에너지화 시설의 규모를 최적화함으로서 다양한 사회적 여건에 따른 폐기물 처리 흐름에서 병목현상이 발생되는 문제점을 해결해야 할 것으로 판단된다.

따라서 폐기물을 최소화하기 위한 폐기물관리의 우선순위, 즉 폐기물의 감량(reduction) > 재이용(reuse) > 재활용(recycling) > 소각(incineration) > 매립(landfill)의 순위를 견지할 수 있도록 통합폐기물관리시스템(Integrated Waste Management System, IWMS)의 효율적인 운영체계 활용이 중요하다. 결과적으로 폐기물 소각시설의 설치와 확충에 대한 기본적인 개념은 효율적인 통합폐기물관리시스템을 전제로 다음과 같이 운영할 필요성이 존재한다.[5,9,10,11]

1) 소각 폐기물 최적화(Optimization)와 최소화(Minimization)

"재활용 - 소각 - 매립"을 유기적으로 조합하여 재활용을 극대화하고, 소각 폐기물의 경우 최적화와 최소화를 고려하아야 하며, 매립폐기물을 최소화하는 폐기물처리시설을 설치하여 환경비용을 최소화하는 방향

2) NIMBY현상과 지역주의의 극복

폐기물처리시설이 혐오시설이 아닌『폐기물 에너지 회수와 안전한 자원 회수 공장』이며, 필수불가결한 사회 간접자본이라는 인식을 확인시켜 NIMBY현상을 해소하고 폐기물 에너지화 시설을 설치하여 에너지를 회수하여 활용할 수 있는 방법을 적용함[즉 소각로의 경우 에너지 회수를 최대화로 유도하면서 동시에 환경오염(대기오염물질)을 일차적으로 최대로 저감시키고, 잔재물의 매립량을 줄이는 역할을 부여함].

3) 안정적인 소각 에너지화 시스템 설치 및 운영

복합적이며 종합적인 처리개념을 가지고 소각 에너지화 시설을 운영하며, 소규모의 설비 설치보다는 중규모 이상의 소각시설을 설치 운영하고 2차 오염제어시설과 열 회수 및 이용 시설이 구축된 완전한 소각열 에너지화 시스템을 설치 운영.

4.2 가연성 폐기물의 에너지화 기술의 적용 현황

4.2.1 국내 소각시설의 운영 현황

우리나라의 경우 1986년 서울 목동소각로를 시작으로 현대화 시설로서 소각시설이 도입되기 시작하였다. 그림 4.6은 연도별 폐기물 에너지화 시설의 공급형태를 나타낸 것으로 환경정책의 변화에 따라 폐기물 에너지화 시설의 변동성이 연계되어 있다. 이러한 소각 에너지화 시설의 변동성은 폐기물정책과 NIMBY현상, 폐기물 처리 관련 시민단체의 견해에 영향을 크게 받았다.

특히 1990년대 중반에 소형소각로의 보급이 크게 확대되었는데 이는 폐기물의 발생이 급격히 증가하고 종량제 시행을 앞두고 발생원에서 자체처리를 확대하기 위해서 보급이 촉진되었다. 그러나 소형소각로에서의 다이옥신 등의 배출량이 높게 나타나 소형소각로의 보급이 급격히 감소하였다. 이후 중대형소각로의 설치 비율이 높아지는 동시에 다이옥신과 퓨란 등의 유해성분의 배출이 낮은 열적처리기술의 도입과 보급하는 방향으로 전환하여 열분해가스화 용융설비의 보급이 2000년 초반부터 시작되었다. 그러나 이러한 열분해가스화 용융시설의 운전의 어려움과 비용효과, 소각에 비해 기술적 우위를 갖는 이점이 다소 부족하여 보급이 정체상태에 있다.

최근에 들어서는 Zero Waste(폐기물 제로화)의 개념 아래에서 물질 회수와 자원순환에 정책방향이 맞추어지고, 소각부담금 제도의 도입으로 소각 에너지화 시설의 설치와 운영이 축소되고 있다. 그러나 자원순환과정에서 폐기물의 물질 회수와 고형연료의

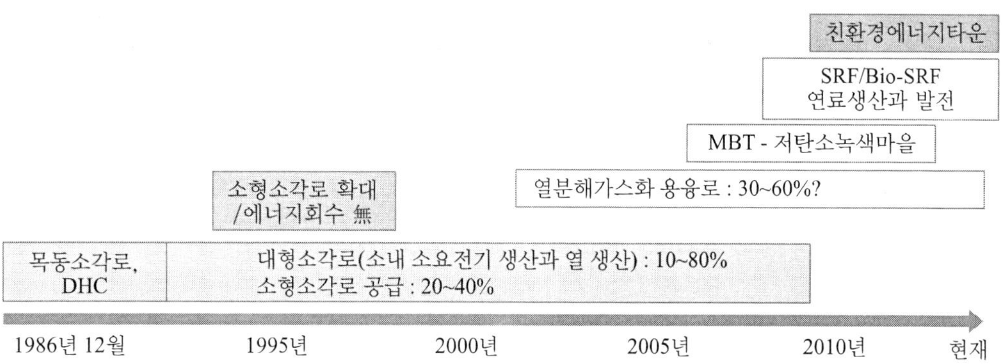

그림 4.6 연도별 폐기물 에너지화 시설의 공급형태 변화[6,8]

생산과 활용에서 일부 물질흐름의 병목현상이 발생하여 방치폐기물이 발생되고, 수해로 인한 재난폐기물의 발생과 처리, 코로나 사태로 인한 물질 회수와 자원재활용의 한계점이 대두되면서 재활용이 불가능한 가연성 폐기물의 소각 에너지화 방안이 다시 주목받고 있다.

2018년 기준으로 생활 및 사업장폐기물 소각시설은 총 382개소이며, 시설용량은 1일 31,962톤으로 '06년 1월 1일부터 시간당 소각능력 25 kg 이상 200 kg 미만의 소각시설도 다이옥신 배출기준 적용을 받게 됨에 따라 해당 소각시설의 운영정지와 폐쇄가 이루어져 소각시설은 '11년도 611개소, '12년도 552개소, '13년도 502개소, '14년도 478개소, '15년도 453개소, '16년도 419개소, '17년도 395개소, '18년도 382개소로 지속적으로 감소하고 있다.[1,2,23]

표 4.4와 표 4.5는 각각 2018년 지자체에서 운영하는 생활폐기물 소각시설과 2019년 중간처리업 혹은 최종처리업에서 운영하고 있는 소각시설의 현황으로 소각로의 용량과 소각방식, 운영방식, 그리고 운영시작년도 등을 나타낸 것이다. 이를 기반으로 현재 활용되고 있는 소각시설의 특징을 분석하면 다음 절에 나타낸 바와 같다.

표 4.3 2018년 기준의 생활 및 사업장폐기물 소각시설의 운영 현황[2]

구 분	시설수(개소)	시설용량(톤/일)
계	382	31,962
자치단체	178	17,124
자가처리	136	6,523
처분업체	68	8,315

표 4.4 2018년 기준의 생활 및 사업장폐기물 소각시설의 특징[2]

2018년 시설 운영기준		시설 용량 (톤/일)	1일평균 가동 시간	소각 방식	운영 방식	2018년 처리량 (톤)	사용 시작일 (년.월.일.)	에너지 발생량 (Gcal)
1	서울 노원구	800	24	화격자식	연속식	180,852	1997.04.28.	333,313
2	서울 은평구	48	24	용융	연속식	14,963	2009.02.27.	32,986
3	서울 마포구	750	24	화격자식	연속식	180,002	2005.06.01.	456,226
4	서울 양천구	400	24	화격자식	연속식	110,724	1996.03.14	213,856
5	서울 강남구	900	24	화격자식	연속식	259,113	2002.02.15.	552,824
6	부산 해운대구	170	24	화격자식	연속식	52,215	1996.09.25.	94,430
7	부산 강서구	340	24	화격자식	연속식	102,886	2003.10.16.	256,568
8	대구 달서구	480	24	화격자식	연속식	89,394	1993.01.06. (1호기) 1998.09.26. (2, 3호기)	194,512

2018년 시설 운영기준		시설 용량 (톤/일)	1일평균 가동 시간	소각 방식	운영 방식	2018년 처리량 (톤)	사용 시작일 (년.월.일.)	에너지 발생량 (Gcal)
9	인천 연수구	540	24	화격자식	연속식	149,744	2006.07.01.	291,776
10	인천 서구	420	24	화격자식	연속식	118,797	2001.12.31.	283,670
11	강화군	25	0	화격자식	연속식	0	2002.10.14.	0
12	옹진군1	4	8	고정상식	회분식	283	2005.07.05.	0
13	옹진군2	1	8	화격자식	회분식	13	2006.12.27.	0
14	옹진군3	4	8	화격자식	회분식	751	2009.01.21.	0
15	옹진군4	2	8	화격자식	회분식	271	2010.03.23.	0
16	옹진군5	1	8	화격자식	회분식	25	2006.10.16.	0
17	옹진군6	1	0	고정상식	회분식	0	2006.02.20.	0
18	대덕구	320	24	화격자식	연속식	88,599	1998.11.01. 2005.05.18.	228,518
19	남구	650	24	화격자식	연속식	179,823	2000.05.20. 2012.10.15.	375,495
20	세종시	45	24	화격자식	연속식	12,986	2009.07.24.	23,604
21	수원시	600	24	화격자식	연속식	165,873	1999.10.28.	395,526
22	고양시	300	24	용융	연속식	60,848	2010.04.01.	157,426
23	성남시1	600	24	화격자식	연속식	124,970	1998.10.08.	390,073
24	성남시2	90	24	용융	연속식	18,474	2009.05.01.	40,188
25	용인시1	300	24	화격자식	연속식	63,772	1993.03.15.	162,821
26	용인시2	70	24	유동상식	연속식	25,707	2000.05.01.	36,070
27	부천시	300	24	화격자식	연속식	73,668	2000.10.13.	0
28	안산시	200	24	화격자식	연속식	60,760	2001.04.06.	166,241
29	남양주시	52	24	용융	연속식	14,930	2014.01.01.	43,467
30	안양시	200	24	화격자식	연속식	61,802	1994.04.28.	110,656
31	화성시	300	24	기타	연속식	75,758	2010.04.27.	150,275
32	평택시	30	24	화격자식	연속식	6,807	2001.05.16.	6,449
33	의정부시	200	24	화격자식	연속식	58,587	2001.11.10.	147,129
34	파주시1	200	24	화격자식	연속식	40,859	2002.07.08. 2003.02.13.	135,393
35	파주시2	60	24	용융	연속식	23,142	2011.10.07.	65,588
36	김포시	84	24	용융	연속식	23,920	2013.09.01.	73,224
37	광명시	300	24	화격자식	연속식	82,707	1999.02.01.	170,492
38	군포시	200	24	화격자식	연속식	45,372	2001.06.12.	119,583
39	이천시	300	24	화격자식	연속식	82,541	2008.08.05.	220,423
40	양주시	200	24	용융	연속식	52,997	2009.12.11.	129,285
41	안성시	50	24	화격자식	연속식	13,398	2005.06.23.	23,674
42	구리시	200	24	화격자식	연속식	48,956	2001.10.12.	0
43	포천시	80	24	화격자식	연속식	23,578	2009.08.07.	40,608
44	하남시	48	24	화격자식	연속식	15,973	2014.03.27.	40,566
45	과천시	80	24	화격자식	연속식	22,985	1999.12.07.	57,635
46	연천군	40	24	화격자식	연속식	9,030	2012.04.20.	15,513
47	춘천시	170	24	화격자식	연속식	51,328	2011.09.01.	147,689
48	태백시	50	24	화격자식	연속식	15,856	2012.01.16.	29,554
49	속초시	80	24	화격자식	연속식	26,168	2011.01.01.	0
50	홍천군1	12	16	화격자식	준연속식	0	2003.02.12.	0

2018년 시설 운영기준		시설 용량 (톤/일)	1일평균 가동 시간	소각 방식	운영 방식	2018년 처리량 (톤)	사용 시작일 (년.월.일.)	에너지 발생량 (Gcal)
51	홍천군2	30	24	화격자식	연속식	12,301	2010.10.01.	0
52	횡성군	29	24	열분해	연속식	5,794	2005.12.30.	0
53	영월군	18	24	화격자식	연속식	4,445	2004.11.13.	26
54	평창군	20	24	열분해	연속식	3,656	2008.02.05.	0
55	정선군	10	16	화격자식	준연속식	1,295	2005.11.28.	0
56	철원군	20	24	화격자식	연속식	4,818	2007.06.19.	0
57	화천군	30	24	화격자식	연속식	5,039	2002.07.01.	0
58	양구군	23	24	화격자식	연속식	2,755	2007.12.31.	0
59	인제군	30	24	화격자식	연속식	2,980	2002.11.01.	0
60	고성군	25	24	화격자식	연속식	1,600	2003.11.01.	1,440
61	양양군	30	24	화격자식	연속식	9,027	2008.07.11.	0
62	청주시1	200	24	화격자식	연속식	63,032	2009.04.01.	176,574
63	청주시2	200	24	화격자식	연속식	57,313	2015.07.01.	148,045
64	충주시	100	24	화격자식	연속식	31,314	2010.08.31.	69,103
65	제천시	50	24	화격자식	연속식	12,254	2008.04.01.	20,626
66	보은군	20	24	화격자식	연속식	7,515	2015.06.01.	0
67	옥천군	30	24	화격자식	연속식	10,721	2007.04.16.	14,853
68	영동군	20	24	화격자식	연속식	8,494	2010.01.13.	0
69	증평군	12	20	화격자식	준연속식	2,339	2006.05.16.	0
70	괴산군	8	6	화격자식	회분식	0	1999.01.04.	0
71	음성군	50	24	화격자식	연속식	16,394	2011.05.12.	30,592
72	단양군	19	10	화격자식	준연속식	4,354	2002.04.16.	0
73	천안시	320	24	화격자식	연속식	86,543	2001.11.11.	112,974
74	천안시	250	24	화격자식	연속식	73,604	2015.09.15.	128,522
75	공주시	50	24	화격자식	연속식	17,853	2001.05.14.	40,446
76	보령시	50	24	화격자식	연속식	20,244	2006.08.31.	7,965
77	아산시	200	24	화격자식	연속식	64,766	2011.06.15.	178,504
78	논산시	50	24	화격자식	연속식	11,640	2006.05.08.	16,145
79	계룡시	31	24	열분해	연속식	8,795	2006.08.05.	0
80	서천군	30	24	화격자식	연속식	10,175	2015.12.28.	0
81	청양군	15	24	화격자식	연속식	3,681	2004.02.04.	0
82	예산군	40	24	화격자식	연속식	12,107	2005.12.13.	13,370
83	태안군	45	24	화격자식	연속식	10,067	2003.06.20.	12,072
84	전주시	400	24	화격자식	연속식	106,722	2006.09.29.	269,448
85	익산시	200	24	화격자식	연속식	55,800	2009.09.22.	154,826
86	장수군	12	24	화격자식	연속식	3,506	2017.08.01.	0
87	여수시1	100	24	고정상식	연속식	27,733	2010.10.06.	67,692
88	여수시2	1	4	고정상식	회분식	29	2008.03.06.	0
89	여수시3	1	4	고정상식	회분식	182	2011.05.11.	0
90	여수시4	1	4	고정상식	회분식	38	2012.03.18.	0
91	여수시5	1	4	고정상식	회분식	33	2014.04.08.	0
92	여수시6	1	4	고정상식	회분식	45	2015.01.26.	0
93	담양군	27	23	화격자식	연속식	9,040	2001.01.09.	4,548
94	고흥군1	15	24	화격자식	연속식	4,540	2014.01.01.	0
95	고흥군2	30	24	화격자식	연속식	6,469	2008.07.24.	6,917

2018년 시설 운영기준		시설 용량 (톤/일)	1일평균 가동 시간	소각 방식	운영 방식	2018년 처리량 (톤)	사용 시작일 (년.월.일.)	에너지 발생량 (Gcal)
96	고흥군3	0	4	화격자식	회분식	3	2015.12.31.	0
97	보성군1	20	24	열분해	연속식	2,160	2001.06.21.	4,548
98	보성군2	20	24	열분해	연속식	2,362	2007.05.15.	843
99	장흥군	20	24	화격자식	연속식	2,895	2009.08.10.	263
100	강진군	20	24	열분해	연속식	3,608	2006.07.19.	9,772
101	해남군1	25	24	열분해	연속식	4,588	2004.10.28.	0
102	해남군2	0	4	고정상식	회분식	7	2014.07.24.	0
103	영암군	30	24	화격자식	연속식	9,194	2009.10.26.	2,026
104	무안군	45	24	화격자식	연속식	12,088	2008.07.01.	18,087
105	영광군	20	24	화격자식	연속식	6,274	2007.10.12.	0
106	장성군	23	24	화격자식	연속식	7,367	2008.01.20.	4,887
107	완도군1	25	24	화격자식	연속식	7,619	2011.04.27.	0
108	완도군2	2	8	화격자식	연속식	450	2014.07.30.	0
109	완도군3	2	8	고정상식	회분식	1,360	2014.06.09.	0
110	완도군4	2	8	고정상식	회분식	330	2016.03.23.	0
111	완도군5	2	8	고정상식	회분식	0	2005.09.28.	0
112	완도군6	2	8	고정상식	회분식	440	2004.02.25.	0
113	완도군7	2	8	화격자식	연속식	940	2014.07.30.	0
114	완도군8	2	8	화격자식	연속식	560	2016.03.21.	0
115	완도군9	2	8	화격자식	연속식	475	2017.09.29.	0
116	완도군10	2	8	화격자식	연속식	680	2017.05.25.	0
117	완도군11	2	8	화격자식	연속식	80	2017.09.08.	0
118	진도군1	30	24	화격자식	연속식	6,528	2006.12.04.	0
119	진도군2	2	8	화격자식	준연속식	379	2005.02.14.	0
120	진도군3	0	4	기타	회분식	33	2012.02.08.	0
121	진도군4	0	4	기타	회분식	43	2012.12.16.	0
122	신안군1	2	8	화격자식	회분식	216	2018.01.23.	0
123	신안군2	0	4	화격자식	회분식	3	2005.10.10.	0
124	신안군3	1	8	화격자식	회분식	237	2003.01.16.	0
125	신안군4	2	8	화격자식	회분식	68	2018.08.10.	0
126	신안군5	2	8	화격자식	회분식	197	2010.06.18.	0
127	신안군6	1	8	화격자식	회분식	128	2005.10.10.	0
128	신안군7	1	8	화격자식	회분식	195	2003.09.26.	0
129	신안군8	2	8	화격자식	회분식	224	2009.11.16.	0
130	신안군9	5	10	화격자식	준연속식	233	2014.05.16.	0
131	신안군10	2	8	화격자식	회분식	0	2009.01.15.	0
132	신안군11	0	4	화격자식	회분식	23	2004.04.01.	0
133	신안군12	0	4	화격자식	회분식	11	2005.10.10.	0
134	신안군13	0	4	화격자식	회분식	20	2011.10.10.	0
135	신안군14	0	4	화격자식	회분식	9	2007.06.21.	0
136	신안군15	1	8	화격자식	회분식	114	2005.10.10.	0
137	신안군16	1	8	화격자식	회분식	134	2013.02.26.	0
138	신안군17	1	8	화격자식	회분식	80	1999.05.04.	0
139	신안군18	1	8	화격자식	회분식	187	2015.01.06.	0
140	신안군19	1	8	화격자식	회분식	188	2017.03.24.	0

2018년 시설 운영기준		시설 용량 (톤/일)	1일평균 가동 시간	소각 방식	운영 방식	2018년 처리량 (톤)	사용 시작일 (년.월.일.)	에너지 발생량 (Gcal)
141	경주시	200	24	화격자식	연속식	55,262	2012.10.24.	115,704
142	김천시	48	24	화격자식	연속식	22,048	2008.01.01.	21,202
143	구미시	200	24	화격자식	연속식	64,604	2011.01.01.	177,629
144	상주시	48	24	화격자식	연속식	12,543	2002.05.21.	0
145	문경시	36	24	화격자식	연속식	15,516	2009.08.14.	24,000
146	경산시1	19	0	열분해	준연속식	0	1999.05.17.	0
147	경산시2	100	24	화격자식	연속식	32,838	2015.07.03.	80,190
148	의성군	15	24	화격자식	연속식	4,764	2009.02.10.	2,834
149	영양군	5	4	화격자식	준연속식	498	2006.01.16.	0
150	영덕군	20	24	화격자식	연속식	6,046	2008.09.29.	0
151	청도군	19	24	화격자식	연속식	3,666	2002.05.01.	0
152	고령군	16	24	화격자식	연속식	4,975	2014.07.01.	475
153	성주군	25	24	화격자식	연속식	7,068	2010.05.10.	10,802
154	칠곡군	23	24	화격자식	연속식	6,737	2004.04.01.	0
155	봉화군	5	8	고정상식	회분식	0	2003.11.18.	0
156	울진군	19	24	화격자식	연속식	5,675	2004.02.02.	0
157	울진군	16	24	화격자식	연속식	5,475	2010.03.10.	0
158	울릉군	16	24	화격자식	연속식	3,386	2016.03.03.	5,839
159	창원시	400	24	화격자식	연속식	106,536	1995.04.11. (2013.07.30.) 2000.04.12.	246,761
160	창원시	200	24	화격자식	연속식	53,861	2009.10.26.	125,799
161	창원시	50	24	화격자식	연속식	8,580	2005.09.06.	22,379
162	통영시	50	24	화격자식	연속식	14,974	2003.04.02.	59,082
163	통영시	48	24	화격자식	연속식	15,390	2015.01.21.	0
164	사천시	48	24	화격자식	연속식	16,306	2012.04.12.	25,303
165	김해시	150	24	화격자식	연속식	48,759	2001.06.07.	120,356
166	밀양시	50	24	화격자식	연속식	14,910	2004.05.01.	28,530
167	거제시	200	24	화격자식	연속식	72,107	2012.01.01.	138,908
168	양산시	160	24	열분해	연속식	35,111	2008.02.01.	61,107
169	함안군	40	24	유동상식	연속식	14,093	2010.03.12.	20,247
170	창녕군	30	24	화격자식	연속식	8,027	2011.05.16.	577
171	고성군	24	24	화격자식	연속식	5,139	2003.02.05.	22,665
172	하동군	19	24	화격자식	연속식	3,854	2004.09.01.	0
173	산청군	15	24	화격자식	준연속식	2,736	2009.01.19.	8,207
174	함양군	20	24	화격자식	연속식	5,192	2014.01.02.	0
175	거창군	30	24	열분해	연속식	9,636	2008.02.29.	9,786
176	합천군	20	24	열분해	연속식	3,830	2008.08.18.	0
177	제주시	200	24	유동상식	연속식	47,327	2003.04.03.	90,303
178	제주시	1	6	화격자식	회분식	13	2006.11.20.	0
179	제주시	3	8	화격자식	회분식	504	2012.05.01.	0
180	제주시	2	8	화격자식	회분식	268	2012.02.28.	0
181	서귀포시	70	24	유동상식	연속식	18,913	2004.01.12.	32,703

표 4.5는 2019년 기준으로 사업장폐기물 소각시설의 소각대상폐기물과 소각로 형식, 처리용량과 소각량을 나타낸 것으로 그 특성은 다음 절에서 설명된다. 전문기업에서 운영하고 있는 소각 에너지화 시설은 대부분 사업장일반폐기물과 지정폐기물을 소각하는 시설로서 71개 업체에서 하루 7,831톤을 소각처리할 수 있는 능력을 갖추고 있으며, 최근에 소각량의 급격한 증가는 설계용량 범위 내에는 해당하지만 기준용량의 110~130%까지 초과하여 설계된 최대용량으로 소각처리하고 있다.

표 4.5 2019년 기준으로 전국에서 운영 중인 소각전문기업의 소각 에너지화 시설의 특징[12]

업체명	소각 방식	소각 대상 폐기물	소각 용량 (톤/시)	소각 용량 (톤/일)	시설 형식
A	일반	지정	1.5	36.00	스토커
B	고온	일반+지정	0.5	176.40	스토커
	일반	일반+지정	3		스토커
	일반	일반+지정	3.85		RK+stoker
C	일반	일반+지정	1.2	97.68	스토커
	일반	일반+지정	1.2		스토커
	고온	일반+지정	1.27		스토커
	고온	일반+지정	0.4		RK+stoker
D	일반	일반+지정	1.83	119.35	스토커
	고온	일반+지정	3.143		RK+stoker
E	일반	일반+지정	2	126.00	스토커
	일반	일반+지정	3.25		스토커
F	고온	일반+지정	3.9	285.60	RK+stoker
	일반	일반+지정	4		스토커
	일반	일반+지정	4		스토커

업체명	소각 방식	소각 대상 폐기물	소각 용량 (톤/시)	소각 용량 (톤/일)	시설 형식
HH	일반	일반	1.95	93.60	스토커
	일반		1.95		스토커
II	일반	일반	3.25	78.00	스토커
JJ	일반		2	48.00	스토커
KK	일반		3.95	94.80	스토커
LL	일반	일반+지정	3.8	91.20	스토커
MM	일반	일반	3	72.00	스토커
NN	일반	일반	3	72.00	스토커
OO	고온	일반+지정	2	98.40	RK+stoker
	일반	일반+지정	2.1		유동상
PP	일반	일반+지정	3.5	84.00	유동상
QQ	고온	일반+지정	2.2	124.80	RK+stoker
	일반	일반+지정	3		스토커
RR	일반		1.2	28.80	스토커
SS	일반		3.5	84.00	스토커

업체명	소각 방식	소각 대상 폐기물	소각 용량 (톤/시)	소각 용량 (톤/일)	시설 형식
G	일반	일반	4.167	200.02	RK+stoker
	일반	일반	4.167		RK+stoker
H	일반	일반+지정	1.5	96.00	RK+stoker
	일반	일반+지정	2.5		스토커
I	고온		2	96.00	스토커
	일반		2		스토커
J	고온	일반+지정	3.542	277.01	RK+stoker
	일반	일반+지정	4		스토커
	일반	일반+지정	4		스토커
K	일반		1	24.00	스토커
L	일반		2.6	62.40	스토커
M	일반	일반	2	48.00	스토커
N	일반	일반	2	48.00	스토커
O	일반	일반	2.92	70.08	스토커
P	일반	일반	3	72.00	스토커
Q	일반	일반+지정	2	96.00	스토커
	일반	일반+지정	2		RK+stoker
R	일반	일반+지정	1.25	150.00	스토커
	고온	일반+지정	2		RK+stoker
	일반	일반+지정	3		스토커
S	일반	일반	3	144.00	유동상
	일반	일반	3		유동상

업체명	소각 방식	소각 대상 폐기물	소각 용량 (톤/시)	소각 용량 (톤/일)	시설 형식
TT	일반	일반	1.5	36.00	스토커
UU	일반	일반	3	72.00	스토커
WW	일반	일반+지정	3	264.00	RK+stoker
	일반	일반+지정	3		RK+stoker
	일반	일반+지정	5		스토커
XX	일반	일반	2.5	60.00	스토커
ZZ	일반	일반	3.8	91.20	스토커
A1	일반	일반+지정	2.6	62.40	RK+stoker
B1	고온	지정	2.5	60.00	로터리 킬른
C1	일반		4	96.00	스토커
D1	일반	일반+지정	1.7	88.80	스토커
	일반	일반+지정	2		스토커
E1	일반		3.5	84.00	스토커
F1	일반	일반	1.25	30.00	스토커
G1	일반		2	48.00	스토커
H1	일반	일반+지정	2.5	60.00	스토커
J1	고온	일반+지정	3.49	155.76	RK+stoker
	고온	일반+지정	3		RK+stoker
K1	고온	일반+지정	1	190.80	RK+stoker
	일반	일반+지정	3.95		스토커
	일반	일반+지정	3		스토커
L1	일반		0.4	9.60	고정화 격자

업체명	소각 방식	소각 대상 폐기물	소각 용량 (톤/시)	소각 용량 (톤/일)	시설 형식
T	일반	일반+지정	3.35	80.40	RK+stoker
U	일반	일반+지정	4	96.00	스토커
W	일반	일반	1.85	44.40	스토커
X	일반	일반+지정	2	196.32	RK+stoker
	일반	일반	3		스토커
	고온	일반+지정	3.18		RK+stoker
Y	일반	일반	2	96.00	스토커
	일반	일반	2		스토커
Z	일반	일반+지정	2.5	60.00	스토커
AA	일반	일반	1	96.00	스토커
	일반	일반+지정	3		스토커
BB	일반	일반+지정	3.5	84.00	스토커
CC	일반	일반	3	72.00	스토커
DD	일반		3.75	90.00	스토커
EE	-		3	72.00	스토커
FF	일반	일반	2	99.84	스토커
	일반	일반	2.16		스토커
GG	일반	일반	4.5	352.80	스토커
	일반	일반	3		스토커
	일반	일반	7.2		스토커

업체명	소각 방식	소각 대상 폐기물	소각 용량 (톤/시)	소각 용량 (톤/일)	시설 형식
M1	일반	일반	3	72.00	스토커
N1	일반	일반+지정	2.5	60.00	유동상
O1	일반	일반	3.9	93.60	스토커
P1	일반	일반+지정	6.25	300.00	로터리킬른
	일반	일반+지정	6.25		로터리킬른
Q1	일반	일반+지정	2	48.00	스토커
R1	고온	일반+지정	2	120.00	스토커
	고온	일반+지정	3		RK+stoker
S1	고온	일반+지정	6.25	463.01	로터리킬른
	고온	일반+지정	6.25		로터리킬른
	일반	일반	6.792		스토커
T1	일반	일반+지정	1.4	79.20	스토커
	고온	일반+지정	1.9		로터리킬른
U1	고온	일반+지정	1.95	94.80	RK+stoker
	일반	일반+지정	2		스토커
X1	일반		15.417	370.00	스토커
Y1	-	일반+지정	3.8	91.20	스토커

전체소각용량(톤/일) = 7,834.1
전체업체수 = 71

4.2.2 국내 생활폐기물 소각시설의 특징

그림 4.7은 생활폐기물 소각시설의 운영개시일을 기준으로 5년 단위로 시설의 보급 현황을 살펴본 것이다. 대형소각시설의 설치는 2000년에서 2004년 사이에 많이 되었으며, 2005년 이후에는 기초지자체를 중심으로 한 중형소각로의 설치가 대부분이었다. 2000년대 초반부터 소각시설의 보급 대수가 급격히 증가하여 2010년대 초반까지 증가하다가 감소하여, 최근에는 소각시설의 보급이 정체단계에 접어들고 있다. 이는 자원순환에 대한 개념의 확대 적용과 물질 회수와 고형연료생산에 역점을 두는 폐기물 정책의 전환에서 비롯된 것으로 판단된다. 그러나 이러한 정책의 변화에 물질순환의 사회적/산업적 기반여건이 조성되지 않아 한편에서는 방치폐기물의 발생, 물질 회수시설에서 발생되는 잔재물의 처리문제, 재활용 불가능한 가연성 폐기물 처리문제 등이 발생하기도 한다.

2000년대 이전에 설치된 소각시설의 노후화로 이를 대보수하거나 대체할 소각시설의 재설치가 많은 지자체에서 검토되고 있다. 또한 인천광역시에서 2025년에 현재 운영 중인 수도권매립지의 매립종료를 선언함으로서 서울, 인천, 경기도 지역의 생활폐기물 처리를 위한 추가적 재활용시설이나 소각시설의 설치가 필요하다. 인천시의 경우

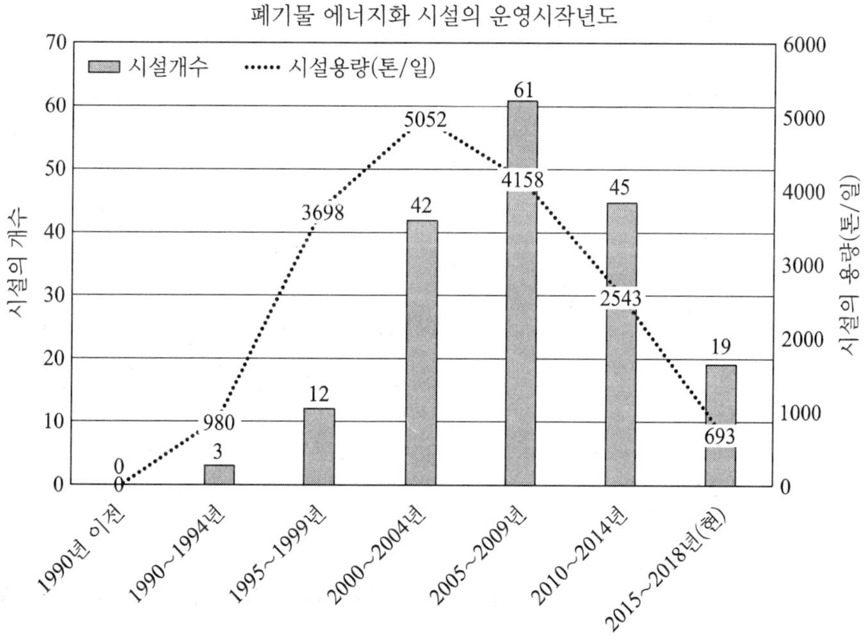

그림 4.7 생활폐기물 소각시설의 연도별 보급 현황[2]

현재 사용 중인 송도와 청라 소각시설은 현대화를 시급히 추진하고 2026년 대비 부족한 1,000여 톤 규모의 소각시설을 확충할 계획이다. 따라서 소각 에너지화 시설의 보급은 다소 확대될 전망이다.

그림 4.8은 생활폐기물 소각시설의 규모별 소각시설의 개수와 처리용량을 나타낸 것으로 181개의 소각시설이 운영되고 있으며, 처리용량은 총 17,124톤/일이다. 200톤/일 이상의 소각시설은 38개이며, 총 처리용량은 13,170톤/일이다. 200톤/일 규모의 대형 소각시설의 설치개수의 비율은 21%를 차지하나 처리시설용량은 전체의 77%를 차지하고 있어 폐기물처리 흐름도에서 대형소각로의 역할이 매우 중요한 요소인 것으로 판단된다. 이와 더불어 발생원 처리와 각 지자체의 자체 소각처리를 기반으로 2000년 중후반부터 기초 지방자치단체에서 설치한 10～50톤/일 규모의 소각용량은 1,751톤/일이지만, 시설개수는 66개가 설치되어 있다. 즉 중형급소각시설의 설치가 지방기초단체의 폐기물 처리 과정에 중요한 역할을 담당하고 있다. 또한 표 4.4와 중첩하여 비교하면 섬 등의 도서 벽지에서는 소형소각로를 설치하여 가연성 폐기물을 소각처리하고 있는 것을 알 수 있다.

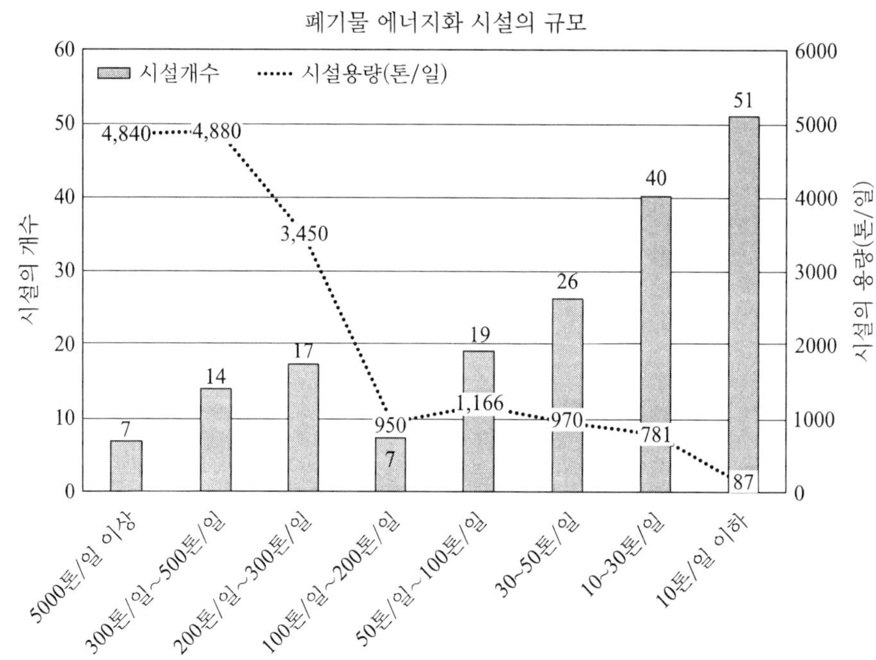

그림 4.8 생활폐기물 소각시설의 규모별 시설의 개수와 처리용량[2]

생활폐기물 소각로의 형식별로 운영되고 있는 소각시설의 개수와 처리용량은 2018년 기준으로 그림 4.9에 나타낸 바와 같다. 고정상식 소각로는 운전과 시설 보수가 상대적으로 간단하여 소형으로 도서벽지에 설치되어 운영되고 있으며, 최신 열적처리기술로 인정받고 있는 열분해/용융기술은 처리용량과 시설 대수에서 아직 큰 비중을 차지하고 있지 않다. 용융기술은 총 7기가 운영 중이며, 48~300톤/일 규모로 시설이 설치되어 운영되고 있으나, 2기를 제외한 나머지가 100톤/일 규모로 중형급 열적처리시설로 볼 수 있다. 그리고 열분해기술은 총 11기가 운영 중이며, 160톤/일 규모의 1기를 제외하고 나머지는 대부분 20~30톤/일 규모로 설치 운영 중에 있다. 이에 열분해기술의 수준은 상업용으로 완전히 증명된 기술 단계에 진입했다고 보기 다소 어렵다. 유동상식 소각로의 경우 일본에서는 상당히 많이 설치되어 운영되고 있으나 우리나라에서는 운전의 어려움 등으로 큰 비중을 차지하고 있지 않다.

그러나 스토커식 소각로의 경우에는 141개 시설이 운영 중이며, 처리용량은 15,093톤/일로서 전체 운영 중인 소각시설용량의 88%를 차지하고 있다. 이는 스토커식 소각로가 생활쓰레기의 적용에 150여년의 운전 경험을 통한 증명된 기술이면서 소형에서 대형소각로까지 설치가 가능한 장점을 갖고 있기 때문이다. 하지만 다른 소각로에 비해 연소로에서 대기오염배출량과 처리량에 따른 시설의 규모, 공기비가 높아 대기오염방지시설의 규모가 증가하는 등의 일부 단점을 갖고 있기도 하다.

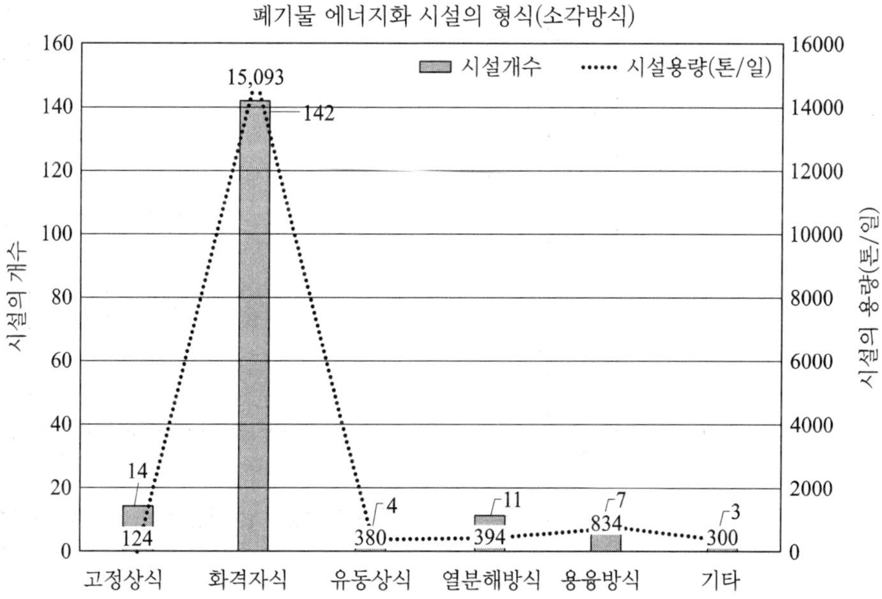

그림 4.9 생활폐기물 소각로의 형식별 시설의 개수와 처리용량[2]

그림 4.10에 나타낸 바와 같이 전체시설의 72%가 24시간 연속운전되고 있으며, 처리용량은 전체의 99%를 차지하고 있어 대부분 연속운전방식을 채택하고 있다. 이는 운전의 효율성과 안정성을 유지하고 적은 시설용량으로 많은 생활폐기물을 소각처리하기 위한 것으로 볼 수 있다. 또한 준연속식 운전과 회분식 운전을 정확히 구분하는 것은 어려운 면이 있으나 대부분 처리량이 적을수록 연속식 운전보다는 회분식으로 운전되는 경향이 존재하며, 처리용량이 적을수록 화격자 소각로 보다는 고정상 소각로의 적용이 증가함을 볼 수 있다.

그리고 2018년 기준으로 소각시설에서 에너지를 회수하는 설비가 설치된 소각로는 전체 181개 시설 중 97개 시설로 54%를 차지하고 있다. 이는 중대형 소각시설에서 에너지를 회수하기 때문이고 소형소각로의 경우에는 열 회수효율을 높게 유지하기 어려워서 에너지를 회수하여 이용할 가치가 비용 경제적이지 못하기 때문이다. 또한 전력과 스팀을 동시에 생산하여 활용하는 시설은 에너지를 회수하는 시설 중 47%를 차지하고 열에너지인 스팀만을 생산하여 활용하는 시설은 53%를 차지하고 있다. 그리고 회수된 소각에너지를 외부에 전력으로 공급하거나 스팀에너지를 공급하는 시설은 68%를 차지하고 나머지인 32%는 생산된 에너지를 시설 내에서 활용하고 있다.

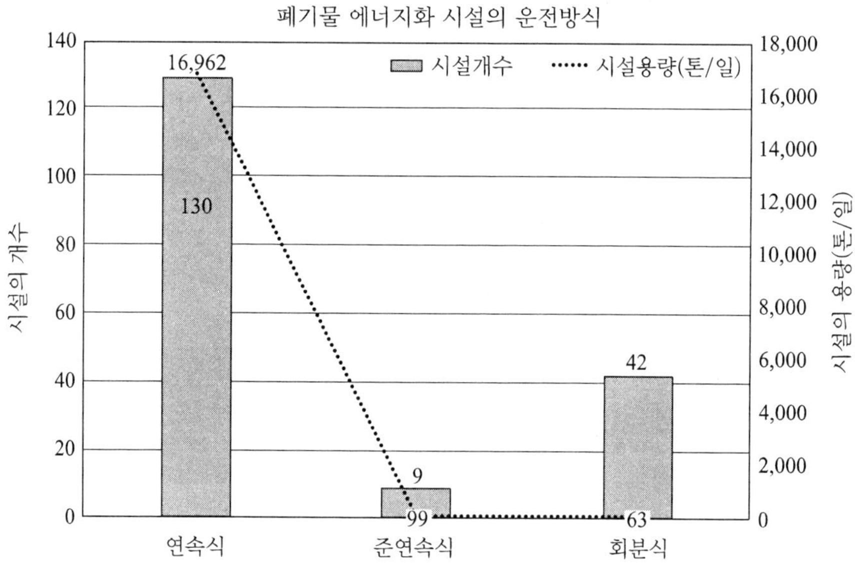

그림 4.10 생활폐기물 소각로의 운전방식별 시설의 개수와 처리용량[2]

4.2.3 국내 사업장/지정폐기물 소각시설의 특징

표 4.6은 전국에 분포하고 있는 사업장폐기물 소각전문업체에서 가동 중에 있는 소각로의 종류와 형태, 운전방식을 나타낸 것으로 스토커식(stoker)이 제일 많이 활용되고 있다. 사업장폐기물 소각시설은 반입폐기물 특성에 따라 소각방식 및 대기오염방지시설을 달리 선정하고 있으며, 일반적으로 스토커 방식, 스토커+로터리 킬른 방식, 로터리 킬른, 유동상 방식 등이 있으며, 스토커 방식이 주로 사용되고 있다. 일반소각(850℃ 이상)의 경우 스토커 방식이 주로 이용되고, 고온소각(1,100℃)의 경우 스토커+로터리 킬른 방식을 이용하고 있다. 스토커식은 여러 종류의 다양하고 넓은 범위의 고상 폐기물을 소각할 수 있으며, 반고상 폐기물을 혼합하여 소각할 수 있다. 특히 아래와 같은 항목을 검토하여 사업대상폐기물에 알맞은 소각로의 선정과 설계, 운영이 매우 중요하다.

- 기술적 안정성 및 신뢰성
- 폐열 회수시설
- 경제성(건설비, 유지비 등)

표 4.6 전국 사업장폐기물(일반+지정) 소각로의 적용 현황(2019년)

	설비수	소각량(톤/일)	운전방식
스토커(stoker)	74	5,282.1	고온, 일반
로터리 킬른	6	705.6	고온, 일반
RK+stoker	22	1,498.5	고온, 일반
유동상	5	338.4	일반
고정상 스토커	1	- (9.6)*	일반

* 가동하지 않음
주) RK+stoker = 로터리 킬른+스토커

사업장폐기물 소각시설의 경우 처리 대상 폐기물의 물리적 조성의 변화에 따른 열화학적 성분의 변동성이 매우 크다. 따라서 그림 4.11에서 보는 바와 같이 폐기물의 발열량과 처리용량에 따라 소각로를 최적으로 운전하기 위해 소각로 성능곡선을 반드시 설계과정에서 투입시설, 연소공기공급시설, 대기오염방지시설 등의 규모를 반영하여 최적의 성능곡선을 만들어 사용하여야 한다. 즉 소각로의 안정적인 운전을 확인하고 검토할 소각로 성능곡선이 생활폐기물 소각시설보다 더 필요한 시설이 사업장폐기물 소각시설이다.

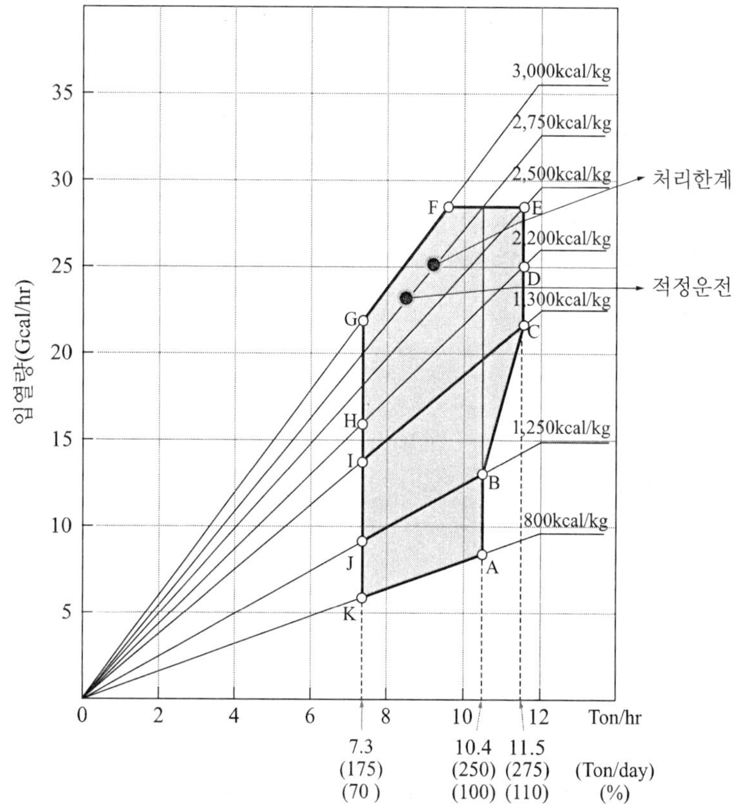

그림 4.11 소각로의 성능곡선(예)[12]

4.3 가연성 폐기물의 에너지화 기술과 SRF 제조기술

4.3.1 가연성 폐기물의 에너지화 기술

1. 폐기물 에너지화 기술의 분류

그림 4.12는 폐기물의 열적처리기술의 분류를 보여주고 있는 것으로 생활폐기물과 유해폐기물(지정폐기물), 사업장일반폐기물은 최우선적으로 선별분리과정을 거쳐 물질

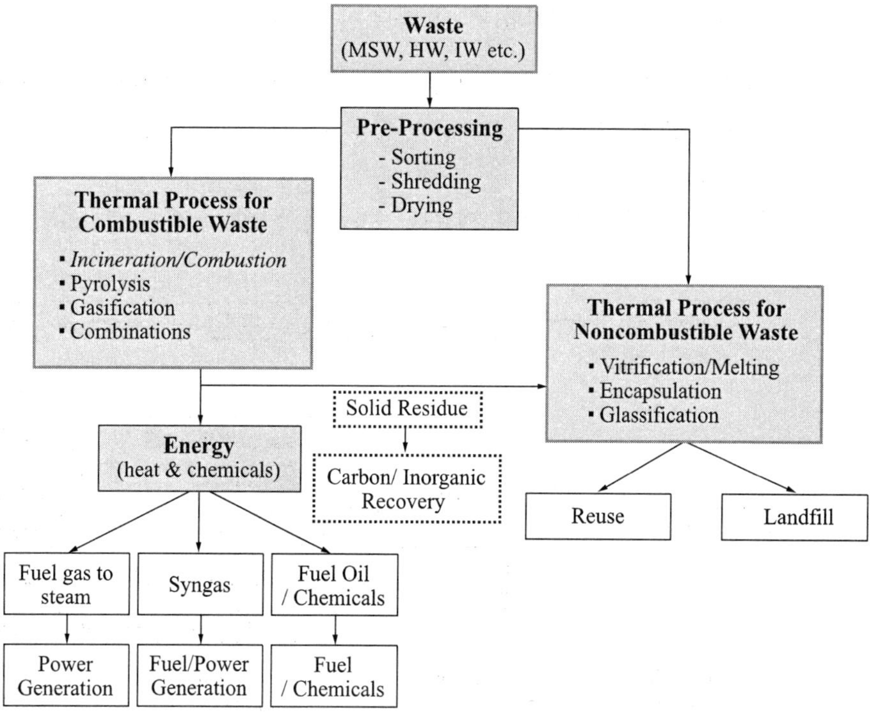

그림 4.12 폐기물의 열적처리기술의 종류와 분류[7,8,10]

회수 후 가연성 물질을 소각처리하거나 발생원에 분리 배출되지 않아 물질 회수가 불가능한 가연성 폐기물을 에너지화 기술을 적용하여 에너지화나 연료화를 하게 된다.

가연성 폐기물의 열적처리기술은 소각(연소), 열분해, 가스화와 이들 세 가지 기술을 두 개 이상 결합하여 적용하는 기술 등이 존재한다. 현재 상업적으로 제일 많이 적용하는 기술은 소각이며, 소각로의 일부 단점을 보완하고 에너지화 효율을 높이는 열분해/가스화 기술이 30여 년 전부터 상용플랜트로 개발되고 일부 상업적으로 보급되고 있다. 또한 열분해와 가스화 공정에서 생성된 일산화탄소와 수소를 활용하여 연료를 생산하는 기술도 개발되고 있다. 그리고 불연성 폐기물의 경우에는 용융기술이나 유리화기술 등이 이용되기도 한다. 특히 열분해용융공정이나 가스화용융공정 등은 열분해와 가스화과정에서 발생되는 불연물질을 용융시켜서 슬래그형태로 전환시켜 재활용하고자 하는 것이다.

폐기물의 열적처리를 활용한 에너지와 연료 등의 회수방법은 그림 4.13에 나타낸 바와 같다. 폐기물 소각은 스팀형태로 열을 회수하거나 회수된 스팀을 이용하여 증기터빈을 가동하여 전력을 생산하는 방법으로 활용된다. 열분해 후 발생된 생성물의 가스화공정과 직접 가스화 후 발생하는 기체상 생성물의 발열량에 따라서 다음과 같이 세 가지 공정으로 에너지화나 연료화를 하게 된다.

1) 연소시켜서 스팀을 생산하여 증기터빈을 운전하여 전력생산하는 방법
2) 합성(Fisher-Tropsch)공정 등을 활용하여 메탄올, 연료용 알코올 등을 생산하는 방법
3) 합성가스를 가스터빈용 연료로 사용하여 전력과 스팀을 생산하는 방법

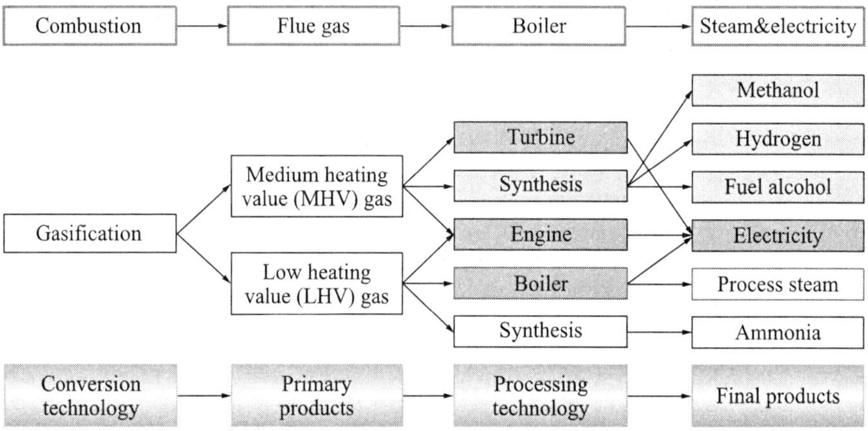

그림 4.13 열적처리기술을 활용한 에너지/물질 회수 방법[17,19]

2. 소각 기술의 특징

폐기물 소각시스템의 구성 공정은 소각 대상물을 임시저장, 전처리(파쇄, 선별), 연소로에 공급, 사전건조(발열량 증가), 연소(1차 연소, 2차 연소), 소각재의 배출, 연소가스냉각(열 회수와 대기오염방지시설의 보호 및 처리효율 향상) 등으로 구성된다. 이러한 공정에서 단위설비, 단위장치, 단위기기가 조합된 기본설비와 배출가스, 급배수 등의 2차 환경오염 방지설비, 열 회수/이용 설비 등의 부대설비가 있다. 폐기물 소각시설은 연소방법이나 소각로의 기계구조 형식에 따라 구분될 수 있다. 연소방식에 따른 분류는 연소가스의 유동방향에 의해서 주로 나누어지고, 소각로의 기계적인 형식에 따른 분류는 화격자 연소방식, 상 연소방식, 유동층방식, 분무 연소방식, 회전식(로터리 킬른식)으로 나눌 수 있다. 또한 소각시설의 운영과 관리기준의 측면에서 소각 설계용량별로 대형, 중형, 소형으로 분류되기도 한다.

폐기물 소각시설은 연소가스 흐름, 소각로의 기계적인 구조, 폐기물 투입방법, 연소공기공급 방식 등에 따라 나눌 수 있는데 이들 특성에 따라 표 4.7과 같이 분류할 수 있다. 소각을 이용하여 생활폐기물을 처리할 경우 폐기물의 부피를 약 10분의 1 정도로 줄일 수 있는 것(감용화)과 동시에 소각과정에서 또는 소각 전후의 처리과정에서 중금속 및 기타 유기성 유해물질을 매립 전에 분해시켜 제거할 수 있다는 장점(안정화)이 있다.

표 4.7 소각시설 운전특성에 따른 분류[14,16]

특성인자	분류
가스흐름	향류, 병류, 중간류, 상향류, 하향류, 상향류와 하향류의 중간류
투입방법	연속투입식 혹은 연속식(24시간) - 기계에 의한 연속투입 순차투입식 혹은 준연속식(16시간) - 기계에 의한 연속투입 회분식(8시간) - 일괄투입, 인력에 의한 연속투입
소각로구조	상연소식(고정상식), 화격자식(스토커), 회전식(로터리 킬른), 유동상식, 분무식, 건류가스화식
단열방식	케스타블식, 내화벽돌식, 수냉자켓식
대기오염방지시설	단일 방지시설 - 소각로+원심력집진기 준복합 방지시설 - 소각로+연소촉진장치+원심력집진기 복합 방지시설(예) - 소각로+원심력+준건식세정기+여과집진기+SCR - 소각로+보일러+원심력+준건식세정기+여과집진기+SCR - 소각로/SNCR+보일러+ESP+준건식세정기+여과집진기+SCR

또한 소각시스템은 소각 전처리나 바닥재와 비산재의 처리방식에 따라서 달라질 수 있다. 모든 소각설비가 전처리를 요구하지는 않지만 소각 전처리는 소각을 용이하게 하기 위한 폐기물의 분류, 탈수, 파쇄 및 혼합, 선별 등의 처리 방법을 활용하는 경우가 있다. 그리고 폐기물을 소각한 후 남게 되는 소각재를 분리하여 별도의 처리공정을 두기도 하지만 소각과 소각재(비산재와 바닥재) 처리를 동시에 수행하는 공정도 있다.

표 4.8은 가연성 고체폐기물의 주요 소각로에 대한 특징을 비교한 것이다.

표 4.8 가연성 고체폐기물 주요 소각시설의 특징 비교 분석[3,14,16,17,20]

항목 \ 소각방식	화격자 소각로 (스토커)	회전로 소각로 (로터리 킬른)	유동상 소각로
원리	계단식 소각로 → Grate 유동 <화격자의 종류> • 왕복식 화격자 (reciprocating grate) • 무한궤도식 화격자 (chain grate) • 요동식 화격자 (rocking grate) • 회전롤러식 화격자 (roller grate) • 역송식 화격자	원통형 소각로(수평) → 회전 <회전로식 형식> • L/D ratio를 이용하여 규모 결정 • 케스타블형 원통 • 수냉식 원통	원통형 소각로(수직) → 유동(모래/공기) <형 식> • Bubble type • Circulating type
대상 폐기물	• 생활폐기물(MSW) 처리시설의 90%가 화격자를 이용 • 하수슬러지/병원폐기물 등을 함유하는 생활폐기물 처리 • 대형폐기물	• 매우 견고하여 폐기물 종류와 성상에 관계없이 거의 모든 폐기물 처리 가능 • 특히, 유해/병원폐기물의 소각에 널리 사용 • 고체와 액체, 기체 폐기물의 동시처리 가능함	• 하수슬러지와 같이 미세한 입자의 폐기물 소각에 널리 사용 • 수분 함유 폐기물
구성	• 폐기물 공급장치 • 화격자 연소로 • 바닥재 배출기 • 연소공기 공급 덕트 시스템 • 연소 챔버 • 보조 버너	• 회전로(체류시간은 수평각과 회전속도에 의해 결정) • 1,100℃ 이상에서 유기독성 화합물을 파괴시키기 위해 일반적으로 후단 연소실이 추가되기도 함	• 폐기물 전처리장치(분류/압착/분쇄); 철/비철금속 제거 필요 • 폐기물 최대 직경 50 mm • 수용가능한 평균입자크기 200~300 mm • 유동상로(공기예열기/보조버너가 일부 필요)
조건	• 연소온도 850℃ 이상 (감염성 폐기물 1,100℃) • 화격자 내 폐기물 체류시간 60 min 이하 • 배가스 체류시간 : 최소 2 s	• 연소온도 850℃ 이상 (유해성 폐기물 900~1,200℃) • 폐기물 완전 연소를 위해 보통 30~90 min의 체류시간 요구 • 시간당 약 3~40회 회전 • 배가스 체류시간 : 최소 2 s	• 연소온도 850~950℃ 이상 (상 자체온도는 650℃ 이상) • 대기 중 산소 예열 400~600℃ • 주입공기량 1,000~1,600 $Nm^3/m^2 \cdot h$ • 배가스 체류시간 : 최소 2 s

소각방식 항목	화격자 소각로 (스토커)	회전로 소각로 (로터리 킬른)	유동상 소각로
형태	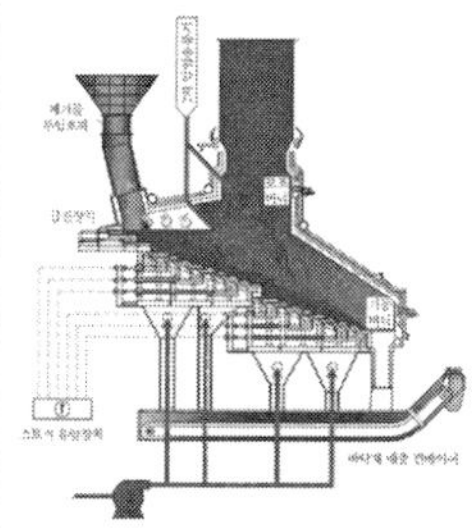	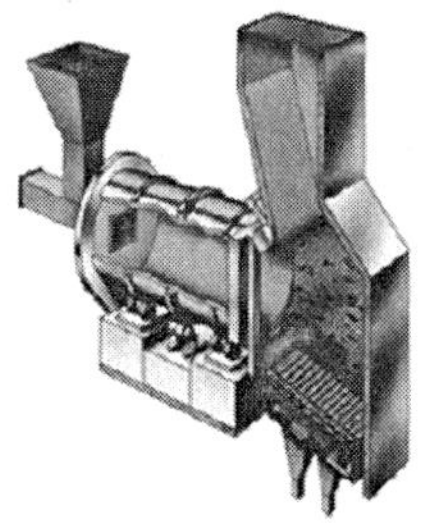	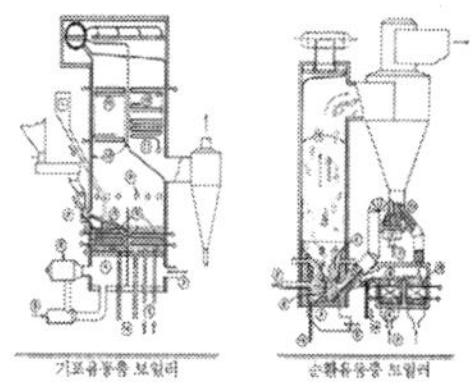
1. 건설비	보통	높음	약간 높음
2. 유지 관리비	• 노 내부에 가동화격자가 있어 기계적인 고장이 있을 수 있고, 주기적인 내화벽돌 교체가 요구됨 • 금속성 화격자의 경우 하부연소공기 공급으로 냉각시스템을 갖추어야 함	• 소각로 본체에 기계적인 가동부가 없고, 케스타블의 탈락현상, 기계적인 문제는 없음 • 전처리설비인 파쇄기의 설치 및 송풍기, 전기집진기의 용량이 크기 때문에 전력소모가 많아 유지관리비가 높은 단점이 있음	• 소각로 본체에 기계 구동 메커니즘이 있어 유지관리에 신경을 써야 함 • 유지관리비가 비교적 적게 듦
3. 쓰레기의 적용성	• 저질쓰레기 : 건조 범위가 넓어서 소각능력의 저하가 발생 • 고질쓰레기 : 쓰레기 조성 중 플라스틱 혼입 한계는 약 25% 정도임	• 쓰레기 질의 변동에 비교적 폭넓게 대응한다. (플라스틱 혼입 한계 : 약 40%)	• 쓰레기 질의 변동에 비교적 폭넓게 대응한다. (수분 함량 65%까지 소각 가능)
4. 운전조작	시스템 구성이 단순하여 비교적 간단하나 정지 후나 보수한 이후 시동에서 정상 운전까지 48시간이 소요됨.	시스템의 제어변수가 많아 복잡한 면이 있으나 기동정지 시 운전조작이 용이하고, 시동에서 정상 운전까지 24시간이 소요된다. (정지 후 24시간 이내에서는 20~40분 소요)	운전조작은 유동상보다 용이하며, 정지조작은 스토커와 거의 유사함. (시동에서 정상 운전까지 4~5시간 소요)
5. 기술의 안정성	높음	낮음	보통
6. 전처리	전처리를 하지 않고, 소각이 가능함.	전처리용 파쇄기가 필요함.	전처리를 하지 않고 소각이 가능함.
7. 소각로의 구조	화격자 구동방식	회전 연소방식	매질의 유동상 방식

소각방식 / 항목	화격자 소각로 (스토커)	회전로 소각로 (로터리 킬른)	유동상 소각로
8. 소각능력	도시쓰레기가 주용도로 전 세계적으로 실적이 많으며, 100~1,200톤/일·기 정도로 광범위함	산업폐기물이 주용도이나 도시쓰레기에 적용되어 50~150톤/일·기 정도의 중소도시 규모 사용 가능함	도시쓰레기 및 액상을 포함하는 산업폐기물이 주용도이며, 50~500톤/일·기까지 처리가 가능함
9. 공급방식	공급장치 등으로 어느 정도의 공급량 조정을 행하고 있으나 일반적으로 정량 공급의 필요성은 낮음	파쇄 쓰레기 공급장치에 의해 노 내로 공급함으로써 정량 공급이 필요함	적정한 연소를 유지하기 위해 공급장치의 속도와 주기 및 연소로의 회전속도를 변화시켜 조절함
10. 감용률	85~92%	94~96%	90% 이상
11. 재처리	무취로서 균일하여 그대로의 상태에서 매립도 가능하며, 고화처리 등이 적용됨	무취로서 균일하여 그대로의 상태에서 매립도 가능하며, 고화처리 등이 적용됨	무취로서 균일하여 그대로의 상태에서 매립도 가능하며, 고화처리 등이 적용됨
12. 소각공정	스토커 화격자는 고온에서 구동하므로 마모 파손될 수 있으며 연소상태에 따라 클링커가 발생될 수 있음	쓰레기 발열량에 대해서 안전성이 있고, 클링커 발생이 거의 없음	쓰레기 교반이 좋아 큰 클링커가 형성되지 않으나 편류현상에서는 클링커 발생우려 있음
13. 가스 냉각공정	보일러 활용 시 냉각수 발생이 낮으나, 일부 냉각배수 발생가능성 존재	보일러 활용 시 냉각수 발생이 낮으나, 일부 냉각배수 발생가능성 존재	보일러 활용 시 냉각수 발생이 낮으나, 일부 냉각배수 발생가능성 존재
14. 배기가스량	과잉공기비는 1.5~2.5로 전기집진기 및 유인송풍기의 규모가 큼	과잉공기비는 1.2~1.8로 전기집진기 및 유인송풍기의 규모가 작음	과잉공기비는 약 1.5로 전기집진기 및 유인송풍기의 규모가 작음
15. 배기가스 처리	다이옥신 및 HCl 제거는 주로 반건식 장치를 이용하므로 세정배수 처리가 필요 없음	다이옥신 및 HCl 제거는 주로 반건식 장치를 이용하므로 세정배수 처리가 필요 없음	다이옥신 및 HCl 제거는 주로 반건식 장치를 이용하므로 세정배수 처리가 필요 없음
16. 비산재 처리	비산재의 양이 적어 제진 대책이 상대적으로 용이함	연소가스 속의 함진 농도가 높기 때문에 충분한 제진대책이 필요함 (분진제거시설 강화)	비산재의 양이 적어 제진 대책이 용이함 (유동매질 포집순환설비 필요함)
17. 소음·진동	상대적으로 적음	파쇄기, 송풍기, 진동체 등 소음·진동의 발생원이 상대적으로 많음	상대적으로 적음
18. 악취	상대적으로 적음	전처리설비 등 악취원이 상대적으로 많음	상대적으로 적음

3. 열분해/가스화 기술의 특징

스토커식과 유동상식, 회전로식 등의 전통적인 소각시스템에서는 다이옥신 및 퓨란 등의 유기독성 물질의 생성 억제와 매립되고 있는 중금속을 함유한 회분의 처리문제가 소각시스템에서 표출되고 있는 어려운 점이며, 회분은 「폐기물관리법」에 의해서 지정폐기물로 판정되면 지정폐기물 매립지에 매립하거나 용융고화, 시멘트고화 등의 2차 처리가 반드시 필요하게 된다. 또한 소각 시 부수적으로 발생하는 열을 최대한 회수할 수 있는 열 회수/이용시스템의 구성과 소각시스템의 간소화 및 compact화에 의한 시스템의 용이한 운전성 확보 및 설치 단가의 적절한 조정이 필요하다. 이러한 소각기술의 개선점을 해결하기 위해 개발되고 상업적으로 이용되고 있는 기술이 열분해/가스화 용융시스템으로 부가적인 외부의 열원 없이 회분을 용융시키는 방법이다.

생활폐기물을 직접 소각하는 방법은 소각로 내부에서 모든 소각과정이 완료되기 때문에 공정이 매우 간단하게 되는 장점이 있으나, 전처리가 되지 않고 수분이 많은 난연성 생활폐기물을 소각로에 직접 투여할 경우 연소 온도가 낮아져서 불완전 연소 및 다이옥신 등과 같은 대기오염물질이 상대적으로 높게 발생될 수 있는 문제점을 가지고 있다. 열분해 과정을 거치는 생활폐기물의 열분해/가스화 용융 방법은 직접 소각에 비하여 높은 온도에서 열분해나 가스화 과정이 진행되도록 운전하기 때문에 다이옥신의 발생을 상대적으로 줄일 수 있는 이점이 있는 반면에 시스템이 복잡해지므로 초기 투자비가 많이 요구되고, 또한 운전비용이 높은 단점이 있다.

회분의 용융에 필요한 온도는 회분의 성상에 따라 다르나 보통 1,300℃ 이상에서 가능한 것으로 알려져 있다. 상업용 실증프랜트급(20톤/일)의 열분해/가스화 용융설비에서 과잉공기율을 1.3으로 유지할 경우 100톤/일 규모의 열분해/가스화 시스템에서 폐기물의 발열량이 1,700～1,800 kcal/kg 이상이면 외부의 열원이 없이도 회분은 용융이 가능한 것으로 보고되고 있다.

1) 폐기물의 열분해, 가스화, 용융공정의 개념

가연성 폐기물의 가스화과정에서 일어나는 열화학적인 변화는 매우 복잡하며, 다양한 반응경로를 거치기 때문에 정확하게 이해하기 어렵다. 기본적으로 열분해반응은 주로 무산소 상태 하에서 일어나는 열적분해과정(thermal degradation)이며, 흡열반응이다. 그러나 가스화반응은 완전 연소를 일으키기에 불충분한 산소 분위기 또는 무산소 상태 하에서 폐기물의 탄소 및 수소 성분 등이 주위의 기체와 반응하여 기체상 물질로 전환되는 과정을 나타낸다. 혹은 가스화과정에 수증기를 투입하여 water-gas shift reaction[$CO(g) + H_2O(g) \rightleftharpoons CO_2(g) + H_2(g)$, $C(s) + H_2O(g) \rightarrow CO(g) + H_2(g)$]을 통해 수소를 생산하기도 한다. 열분해 생성물 중에는 상온에서 기체상 물질(CO, CO_2, N_2, H_2O, C_1 ~ C_4 hydrocarbon 등)뿐 아니라 응축성 오일 성분도 많이 생성된다. 이러한 응축성 오일은 지방족 및 방향족계 유기화합물들로 구성되어 있으며, 이들 유기화합물들은 특히 폐합성수지, 폐타이어, 폐고무류, 폐섬유류의 열분해과정에서 다양하게 생성된다. 또한 기체상 물질 중 C_1 ~ C_5의 탄화수소 성분도 열분해과정에서 많이 생성된다.

열분해/가스화 용융공정의 기본 개념을 도식화하여 나타내면 그림 4.14와 같으며, 폐기물 중에 가연성분은 열분해/가스화 반응에 의해서 가연성 물질(연료)과 잔재물로 전환되고, 잔재물 중 무기물 성분은 자체열을 이용하거나 외부열원에 의해서 용융되게 된다.

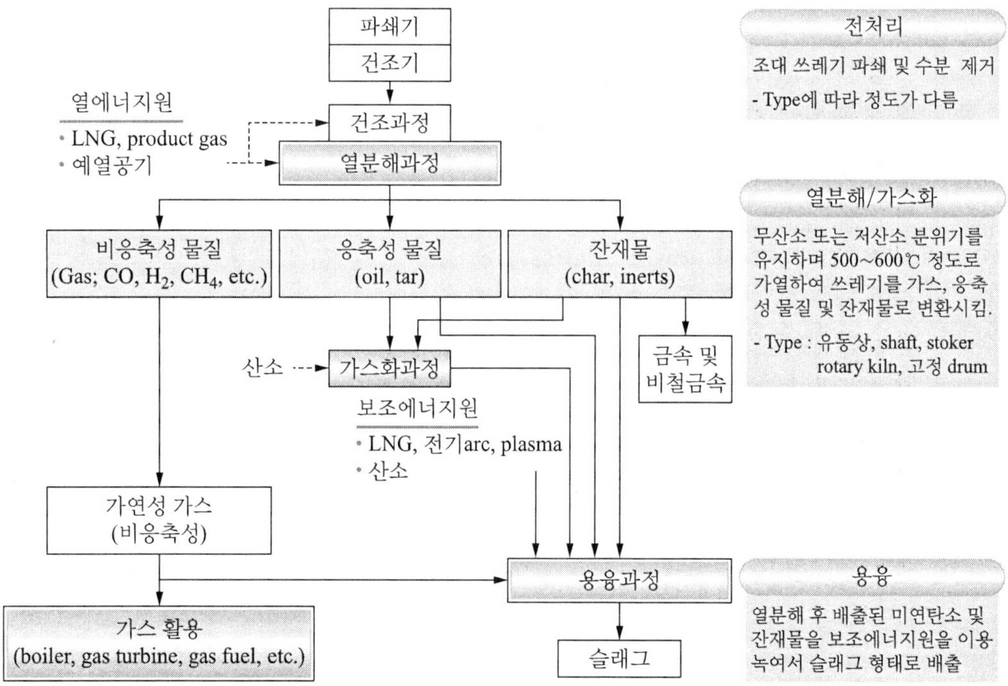

그림 4.14 열분해/가스화 용융공정의 기본 개념[8~10]

2) 열분해/가스화 용융공정의 종류

표 4.9에서와 같이 Type I, Type II과 Type III은 500 ~ 800℃에서 열분해/가스화 반응을 유도하는 것으로 직접가열식 열분해/가스화 반응기와 간접가열식 열분해/가스화 반응기를 적용하는 두 가지 시스템이 있다. 직접가열식의 Type I은 열분해/가스화 반응기에 예열된 공기를 직접 투입하여 폐기물의 일부를 연소시켜 발생하는 열이 열분해

표 4.9 열분해/가스화 용융시스템의 분류[8~10]

시스템 및 공정분류	보유회사	비교·분석
Type I 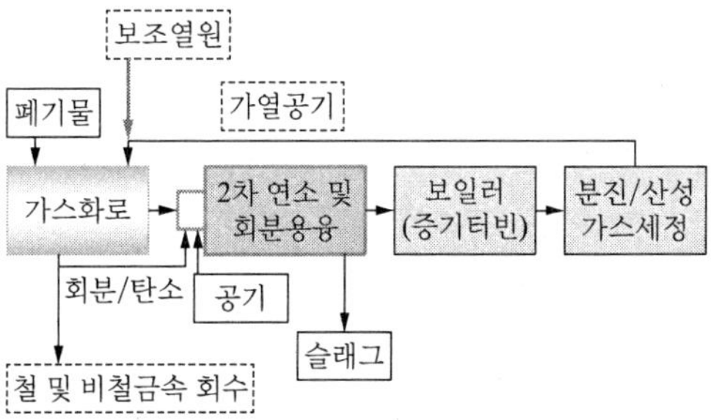 	<직접> EBARA KAWASAKI HITACHI KOBE MHI <간접> SIEMENS	• 직접가열식 유동층 가스화로를 이용함으로서 고발열량의 폐기물 처리에 적합 ※ 국내 유동층 소각로의 적용 실패 • 간접가열식 로터리 킬른을 선택한 SIEMENS의 경우, 저발열량의 쓰레기 적용 가능함. • 대기오염물질의 발생 억제 및 에너지 활용도가 다소 떨어짐.
Type II 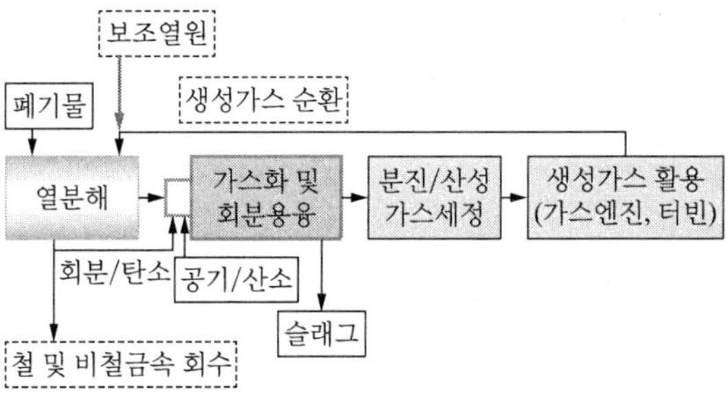 	NOELL	• 로터리 킬른의 간접열분해방식 채용 • 저발열량 폐기물의 적용 가능 • 부가적인 산소 공급 필요 • 에너지 활용도 측면에서 다소 유리
Type III 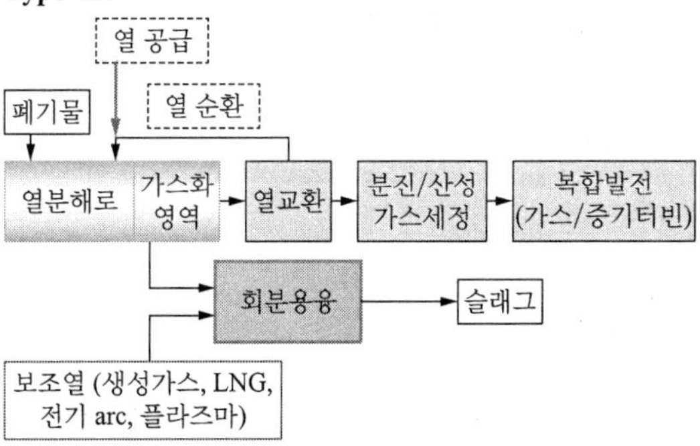 	THERMO-SELECT PKA IHI KRUPP	• 로터리 킬른의 간접열분해방식 채용 • 저발열량 폐기물의 적용 가능 • 부가적인 산소 공급 필요 • 에너지 활용도 측면에서 다소 유리
Type IV 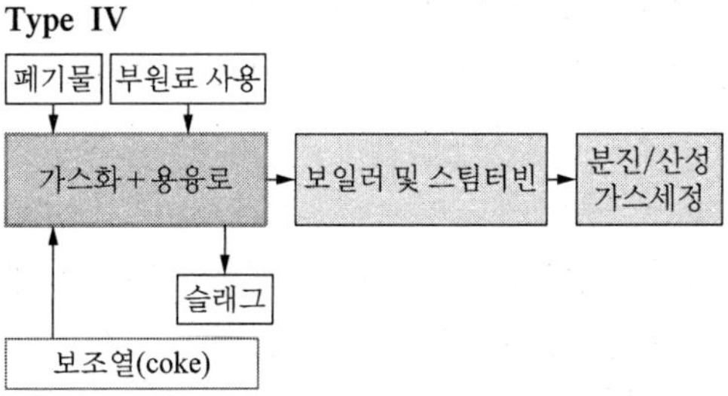 	NSC NKK	• 저발열량의 폐기물에 대한 적용성 떨어지고, 부원료(coke, 석회) 사용으로 경제성 낮음 • 단일반응기에서 모든 공정이 완결되나 운전기술이 난이

및 가스화 반응을 순차적으로 일으키도록 유도하는 방식이나, 간접가열식의 Type II와 III는 가스화로에 예열된 연소공기를 투입하지 않고 열교환 설비를 이용하여 열분해 및 가스화 반응에 필요한 열을 전달시키거나 산소의 함량이 적은 배가스를 직접 투입하여 가스화시키는 방법이다. Type IV의 경우에는 용광로 방식으로 부원료와 보조열원인 코크스(cokes)를 혼합 투입하여 수직형 반응로의 각 영역에서 열분해와 가스화, 용융이 수직로에서 일어나도록 운전하는 방식이다.

폐기물을 열분해/가스화 시키면 비가연성 물질(H_2O, CO_2, N_2, HCl, SO_x, NO_x, Cl_2 등)과 가연성 물질(CO, CH_4, C_2H_6, C_2H_4, C_3 이상의 탄화수소류 등)이 발생되며, 특히 직접가열식의 경우에는 가스화 생성물 중에 비가연성 물질의 함량이 간접가열식에 비해 다소 높아 발열량(2,000～4,000 kcal/m^3)이 낮은 연료가스가 발생된다. 그러나 간접가열식의 가스화로에서 산소의 공급을 억제하고 외부의 열원을 폐기물로 전달시켜야 하므로 전열장치가 다소 복잡하다.

이러한 열분해/가스화 반응기에서 발생된 가연성 가스를 공기와 접촉시켜서 CO, 탄화수소류 등을 완전 산화시키기 위한 2차 연소실 기능과 용융기능을 갖는 시스템 구성 및 설계할 때 필요한 조건은 다음과 같다.

① 운전 요인

열분해가스의 조성(가연분 함량, 수분량 등) 및 유량, 인입온도, 공기량

② 설계 요인

㈀ 열분해가스의 분무방식 및 공기주입 방법(화염 형성)
㈁ 연소실 형상 및 내화재 사용
㈂ 염소가스의 화염억제효과 제어방법
㈃ 슬래그의 용융온도 조절(첨가제)
㈄ 전열방식 및 체류시간
㈅ 회분(소각잔사 및 비산재)의 투입방법

열분해/가스화 소각시스템은 20세기 초반에는 석탄가스화를 중심으로 독일에서 시작되었고, 70년대 오일쇼크 후 Union Carbide사 등에서 처음으로 폐기물 처리 및 에너지화 설비로 개발되었으나, 그 당시 시스템의 경제적인 가치가 떨어져 상용화에 성공하지 못하였다. 그러나 석탄가스화와 열분해로 기술개발을 시작한 독일이 현재 원천기술을 대부분 갖고 있으며, 이를 일본에서 도입하여 상용화시키기 위해 연소 시 발생되는 열의 회수율을 높이고, 회분을 용융하여 재활용함으로서 매립비용의 감소 및 재활용 효과를 향상시키고 다이옥신 등의 유독물질 배출저감 등의 효과를 얻을 수 있어

열분해/가스화 용융 소각시스템이 상용화 단계에 있다.

4. 소각 에너지화 시설에서의 대기오염방지기술

폐기물의 소각 시 배출되는 배가스에 포함되는 대기오염물질은 총부유분진(TSP), 미세먼지(PM_{10}, $PM_{2.5}$), HCl, SO_x, NO_x, 다이옥신 및 중금속 성분, 불완전 연소의 지표로도 활용되는 CO 등으로 이들 물질의 제어를 위한 방법은 표 4.10에 나타낸 바와 같다. 비산분진(비산재)와 분진에 함유되어 있는 중금속류는 주로 원심력집진기(cyclone),

표 4.10 대기오염물질의 처리설비와 제거원리[16]

유해물질	처리설비	제거 및 조절 원리와 방법
다이옥신과 퓨란	연소로	• 3T조건을 최적화하여 완전 연소 유도 • 연소가스 완전혼합 후 고온구간(850℃ 이상) 체류시간 2초 이상 유지
	폐열보일러	• 먼지 퇴적방지 최적화 구조로 다이옥신 발생인자 저감 • 재생성온도 구간 급냉으로 재생성 억제
	활성탄 분무	• 활성탄 분무 및 여과집진기에 의한 다이옥신 및 중금속 흡착제거
	여과집진기	• 먼지 및 반응제의 여과층 두께(3~5 mm) 유지 → 다이옥신 2차 흡착제거 • 백(bag)의 재질 선정이 중요 설계요인 중 하나임
	촉매반응탑(SCR)	• 분무된 암모니아와 저온촉매에 의한 다이옥신 분해 • 적정반응시간 및 활성도 높은 촉매 사용으로 제거효율 증대
SO_x, HCl	반건식반응탑(SDR)	• 소석회슬러리 분무로 산성가스 중화/제거 • 소석회 입경 최소화 및 분사분포 최적화로 제거효율 증대
	여과집진기	• 일정 차압 유지로 여과층을 형성하여 반응효율 증대
NO_x	소각로	• 과잉공기량 감소로 thermal NO_x 발생억제
	무촉매탈질설비(SNCR)	• 최적 반응온도 및 혼합구간에 요소수 또는 암모니아수 분사로 반응효율 증대
	촉매반응탑(SCR)	• 선택적 환원반응으로 제거 • 연소가스 승온(200℃)에 의한 촉매활성도 증대
먼지, 중금속	연소로	• 후연소단 전단에서 연소가스 흐름 급반전으로 먼지의 물리적 제거 • 낮은 유속으로 비산먼지 배출 최소화
	여과집진기	• 여과면적 최대화(적정 여과속도 유지) • 백 재질 개선과 재질 선정이 중요함

백필터 및 전기집진기(ESP)와 같은 분진제거장치를 통하여 제거된다. 산성가스에 해당하는 HCl 및 SO_x는 소석회나 수산화나트륨(NaOH) 등과 같은 알칼리계의 반응제(흡수제)를 습식 또는 반건식이나 건식 세정장치에서 반응시켜 제거한다. 다이옥신은 촉매제거 또는 활성탄을 이용하여 처리하기도 하지만 보일러 등의 배가스 냉각장치의 운전온도를 조절하여 다이옥신과 퓨란의 재합성을 방지하여 제어할 수 있으며, 다이옥신류의 경우 대기오염방지시설을 통과하면서 비산분진에 부착되어 대부분 존재하기 때문에 백필터를 이용한 비산분진의 제거효율을 높여 다이옥신의 배출농도를 낮추는 방법도 사용한다.

또한 NO_x의 제거는 환원촉매 반응탑을 이용하여 선택적 촉매환원법(SCR)을 적용하거나 소각로 배출구부분에 암모니아(urea를 사용하기도 함)를 투입하여 NO를 환원시키는 선택적 비촉매환원법(SNCR)이 많이 이용되고 있다.

특히 대기 중의 미세먼지가 사회문제로 대두되면서 폐기물 에너지화 시설에서 배출되는 NO_x, 비산분진의 규제가 앞으로 더욱 강화될 것으로 판단된다. 소각로의 연소효율을 높여서 미연탄소분의 비산재와 CO의 배출농도를 낮추고 연소실의 부분적 온도상승에 의한 열적 NO_x(thermal NO_x)의 발생을 최소화하고, 이후 대기오염방지시설의 설계와 운전을 최적화하여 대기오염물질의 배출량을 줄여야 할 것으로 판단된다. 그림

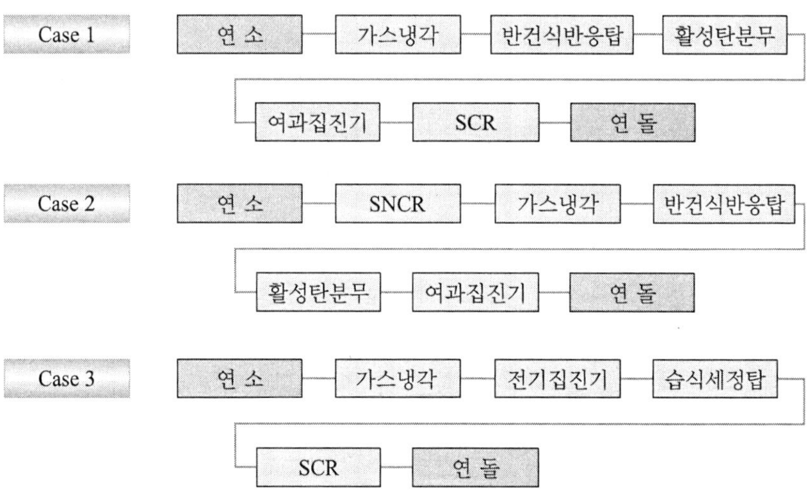

주) 가스냉각; 과열증기보일러, 포화증기보일러, 절탄기, 공기예열기 등을 사용하고, 소각시스템에 따라 에너지 회수장치를 조합하여 사용하기도 함.
주) NO_x 제거를 위해 SNCR과 SCR을 복수로 사용하기도 함.
주) 분진 제거 효율을 높이고, 다른 제어설비의 효율을 높이기 위해 전기집진기와 백필터를 복수로 사용하기도 함

그림 4.15 국내 대형 폐기물 소각로에 적용되고 있는 배가스 처리설비[3,16]

4.15는 중대형 소각 에너지화 시설에서 주로 사용하고 있는 대기오염방지공정의 예를 보여주고 있다. 1990년대 초창기 소각로의 도입 시에는 NO_x 제거 시설의 설치와 운영이 다소 미흡하였으나, 최근에는 대기오염배출규제가 강화되면서 소각 에너지화 시설에서 배출될 수 있는 오염물질을 대부분 제어할 수 있는 장치를 구성하여 사용하고 있다.

5. 소각 에너지화 시설에서의 에너지 회수 방법

폐기물의 소각에서 발생되는 고온의 연소가스는 열 회수와 대기오염방지시설의 안정적 운전을 위해 냉각시켜야 하며, 이러한 목적은 다양한 폐열보일러를 사용하여 열 회수와 함께 이루어진다. 폐열을 회수할 수 있는 장치는 연소공기예열기(air preheater), 절탄기(economizer), 포화증기발생기(saturated steam boiler)와 과포화증기발생기(super-heater) 등이 있다. 이러한 열교환방식의 열 회수 장치는 수관식과 연관식으로 나뉘는데 에너지 회수율을 높이고 보일러에서 크랭커 생성 등을 제어하기 위해서 수관식 보일러가 많이 사용되고 있으며, 보일러의 전열면을 통해 고온연소가스와 냉각수나 공기 사이의 대류, 전도, 복사열 전달현상에 의해서 열을 회수하게 된다. 그림 4.16에서 보는 바와 같이 폐기물 소각로에서 에너지를 회수하는 방법은 이용목적에 따라 크게 다르며, 연소공기의 예열, 온수의 생산, 증기의 생산, 전력 생산(증기의 활용으로 발전기 운전), 열병합 발전(전력 생산, 지역난방, 급탕 및 온수 공급) 등의 형태로 회수된다. 온수나 연소공기 예열, 증기 생산 등의 에너지 활용은 단순한 에너지의 이용으로 소규모의 소각시스템에 적용하는 것이 바람직하고, 대규모의 소각시스템은 전력 생산이나 열병합 발전을 통하여 에너지의 이용효율을 증가시키는 방법을 적용한다. 표 4.11은 소각에너지 회수 시설에서 운용가능한 열 회수 방법의 장단점을 비교한 자료이다.

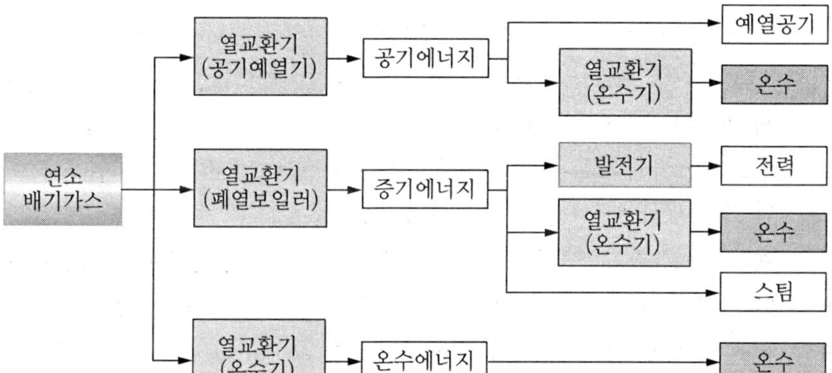

그림 4.16 소각시설에서 발생된 연소열의 회수 형태[3]

표 4.11 소각열에너지 이용방식에 따른 특성과 장·단점[3,9,16,20]

항목	발 전	열 공급	발전+열 공급
공정	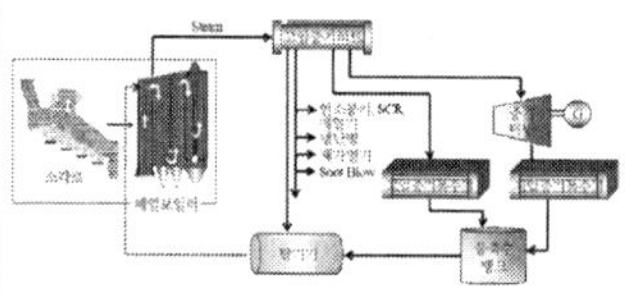	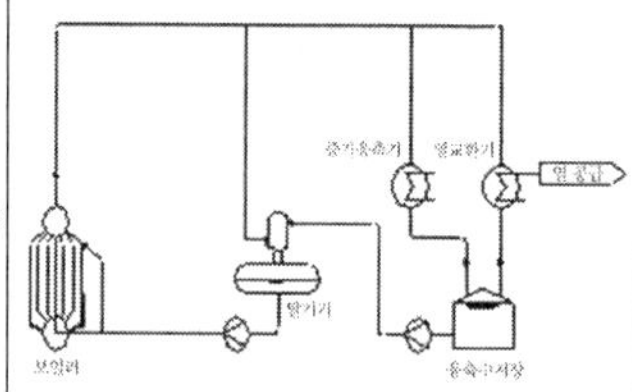	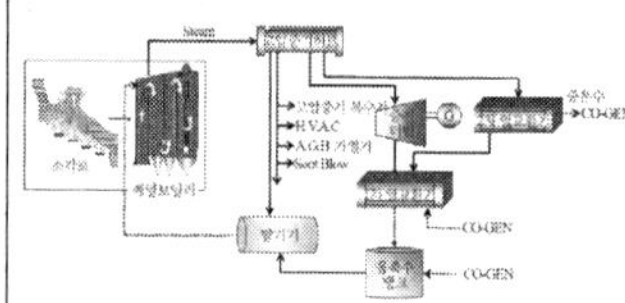
장점	• 정전 시에도 소 내 동력 공급 • 소각장 계획 시 별도 추진 가능 • 배압식 : 터빈 후단의 배출된 증기의 열 이용 가능 • 복수식 : 발전량이 배압식 대비 많음	• 증기의 잠열과 현열을 이용 • 잉여증기는 공냉식 증기복수기에서 응축하여 보일러 급수로 사용 • 여열의 회수효율이 좋음	• 증기를 증기터빈으로 발전 후 배출 증기는 열 교환하여 열 공급하는 방식으로 증기의 잠열과 현열을 이용가능 • 소 내에 전력 공급 • 폐열의 회수효율이 좋음 • 경제적인 수익률이 매우 높음
단점	<배압식> • 폐열 이용률이 낮음 (증기보유 열량의 15% 정도 사용) <복수식> • 터빈 후단의 온도가 낮아 열 이용이 어려움 • 복수기 냉각으로 열손실 발생 • 시설비가 배압식 대비 높음	• 하절기 열 공급 부하 감소 시에 대한 대책 필요 • 지역난방시설이 소각장과 근접 위치 필요 (열 공급라인 설치 필요) • 지역난방 보수 시 증기를 별도 처리해야 함.	• 시설비가 많이 소요됨 • 지역난방 등에 열 공급할 수 있는 열 공급라인 등의 인프라가 필요

표 4.12는 생활폐기물 소각시스템에서 발전을 고려한 열 회수 시스템들을 보여주고 있는 것이다. 회수된 열을 이용하여 단순히 전력만을 생산한다면 30~40% 정도(자체 열 이용 포함)의 에너지 효율을 얻을 수 있다. 그러나 복수기에서 손실되는 열을 회수할 수 있는 열병합시스템을 활용한다면 에너지효율은 60~70%로 증가하게 되며 최대 80%까지 열 회수가 가능한 것으로 알려져 있다. 이러한 시스템은 폐열 회수 보일러에서 발생되는 증기를 이용하여 증기식 터빈 발전기를 운전하고 유출되는 증기와 발전용량을 초과하여 생산된 증기를 지역난방이나 급탕, 온수로 이용하는 시스템으로 에너지의 활용을 극대화시킬 수 있다. 또한 흡수식 냉각시스템을 이용하여 발전 후 배출되는 폐열을 이용하여 냉방할 수 있는 시스템이 독일과 일본 등에서 개발되어 적용되고 있다. 그러나 소각로 폐열보일러에서 열 회수율을 높이고자 할 경우에 증기의 압력과 온도를 높게 조절하는 경우 부식의 문제가 발생되며, 소각 배가스 중에 존재하는 부식성 가스 및 분진에 의한 부식과 쓰레기의 연소상태에 따라 열부하 변동이 심하기 때문에 보일러의 내구성에 대한 고려가 충분히 이루어져야 한다.

표 4.12 쓰레기 소각에서 발전을 고려한 열 회수 시스템[5]

발전모델		발전시스템	비고
표준형 방식	소각보일러 표준온도 및 압력	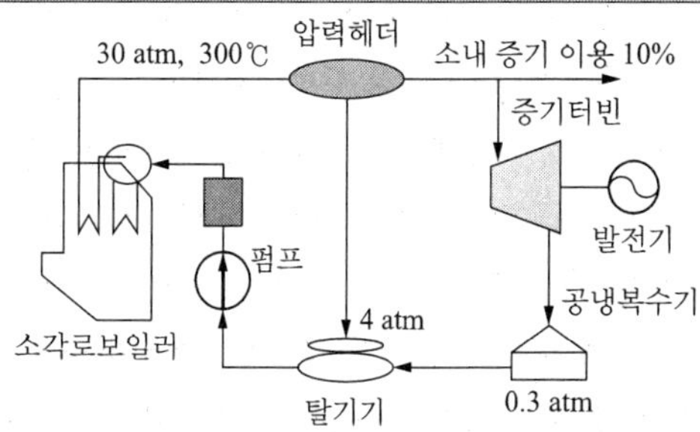	• 가장 일반적인 소각 발전시스템
고온 · 고압 방식	소각보일러 고온·고압방식	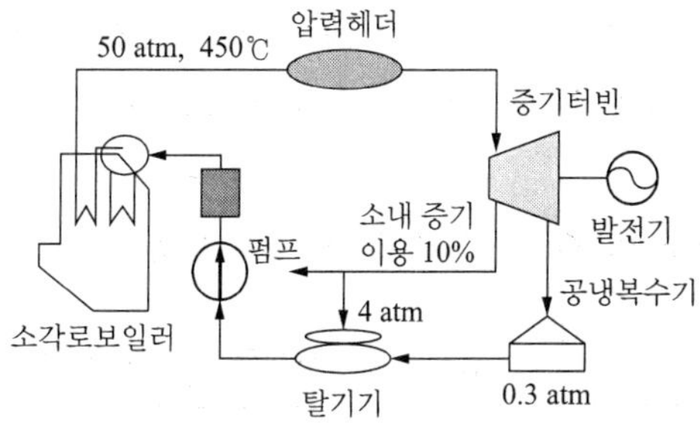	• 고온부식에 의한 과열기를 소모품으로 사용 • 신소재 개발 등으로 새로이 제시되고 있는 시스템 • 독일 : 63 atm × 500℃ 미국 : 64 atm × 443℃
재열 사이클 방식	소각로 보일러 재가열형	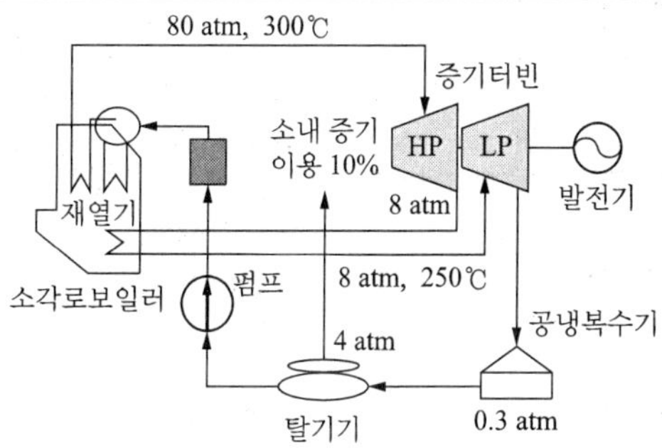	• 고압 터빈 배출 증기의 재가열로 열효율을 높인 시스템 • 재가열방식을 독립적으로 사용 가능(석탄, LPG보일러 등 사용)

소각 에너지화 시설에서 폐기물의 발열량에 따라서 전력 생산에 큰 차이를 나타난다. 현재 발전가능한 폐기물의 최소 저위발열량은 약 1,200 kcal/kg으로 알려져 있다. 그러나 발열량이 작은 경우 발전시스템의 시설비와 에너지 회수 이익을 충분히 고려하여 시스템을 적용하여야 한다. 또한 폐기물의 발열량이 2,000 kcal/kg 이상에서는 300~500톤/일 규모에서도 발전에 의한 회수 에너지의 경제성이 확보될 수 있으며, 폐기물의 저위발열량이 높아지면 시설의 규모가 이것보다 작아져도 회수 에너지의 경제성은 존재한다. 결과적으로 다양한 열 이용시스템의 설치에 따른 건설비의 증가와 에너지 효용가치를 열경제학적(thermoeconomic) 측면에서 충분히 평가한 후 소각로를 이용한 에너지 활용방안을 선정하여야 한다.

6. 소각 에너지화 시설에서 발생된 소각재 처리기술

소각 에너지화 시설에서는 발생되는 부산물은 연소열 이외에 바닥재와 비산재가 존재한다. 특히 비산재의 경우에는 다이옥신 등의 유기독성 물질이 흡착되어 있거나 중금속이 농축되어 있을 수 있어 지정폐기물로서의 관리여부를 평가하여 후속 처리해야 한다. 표 4.13은 소각재 처리기술의 원리 특징을 비교한 것이다. 바닥재의 경우에는 대부분 유가 금속을 자력선별 등을 활용하여 회수하고 매립처분하고 있다. 용융처리방법은 소각설비에 부대시설로 설치하여 운영할 수 있으며, 인천 청라소각장의 경우 플라즈마용융설비를 설치하여 운전한 경험이 있으며, 계룡시의 경우도 소각재 용융처리장치로 플라즈마시설을 활용하고 있다. 소각 에너지화 시설로서 열분해/용융시설을 활용하고 있는 시스템에서 소각재는 대부분 용융처리되고 있다.

표 4.13 소각재 처리기술의 원리와 특징의 비교 분석[16]

항목	1. 용융처리(고화)법	2. 시멘트 고화법	3. 약제 처리법	4. 용매 추출법	5. 숙성처리법
원리와 특징	• 1,200~1,400℃에서 가열·용융 • 바닥재와 비산재 혼합처리 기술은 실용화됨 • 비산재 대상기술은 실증/상용화단계 • 용융 비산재는 2, 3, 4의 방법에 따라 후속처리 가능함	• 시멘트와 균질 혼합 후 성형과 양생처리함 • 운전이 용이하고 건설비가 저렴함 • 가장 많이 사용되고 있음	• 킬레이트와 소각재 중의 중금속과 반응시켜 화학적으로 안정화시킴 • 운전이 용이하고 건설비가 저렴함 • 킬레이트 이외에는 Pb 용출억제가 불충분함	• 산성용매(염산)로 중금속을 용출한 후 화학적으로 안정화시킴	• 배가스(CO_2)와 접촉시켜 화학적으로 안정화함 • 운전비 다소 저렴함
대상물의 조건					
조성	• 금속, 수분, 미연물 함유량에 따라 적용에 한계가 있는 경우도 있음	• 강알칼리 소각재에는 pH 조정제를 첨가함 • pH 10~11 • CaO 30~60%	• 강알칼리 소각재에는 pH 조정제를 첨가 • pH 10~11 • CaO 30~60%	• 전기집진 비산재 • 백필터 비산재 • pH 10~11 • CaO 30~60%	• 전기집진 비산재 • 백필터 비산재 • pH 10~11 • CaO 30~60%
시스템					
처리능력	50~8,000 kg/hr (방식에 따라 상이)	50~4,000 kg/hr	50~4,000 kg/hr	50~500 kg/hr	50~2,000 kg/hr

항목	1. 용융처리(고화)법	2. 시멘트 고화법	3. 약제 처리법	4. 용매 추출법	5. 숙성처리법
			물질수지		
무해화	• 용융슬래그로부터 중금속 용출은 없음 • 슬래그를 건설자재로 재활용 가능함 • 비산재에 함유된 고농도의 다이옥신류 분해 가능	• 장기적으로 중금속·염류의 용출 가능성 존재 • 다이옥신류의 분해가 안 됨	• 염류의 용출은 있지만 중금속의 용출위험은 비교적 적음 • 다이옥신류의 분해가 안 됨	• 장기적으로 중금속 용출가능성 있음 • 다이옥신류 분해 안 됨	• 중금속의 용출은 탄산염전환율에 의존 • 탈수처리한 처리잔사는 장기적으로 용출위험이 있음 • 다이옥신류는 분해가 안 됨
안정화	• 장기간 안정성 유지	• 시멘트의 첨가량이 적고 양생기간이 짧으면 균열·붕괴	• 시멘트 고화법에 비교하여 안전성 있음 • 장기적으로 침출 가능	• 안정도는 불용화방법에 따라 다름	• 탄산염의 화학적 안정도에 의존 • 산성우에는 대부분 무효
감용감량	• 1/5～1/6 • 0.9～1.0배	• 1/25～1/3 (시멘트, 물 포함) • 1.4～1.5배	• 1/3～1/4 (킬레이트, 물 포함) • 1.3～1.4배	• 1/3～1/4 • 0.3～0.5배	• 1/4～1/5 • 0.5～0.6배 (탈수 후)
폐수처리장치	• 세정수 : 0.5 m^3/톤	• 세정수 : 0.5 m^3/톤	• 불필요	• 추출액처리 : 중금속 • 염류의 처리	• 전용폐수처리가 필요
기타장치	• 용융비산재 처리장치	• 집진장치	• 가연성 가스검지기	• 가연성 가스검지기	• 가연성 가스검지기

4.3.2 가연성 폐기물의 SRF 제조기술

1. SRF의 종류 및 분류

SRF(Solid Refuse Fuel)란 기존에 RDF(Refuse Derived Fuel), TDF(Tire Derived Fuel), WDF(Wood Derived Fuel), PDF(Plastic Derived Fuel) 등으로 세분화되어 활용되던 고형연료를 SRF로 통합시켜서 사용하게 된 것이다. SRF는 폐합성수지류, 폐지류, 폐목재류 등과 같은 가연성 고체 폐기물을 원료로 하여 분쇄, 분리, 선별, 건조, 성형 등의 가공 공정을 거쳐서 수분과 불연성 성분들을 제거해 고형연료제품 품질기준에 맞도록 제조한 재활용 연료제품을 말한다.

표 4.14 SRF와 Bio-SRF의 제조원료와 제조형태[1]

종류	제조원료	제조형태
SRF	① 생활폐기물 (음식물류폐기물 제외) ② 폐합성수지류 (자동차 파쇄잔재물(ASR) 제외) ③ 폐합성섬유류 ④ 폐고무류 (합성고무류 포함), ⑤ 폐타이어 그 밖에 에너지로 사용이 가능하다고 환경부장관이 인정하여 고시하는 가연성 고형폐기물	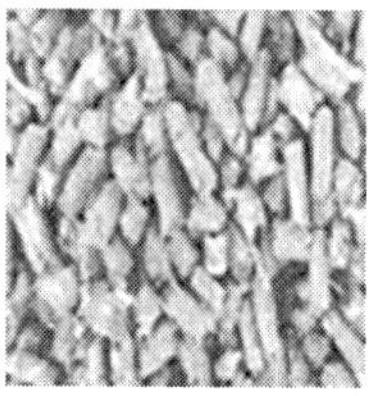 성형  비성형
Bio-SRF	① 폐지류 ② 농업폐기물 (왕겨, 쌀겨, 옥수수대 등 농작물 부산물) ③ 폐목재류 (철도폐침목, 전신주 제외) ④ 식물성 잔재물 (땅콩껍질, 호두껍질, 팜껍질 등) ⑤ 초본류 폐기물 그 밖에 에너지로 사용이 가능하다고 환경부장관이 인정하여 고시하는 바이오매스(bio-mass)폐기물	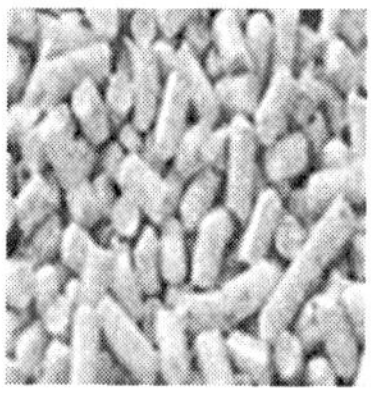 성형  비성형

주) 「자원의 절약과 재활용 촉진에 관한 법률 시행규칙」 별표 1

표 4.14는 SRF의 종류와 제조원료 및 제조형태를 나타낸 것으로 단순 소각 또는 매립되는 폐기물 중 자원으로의 이용가치가 있는 가연성 폐기물을 원료로 사용하여 만든 연료제품이며 제조원료에 따라 일반 고형연료제품(SRF)과 바이오 고형연료제품(Bio-SRF), 제조형태에 따라 성형과 비성형으로 분류한다.

SRF의 사용시설은 ① 시멘트 소성로, ② 화력발전시설, 열병합발전시설 및 발전용량이 2 MW 이상인 발전시설, ③ 석탄 사용량이 2톤/시간 이상인 지역난방시설, 산업용보일러, 제철소 로(furnace), ④ 고형연료제품 사용량이 200 kg/시간 이상인 보일러 시설 등에서 사용이 가능하다. 그러나 「대기환경보전법」에 의해서 고체연료 사용제한으로 지정되어 있는 서울특별시, 6대 광역시(부산·인천·대구·광주·대전·울산) 및 수도권 13개 도시(수원·부천·과천·성남·광명·안양·의정부·안산·의왕·군포·시흥·구리·남양주시)에서 고형연료제품의 사용이 제한되어 있다.

고형연료의 품질관리와 연료사용 후 발생되는 대기오염물질을 저감시키고 연료로서의 가치를 부여하기 위해 표 4.15에 나타낸 바와 같이 SRF는 발열량, 중금속 등 10개 항목, Bio-SRF는 크롬과 바이오매스 함량을 추가하여 12개 항목의 품질기준을 정하여 관리하고 있다.

표 4.15 SRF와 Bio-SRF의 품질항목과 기준[1,18]

검사항목	단위	품질기준 주요항목	
		SRF	Bio-SRF
크기(지름)	mm	성형 : ≤50, 비성형 : ≤50	성형 : ≤50, 비성형 : ≤120
크기(길이)	mm	성형 : ≤100, 비성형 : ≤50	성형 : ≤100, 비성형 : ≤120
수분	wt.%	성형 : ≤10, 비성형 : ≤25	
저위발열량	kcal/kg	수입 : ≥3,650, 제조 : ≥3,500	수입 : ≥3,150, 제조 : ≥3,000
회분	wt.%	≤20	≤15
바이오매스	wt.%	-	>95%
염소	wt.%	≤2.0	≤0.5
황분	wt.%	≤0.6	
수은(Hg)	mg/kg	≤1.0	≤0.6
카드뮴(Cd)	mg/kg	≤5.0	≤5.0
납(Pb)	mg/kg	≤150	≤100
비소(As)	mg/kg	≤13.0	≤5.0
크롬(Cr)	mg/kg	-	≤70

2020년 5월 환경부에서는 고형연료의 품질기준의 엄격하게 관리하여 생산자 스스로 품질향상을 위해 노력하고 고형연료가 연소로에서 사용된 후 대기오염물질 배출 등을 줄이는데 크게 기여하고자 고형연료의 품질등급제를 시행하게 되었으며, 표 4.16은 품질등급을 구분하는 기준을 나타낸 것이다. 이를 통해 고형연료의 품질변동 폭이 좁아지고 품질이 향상될 수 있을 것으로 판단된다.

표 4.16 고형연료제품의 품질등급 구분기준(제20조의2 제3항 관련)[1]

1. 고형연료제품 품질기준항목별 평가점수

가. 일반 고형연료제품

품질기준항목	단위	평가점수		
		3점	2점	1점
(저위)발열량 (수입제품의 경우)	kcal/kg	≥6,000 (≥6,150)	≥5,000 (≥5,150)	≥3,500 (≥3,650)
수은 함유량	mg/kg	≤0.2	≤0.5	≤1
염소 함유량	wt.%	≤0.5	≤1	≤2
황분 함유량 (폐타이어만으로 제조한 경우)	wt.%	≤0.2 (≤1.6)	≤0.4 (≤1.8)	≤0.6 (≤2.0)

나. 바이오 고형연료제품

품질기준항목	단위	평가점수		
		3점	2점	1점
(저위)발열량 (수입제품의 경우)	kcal/kg	≥ 3,600 (≥ 3,750)	≥ 3,300 (≥ 3,450)	≥ 3,000 (≥ 3,150)
수은 함유량	mg/kg	≤ 0.1	≤ 0.3	≤ 0.6
염소 함유량	wt.%	≤ 0.1	≤ 0.3	≤ 0.5
황분 함유량	wt.%	≤ 0.05	≤ 0.1	≤ 0.6

2. 고형연료제품 품질등급 구분기준

품질등급	구분기준
최우수	4개 품질기준항목의 평가점수의 합계가 10점 이상
우수	4개 품질기준항목의 평가점수의 합계가 8점 이상 10점 미만
양호	4개 품질기준항목의 평가점수의 합계가 4점 이상 8점 미만

2. 고형연료의 제조와 활용

2019년 기준으로 SRF 제조시설(258개소)에서 생산된 SRF는 연간 약 3,481천 톤이며, 수입된 SRF의 경우에는 853천 톤 정도이다. 이들 SRF는 발전소, 제지회사, 시멘트소성로 등 157개소의 사용시설에서 연간 4,309천 톤(수입 포함)의 SRF를 사용하고 있다. 국내에서 제조되는 SRF의 양은 매년 증가하고 있으며, 2014년에 비해 2019년에는 425%의 증가율을 보였다.

표 4.17 고형연료제품 수입·제조 및 사용 현황[1,13]

구분		2014년	2015년	2016년	2017년	2018년	2019년
제조시설	시설수*(개소)	219	258	246	263	265	258
	제조량(톤)	817,207	1,269,092	1,536,406	2,292,321	3,068,039	3,481,271
사용시설	시설수*(개소)	84	151	146	152	148	157
	사용량(톤)	787,292	1,756,670	2,982,525	3,614,983	3,900,036	4,309,314
수입	시설수**(개소)	-	13	26	23	17	13
	수입량(톤)	-	449,296	1,447,571	1,121,632	837,294	853,192

* 폐업 포함
** 당해 실적 있는 업체수 기준

3. 물질 선별과 SRF의 제조기술

불순물과 수분을 함유한 생활폐기물을 고형연료화 하는 공정은 제조하는 회사에 따라 많은 차이를 갖고 있으나, 품질기준에 맞는 SRF를 제조하기 위해서는 건조공정과 성형공정 전의 선별공정에서 불연물을 제거하는 것이 매우 중요하다. 특히, 수분 함량이 30～45%로 다소 높은 국내 생활폐기물 경우에는 건조공정 또한 중요하다. SRF의 제조공정을 간단히 나타내면 아래와 같다.

1) **선별공정** : SRF의 원료로 사용되는 생활폐기물(가정쓰레기, 사업장일반폐기물 등)을 SRF 생산 제품의 품질기준을 맞추고, 연소로의 사용목적에 제한을 주지 않도록 유리, 금속, 비철금속 등 불연물을 풍력, 자력 혹은 수선별하는 과정
2) **파쇄공정** : 2차 선별이나 건조와 성형이 잘 될 수 있도록 원료의 크기를 균일하고 작게 파쇄 혹은 분쇄하는 과정으로 1단 파쇄와 다단 파쇄 방법을 사용하기도 함
3) **건조공정** : 직접가열방식에서는 열풍과 같은 고온의 열원으로 원료를 가열하여 원료 속의 수분을 증발시키는 과정(유기성 슬러지와 같은 폐기물의 경우에는 간접가열방식을 적용하기도 함)
4) **성형공정** : 균질화된 가연물질을 고형연료로 사용하기 위하여 수송하거나 저장하기 편리한 형태로 성형하는 최종 단계(성형을 하지 않는 비성형 SRF를 제조할 경우에는 성형과정이 제외됨)

일반폐기물을 이용하여 SRF를 제조하기 위한 기본 공정을 나타내면 다음과 같은 순서를 갖는 것이 일반적인 흐름이다. 폐기물이 고형연료 제조공정에 반입되면, ① 파봉정량공급기(종량제봉투나 쓰레기수거봉투의 파봉), ② 대형물/위험물/유가물질 등의 수선별, ③ 1차 파쇄기(크기가 큰 폐기물 파쇄, 1단 혹은 다단파쇄), ④ 트롬멜 선별기(입도별 물질선별), ⑤ 진동선별기(협잡물 생물학적 처리), ⑥ 2차 파쇄기(대형물 파쇄), ⑦ 비중선별기(비중선별, 풍력 등을 활용), ⑧ 근적외선자동선별기(PVC 제거, 염소를 함유한 성분 제거), ⑨ 분쇄 전 압축(종이 및 필름류 압축), ⑩ 분쇄기(폐기물 분쇄) → 비성형 SRF 생산, ⑪ SRF 압출성형기(SRF 생산)를 거쳐서 고형연료가 생산된다. 이러한 제조공정은 반입되는 폐기물의 특성과 제조회사의 공정 특성에 따라 다르게 된다. 그림 4.17은 상업적으로 이용되고 있는 생활폐기물의 SRF 생산과 활용과정을 보여주고 있는 공정도이다.[18]

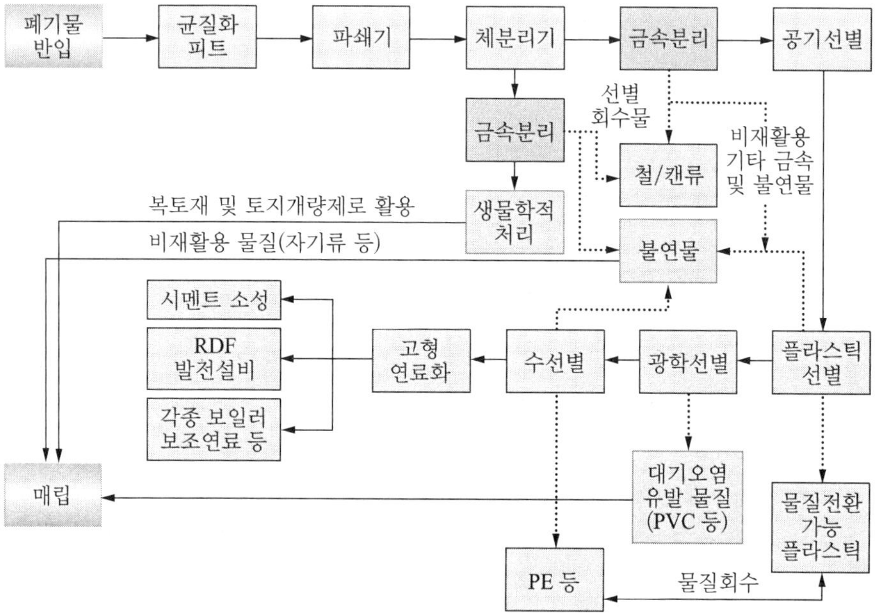

그림 4.17 생활폐기물의 SRF 생산 공정과 사용처 및 부산물 관리의 전체흐름도

4.4 자원순환사회에서의 소각 에너지화 시설의 역할

현재 폐기물 관리의 기본 방향은 폐기물 제로화(waste zero)와 폐기물을 자원으로 회수하여 재이용과 재활용하는 것을 근본으로 하고 있다. 자원이 없는 우리나라의 경제적 관점과 환경적 관점에서 매우 바람직한 방향이다. 그러나 자원순환사회의 구축에서 물질 회수와 재활용은 폐기물의 특성상 앞에서도 살펴봤듯이 100% 달성 가능한 방법이라고 보기에는 어려운 측면이 있다. 첫째 폐기물의 발생원 특성상 물질 회수 재활용이 불가능한 폐기물이 발생하고, 자원재활용과정에서 비용적 측면을 고려한 폐기물의 비정상적 물질흐름이 발생할 수 있으며, 물질 회수과정에서 잔재물의 발생으로 이의 후속처리가 필요하기도 하다. 이러한 일련의 과정에서 발생되는 가연성 폐기물의 처리 대안으로 소각 에너지화 시설이 고려되어야 한다.

최근 폐기물 에너지화 관련 포럼에서 효율적으로 폐자원을 관리하고 처리하기 위한 다양한 정책적 시사점을 다음과 같이 제시하고 있다. ① 자원으로 이용되지 않고 방치되거나, ② 폐기물로 처리되고 있는 것을 자원으로 이용되도록 하거나(미이용 폐자원의 이용량 증대), ③ 이용되고 있다고 하더라도 생산성이 낮거나 부가가치가 낮은 이용방식을 개선하여 고부가가치로 이용되도록 하거나(생산성 향상), ④ 물류의 비효율성을 개선하여 폐자원의 장거리 물류에 수반되는 사회적 비용을 저감하는 것(물류효율 증대) 등이 폐기물관리 정책에 반영될 필요성이 존재한다고 제시되고 있다.

즉 폐자원을 적절한 관리가 필요하며 표 4.2에 나타낸 바와 같이 소각 에너지화 시설이 현재 우리나라의 방치폐기물 처리, 재난폐기물 처리, 재활용 불가능한 가연성 폐기물 처리, 물질 회수과정에서 발생되는 가연성 잔재물 처리 등에 최적으로 활용될 수 있다. 유럽에서 소각 에너지화 시설에 대한 견해를 표 4.18과 같이 정리하여 제시하고 있으며 이를 우리나라에서도 소각 에너지화 시설을 활용하는데 적용가능하리라 판단된다.[21]

표 4.18 폐기물 관리정책과 소각 에너지화 시설과의 관계 및 지향점

	유럽의 견해 (EU위원회와 EU소각연합회)	환경부 정책 분석 (현 자원순환사회 기준)	분석 및 평가
WtE가 폐자원 순환을 방해하거나 억제하는가?	• 그렇지 않음 • 물질 재활용공정을 거친 이후의 폐기물에 적용함 • 매립보다 재활용과 소각이 비용이 적음	• 물질 회수가 최우선함 • 소각/매립부담금으로 비용적 측면에서도 물질 회수가 되도록 하고 있음 • 공공 소각시설 설치는 필요한 시설 보급정책	• 부산물 처리 (SRF공정, 물질선별 등) • 재활용 불가능한 불순물 함유 폐기물 처리 (생활, 일반) • 수해폐기물/방치폐기물 처리 • IWM시스템에서 일정규모의 소각시설이 필요함 (필요한 시설 용량)
WtE가 CO_2의 배출과 기후변화에 기여하는가?	• CO_2가 배출되지만 매립지에서 발생되는 메테인보다는 기여도가 낮음 • 화석연료보다 배출량이 낮음 (회석연료 대체효과)	• 물질 회수가 우선으로 소각처리는 차선임	• 매립이나 물질 회수보다 폐기물안정화 처리에 효과적임 (사업장폐기물) • 신재생에너지로서의 연간 화석연료 대체효과 (양과 금액)
WtE보다 물질 회수(MBT)가 더 적절한 대안인가?	• 물질 회수 후 가연성 잔재물의 소각에 중점 • MBT기술은 유해성분 제거할 수 없음	• 소각과 매립이 재활용보다 더 저렴함 • 발생원에서 적절한 분리배출이 이루어지면 소각량 감소 예상됨 • 소각부담금의 적용 대상	• 시장원리가 적용됨 • 일정 규모 소각시설은 필요함 • 선별재활용과 소각, 매립의 경우 처리비용측면에서 소각이 더 비용이 크게 소요됨

	유럽의 견해 (EU위원회와 EU소각연합회)	환경부 정책 분석 (현 자원순환사회 기준)	분석 및 평가
WtE의 2차 환경오염에 영향을 주는가?	• 현재 소각시설의 대기오염배출이 다른 시설보다 낮아졌음 • 소각배출의 모니터링을 강화하고 있음	• 민간시설의 경우 환경오염 배출과 악취 등의 주변 환경 관리에 취약점을 드러내고 있음. • 배출모니터링 강화 필요함	• 대기오염방지 및 관리시설의 보수와 개선이 일부 필요함 • 정부의 지원 (공공부문과 더불어 민간부분도 일부 지원)
WtE의 회수 에너지의 회수/이용 효율이 효과적인가?	• 소각에서 전력생산효율이 30%까지 높아짐 • 열병합시설에서 80% 이상의 에너지를 회수하고 있음 • 화석연료를 대체함	• 에너지 회수율이 낮으므로 에너지 회수시설로 인정하기 어려움 (소각기업은 수익사업기반의 민간기업) • 공공 소각시설의 경우 에너지 회수효율이 비교적 높음	• 사업장 폐기물의 소각로 투입 전에 선별/분리과정의 인정 여부에 대한 검토가 필요 (에너지 회수효율 향상) • 에너지 회수율 향상과 최적에너지 활용시스템 구축 필요 • 에너지 회수 및 이용시설에 대한 정부 지원

주) WtE; Waste-to-Energy

참고문헌

1. 환경부 홈페이지, www.me.go.kr
2. 환경부, 전국 폐기물 발생 및 처리 현황(2018년도 기준) (2020)
3. 에코스타사업단(폐기물 에너지화 및 non-CO_2 온실가스사업단), 제3분야 non-CO_2 온실가스 저감기술 기획보고서 (2006)
4. 김석완, "유기성 폐기물 자원화 방안(유기성 슬러지를 중심으로)". 2015년 추계 한국열환경공학회 발표초록 (2015)
5. 박종웅, 김석완, 최신 에너지학 개론, 동화기술 (2015)
6. 김석완, 폐기물 열적처리기술의 최신동향, 경북대학교 초청세미나, (2006)
7. 김석완, 해외 폐기물의 에너지화 정책과 기술 적용 동향, 한국폐기물자원순환학회(대구경북지역회 2016 심포지움), (2016)
8. 김석완, 폐기물 에너지화 정책과 기술, 2016 한국환경공단 친환경에너지 민관합동연찬회, (2016)
9. 김석완, 소각시스템의 효율적인 설치계획 및 운영방법, 한국폐기물자원순환학회(대구경북지역회 2001 춘계 산학협동 심포지움), (2001)

10. 김석완, 폐기물 관리분야의 기술동향 (열적처리기술 중심) 및 환경수요분석, 환경관리공단 워크샵, (2004)
11. 경상북도, 경상북도 제2차 폐기물처리 기본계획(최종보고서, 소각기술부문) (2001)
12. 김석완, 폐기물처리시설 주변지역 영향 연구(의성군), 대구한의대학교 산학협력단 (2019)
13. 한국환경공단, 고형연료제품 제조, 사용, 수입 실적 현황(2019년 말 기준) (2020)
14. 국립환경과학원, 폐기물에너지 고효율화를 통한 온실가스 감축 및 여열활용 방안 마련 연구 (1), (II) (2016, 2017)
15. 강준구, 국내 폐기물 에너지 현황 및 법제의 개선방향, 폐자원에너지 정책기술포럼(2차), (2020)
16. 환경부와 국립환경과학원, '폐기물 소각시설의 통합오염방지 및 관리를 위한 최적가용기법 기준서' (2016)
17. 한국에너지기술평가원, 에너지기술개발 전략로드맵(폐기물에너지) (2012)
18. 국립환경과학원, 고형연료제품 제조 및 사용시설의 미세먼지 저감을 위한 관리방안 마련 연구 (2017)
19. CEWEP(Confederation of European Waste-to-Energy Plants) 홈페이지, www.CEWEP.eu
20. Hans Saveyn, Peter Eder, Mark Ramsay, Grégoire Thonier, Kathryn Warren, and Mathieu Hestin, 'Towards a better exploitation of the technical potential of wasteto-energy', Policy report by the Joint Research Centre (JRC), the European Commission's science and knowledge service, European Union (2016)
21. Peter Quicker, Mario Grosso and Stefano Consonni, 'The Zero Waste utopia and the role of waste-to-energy', Waste Management & Research. Vol. 38(5) 481-484 (2020)
22. 미국 EPA홈페이지, www.epa.gov/chp
23. 환경부, 환경백서 (2018, 2019)

5
CHAPTER

국내 폐기물 소각시설의 에너지 회수효율 산정과 적용방법[3]

3) 에너지 회수효율 측정·산정 방법 및 절차 등에 관한 해설서, 국립환경과학원 [2019]

일체형 및 분리형 소각설비에 따라 경계범위는 상이할 수 있다.

22. "내부설비"란 시스템 경계 내의 에너지 생산설비(소각로, 폐열보일러, 발전설비 등)와 보조설비(대기오염방지설비 등)를 말한다.
23. "사업장 내 외부시설"이란 사업장 경계부지 내에서 소각열에너지(증기, 온수, 전기, 소각 배가스 등)를 유효하게 이용하는 시설을 말한다.
24. "외부시설"이란 소각열에너지(증기, 온수, 전기, 소각 배가스, 슬래그 등)를 유효하게 이용하는 사업장 부지경계 밖의 시설을 말한다. 단, 사업장 부지경계 내에 위치한 제3자의 설비 또는 시설에 에너지를 유상으로 공급할 경우도 외부시설로 구분한다.
25. "정기보수"란 소각(열 회수)시설에서 일정한 기한을 정하여 실시하는 예방보수를 말한다.
26. "블로우다운(blowdown)장치"란 보일러 급수의 불순물 등이 농축되어 침전물이 발생하는 것을 방지하기 위해 보일러수를 일부 배출하는 장치를 말한다.
27. "계측기"란 "계량기" 및 "측정기"를 총칭하여 말한다.
28. "계량기"란 「계량에 관한 법률」 제2조제2호의 계량을 위한 기계·기구 또는 장치로서 대통령령으로 정하는 것을 말하며, "대통령령으로 정하는 것"이란 「계량에 관한 법률」 제4조에 따른 기본단위·유도단위 또는 특수단위를 사용하여 계량하는 기계·기구 또는 장치를 말한다.
29. "측정기"란 중량, 용량, 속도, 온도, 열량, 길이 등 양의 크기나 물질적 상태를 양적(수치)으로 측정하여 지시 또는 기록하는 기구를 말한다.
30. "계량"이란 「국가표준기본법」 제3조제12호의 상거래 또는 증명에 사용하기 위하여 어떤 양의 값을 결정하기 위한 일련의 작업을 말한다.
31. "측정"이란 「국가표준기본법」 제3조제9호의 산업사회의 모든 분야에서 어떠한 양의 값을 결정하기 위하여 하는 일련의 작업을 말한다.
32. "검정"이란 「계량에 관한 법률」 제23조 및 제24조에 의하여 검정 또는 재검정의 기준 및 유효기간에 따라 계량기의 검도가 바른지 틀린지를 검정하는 일련의 작업을 말한다.
33. "교정"이란 「국가표준기본법」 제3조제16호의 특정조건에서 측정기기, 표준물질, 척도 또는 측정체계 등에 의하여 결정된 값을 표준에 의하여 결정된 값 사이의 관계로 확정하는 일련의 작업을 말한다.

5.1.2 에너지 회수효율 적용 대상

1. 「폐기물관리법」 제25조제3항에 따른 폐기물처리업 허가를 받은 자나 법 제29조에 따라 설치승인 또는 설치신고를 한 소각열 회수시설 중 다음 기준을 충족하는 시설에 적용된다.
   1) 「폐기물관리법 시행규칙」 제35조에 따른 폐기물처리시설의 설치기준과 규칙 제42조에 따른 폐기물처리시설 관리기준에 적합하게 설치·운영되고 있는 시설
   2) 「폐기물관리법 시행규칙」 제41조제6항의 검사기준(에너지 회수와 공급설비를 갖춘 소각열 회수시설)에 적합판정을 받고 운영 중인 시설
2. 신규시설은 2018년 1월 1일 이후 「폐기물관리법」 제25조제3항에 따라 폐기물처리업 허가를 받은 자가 설치하는 소각열 회수시설과 「폐기물관리법」 제29조에 따라 폐기물처리시설 설치승인 또는 설치신고를 한 자가 설치한 소각열 회수시설을 말하며, 「폐기물관리법 시행규칙」 제35조에 따른 폐기물처리시설의 설치기준과 「폐기물관리법 시행규칙」 제42조에 따른 폐기물처리시설 관리기준에 적합하게 설치된 시설을 말한다.
3. 소각열 회수시설 외에 「자원순환기본법 시행령」 제24조제1항제2호에 따른 폐기물처분부담금 감면을 위해 영 별표 3 제1호가목에 따른 소각시설이 에너지 회수효율을 산정하고자 하는 경우에는 이 고시를 준용한다.
4. 소각열 회수시설의 설치검사 및 정기검사 시 법 제2조제7호나목 및 규칙 제3조제1항제1호가목에 따라 다른 물질과 혼합하지 아니하고 에너지 회수효율 산정을 위한 인자로 적용한다.
5. 「자원순환기본법」 제21조(폐기물처분부담금)에 따라 다음 각 호의 자가 폐기물을 순환·이용할 수 있음에도 불구하고 소각 또는 매립의 방법으로 폐기물을 처분하는 경우 폐기물처분부담금을 부과·징수할 수 있다.
   1) 법 제14조제1항에 따른 특별자치시장, 특별자치도지사, 시장·군수·구청장
   2) 법 제18조제1항에 따른 사업장폐기물 배출자

「자원순환기본법 시행령」

제17조 (폐기물처분부담금의 감면기준)
「자원순환기본법」 제21조제1항에 따른 폐기물처분부담금(이하 "폐기물처분부담금"이라 한다)의 같은 조 제2항에 따른 감면기준은 별표 5와 같다.

별표 5 제2호 (일부 발췌)

감면 대상	감면 비율(%)
2. 폐기물을 소각하는 과정에서 발생한 소각열에너지를 50퍼센트 이상 회수하여 이용하는 경우	
가. 소각열에너지를 75퍼센트 이상 회수하여 이용하는 경우	75
나. 소각열에너지를 60퍼센트 이상 75퍼센트 미만 회수하여 이용하는 경우	60
다. 소각열에너지를 50퍼센트 이상 60퍼센트 미만 회수하여 이용하는 경우	50

비고

1. 위 표 제2호에서 소각열에너지를 회수하여 이용하는 비율(이하 "소각열에너지 회수효율"이라 한다)은 다음 각 목의 방법에 따라 산정한다.
   가. 회수에너지 총량을 투입에너지 총량으로 나눈 비율로 산정하되, 세부 산정방법은 환경부장관이 정하여 고시하는 바에 따른다.
   나. 2기 이상의 소각시설을 설치·운영하는 사업장에서 처분하는 경우 개별 소각시설별 소각열에너지 회수효율을 소각량에 따라 가중 평균하여 산정한다.
   다. 나목에도 불구하고 하나의 부과·징수 대상자의 폐기물을「폐기물관리법」제29조제2항에 따라 환경부장관의 승인을 받거나 환경부장관에게 신고를 한 후 운영하는 2기 이상의 소각시설에서 처분하는 경우로서 개별 소각시설별로 처분한 폐기물의 종류와 양을 명확하게 구분하여 증명하는 경우에는 각 소각시설별로 소각열에너지 회수효율을 산정할 수 있다.

5.2 에너지 회수효율 산정범위 및 방법

5.2.1 에너지 회수효율 산정범위

에너지 회수 및 공급설비를 갖춘 소각(열 회수)시설의 에너지 회수효율 산정범위(시스템 경계, system boundary)는 폐기물 투입구부터 에너지 생산설비(소각로, 보일러, 절탄기, 발전설비 등)와 보조설비(대기오염방지설비 등)까지이며, 그림 5.1에 표현하였다.

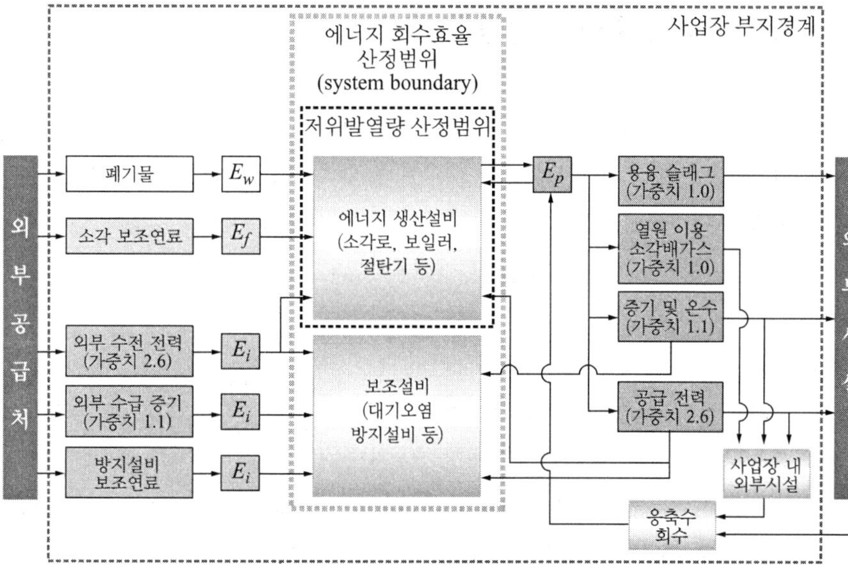

그림 5.1 에너지 회수효율 산정범위(시스템 경계)

에너지 회수효율 산정인자는 투입 폐기물 보유 에너지(E_w), 에너지 생산에 기여하며 외부에서 공급받은 에너지(E_f), 에너지 생산에 기여하지 않으며 외부에서 공급받은 에너지(E_i) 및 유효 이용 에너지(E_p)로 구성된다. 저위발열량 산정범위는 폐기물 보유 열량(E_w)을 도출하기 위한 모든 설비를 포함하며, 이는 에너지 회수효율 산정범위 내에 위치한다. 단, 저위발열량 산정범위는 시설 특성(소각로 및 보일러 형태 등)에 따라 상이할 수 있다. 유효 이용 에너지(E_p)의 형태는 일반적으로 증기, 온수, 전력, 소각 배가스(열원을 이용하는 배가스로 한정), 용융 슬래그로 구분할 수 있으며, 에너지 회수효율 산정 시 전력은 2.6, 증기 및 온수는 1.1, 소각 배가스와 용융 슬래그는 1.0의 가중치를 적용한다. 유효 이용 에너지(E_p)의 공급처는 일반적으로 소각설비, 사업장 내 외부시설, 외부시설 등으로 구분할 수 있다. 에너지 회수효율 산정인자(E_w, E_f, E_i, E_p)의 도출을 위한 세부 계측항목은 계측기의 부착 유·무, 부착위치, 검·교정 수행여부, 소각설비의 형태 및 특성, 에너지 공급 계통 및 공급처 등을 면밀히 검토하여 결정한다.

5.2.2 에너지 회수효율 산정방법 개요

에너지 회수효율과 관련된 모든 산정방법은 각 소각설비 개별 적용을 원칙으로 하며, 계측기 부착 또한 각 소각설비 개별 부착해야 한다. 에너지 회수효율 산정을 위해 계측 데이터로부터 4가지 산정인자(E_w, E_f, E_i, E_p)를 도출해야 하며, 도출된 산정인자를 최종적인 에너지 회수효율을 산정한다.

$$\text{에너지 회수효율(\%)} = \frac{E_p - (E_f + E_i)}{0.97^{4)} \times (E_w + E_f)} \times 100$$

1. E_p : 산정기간 동안 열원 또는 전기 등의 형태로 생산한 에너지 중 유효하게 이용한 에너지(Gcal/년, 전기 2.6, 증기·온수 1.1 가중)
2. E_f : 산정기간 동안 에너지 생산에 기여하며, 외부에서 공급받은 에너지 즉, 폐기물 에너지를 제외한 소각로 및 보일러 등에 공급된 보조연료(등유, 경유, LNG, SRF 등) 에너지(Gcal/년)
3. E_i : 산정기간 동안 에너지 생산에 기여하지 않으나, 외부에서 공급받은 에너지(Gcal/년, 전기 2.6, 증기·온수 1.1 가중) 즉, 폐기물에 포함된 에너지(E_w), 소각로 및 보일러 등에 공급된 에너지(E_f) 이외에 외부에서 공급받아 투입된 에너지, 소각시설에서 사용한 전기 및 연료량이 해당, 정기 유지 보수기간에 사용하는 전기 및 순환하는 에너지는 제외
4. E_w : 산정기간 동안 처리되는 모든 폐기물이 보유한 에너지(Gcal/년), 폐기물의 저위발열량을 사용하여 계산

5.2.3 산정인자 정의 산정방법

1. E_p : 생산된 에너지 중 유효하게 이용한 에너지

1) E_p 정의

E_p는 산정기간 동안 열원 또는 전기 등의 형태로 생산한 에너지 중 유효하게 이용

4) 국내 소각시설의 평균 방열손실률 3.9%를 고려하여 0.97로 적용함. EU의 경우도 유럽의 소각시설의 평균 방열손실 3.5%를 고려하여 0.97 적용하고 있음.

한 에너지를 말하며, 전기 2.6, 증기 및 온수 1.1, 소각 배가스 및 용융 슬래그 1.0의 가중치를 적용하여 산정한다.

2) E_p 인정기준

① E_p의 인정여부를 결정하기 위해서는 에너지 형태 및 에너지 공급처 등을 고려해야 한다.

② E_p로 인정되는 에너지 형태는 일반적으로 열원 또는 전기 에너지이며, 열원의 종류에는 증기, 온수, 소각 배가스 및 용융 슬래그가 존재한다. 이외의 형태로 에너지를 공급하는 경우 설비특성 등을 고려하여 E_p 인정여부를 검토할 수 있다.

③ 에너지 공급처는 크게 소각설비, 사업장 내 외부시설, 외부시설로 구분할 수 있으며, 각 명칭의 정의 및 인정 에너지 종류는 아래와 같다.

㈀ 소각설비 : 소각설비는 에너지 생산설비(소각로, 폐열 보일러, 절탄기 등) 및 보조설비(대기오염방지설비 등)를 비롯하여 소각공정과 관련된 모든 설비를 말한다.

㈁ 사업장 내 외부시설 : 사업장 내 외부시설은 사업장 부지 경계 내 소각설비를 제외한 모든 장치, 설비 및 시설 등을 말한다.

㈂ 외부시설 : 외부시설은 일반적으로 사업장 부지경계 외의 시설을 말한다. 예외적으로 사업장 부지경계 내에 위치한 제3자의 설비 또는 시설에 에너지를 유상으로 공급할 경우도 외부시설로 구분한다.

④ E_p로 인정받기 위해서는 각 공급처별 계측 데이터의 수집·저장이 가능하여야 하며, 이를 증빙할 경우에 E_p로 인정이 가능하다.

⑤ E_p의 인정여부는 에너지 회수효율 검·인증에 필요한 모든 자료를 검토한 후 인증위원회에서 최종 결정한다.

사업장 부지경계 구분에 따른 E_p 인정 기준

1. 에너지 생산설비에서 E_p로 인정 가능한 에너지는 전기로 한정된다.
2. 이외의 에너지 공급처에서는 전기와 열원 모두 E_p로 인정 가능하다.

<table>
<tr><th>경계 구분</th><th colspan="2">시설 및 설비 구분</th><th>E_p 인정 에너지</th><th>설비·시설 예시</th></tr>
<tr><td rowspan="4">사업장 내</td><td rowspan="2">소각
설비</td><td>에너지 생산설비</td><td>• 전기</td><td>• 연소용 공기 예열기
• 보일러 급수 예열기
• 탈기기 등</td></tr>
<tr><td>보조설비</td><td>• 전기 및 열원</td><td>• 공조설비(냉·난방 설비 등)
• 대기오염방지설비
• 백연방지설비 등</td></tr>
<tr><td colspan="2">사업장 내 외부시설</td><td>• 전기 및 열원</td><td>• 건조설비(하수 슬러지 등)
• 금속 회수설비
• 혐기성 소화설비
• 주민편익시설 등</td></tr>
<tr><td colspan="2">외부시설(제3자 운영)</td><td>• 전기 및 열원</td><td>• 전력생산 업체 등</td></tr>
<tr><td>사업장 외</td><td colspan="2">외부시설</td><td>• 전기 및 열원</td><td>• 한국지역난방공사
• 한국전력공사
• 인근 지역 산업체 등</td></tr>
</table>

※ 에너지원별 가중치 : 전기 2.6, 증기 및 온수 1.1, 소각 배가스 및 슬래그 1.0

2. E_f : 에너지 생산에 기여하며, 외부에서 공급받은 에너지

1) E_f 정의

① E_f는 산정기간 동안 에너지 생산에 기여하며, 외부에서 공급받은 에너지로서 폐기물 에너지를 제외한 소각로 및 보일러 등에 공급된 보조연료를 말한다.

② 소각설비의 정상가동 개시 또는 중단 시 투입되는 보조연료도 E_f에 포함하여 에너지 회수효율을 산정해야 한다.

2) E_f 종류 및 저위발열량 적용기준

① E_f의 종류로는 LNG, 경유, 등유 및 부생연료유 등을 일반적으로 사용하며, 보조연료의 열량 환산 시 각 보조연료의 저위발열량(순 발열량)은 「에너지법 시행규칙」 별표 1의 에너지 열량 환산기준을 적용한다.

② 고형연료제품(SRF)을 소각 보조연료로 사용하는 경우 저위발열량은 고형연료제품 제조시설 정기검사 결과[5]를 적용한다.

5) 「자원의 절약과 재활용촉진에 관한 법률」 제25조의8(고형연료제품 제조시설 및 사용시설의 정기검사)

3. E_i : 에너지 생산에 기여하지 않으나, 외부에서 공급받은 에너지

1) E_i 정의

① E_i는 외부로부터 공급받은 에너지 중 에너지 생산에 기여하지 않는 에너지로서, 소각설비(에너지 생산설비, 대기오염방지설비 등)를 운영하는데 투입된 전기와 대기오염방지설비에 투입된 보조연료를 말한다.

② 단, 공정특성상 에너지 생산설비에서 생산된 열원 이외의 열에너지를 외부에서 공급받아 대기오염방지설비에 투입하는 경우는 E_i에 포함하여 에너지 회수효율을 산정한다.

2) E_i 종류

① E_i는 일반적으로 소각설비에 투입되는 전기 에너지와 보조설비에 사용되는 보조연료로 구분된다. 즉, 소각설비에 투입되는 모든 전기 에너지는 E_i에 포함되며, 보조연료는 보조설비에 투입되는 일부만 E_i로 구분된다.

② E_i의 산정을 위한 전력량 데이터 제출 시 각종 송풍기, 펌프, 폐기물 투입장치 및 대기오염방지설비(전기 집진기 등)에 사용되는 전력이 반드시 포함된 결과 값.

③ 단, 사업장 내 외부시설에 투입되는 전력량은 E_i에서 제외가 가능하기 때문에 E_i의 전력량 산정범위는 전력 계통도 및 전력량계 부착위치 등을 고려하여 적용한다.

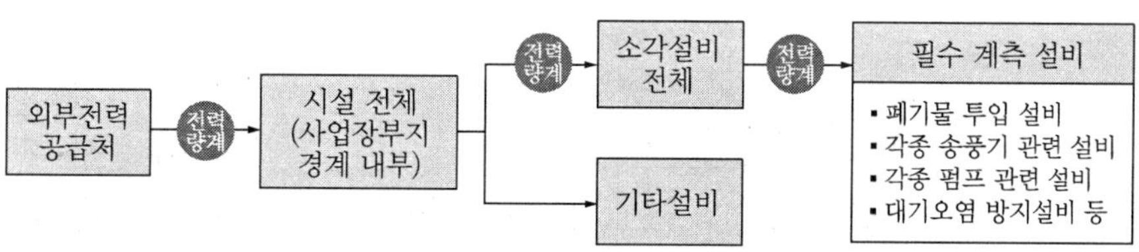

그림 5.2 E_i (전기 에너지 해당) 산정을 위한 전력량계 부착위치 및 필수 계측 설비

④ E_i 중 대기오염방지설비에 투입되는 보조연료는 소각로에 투입되는 보조연료(E_f)와 구분하여 계측·저장되어야 한다. 따라서 보조연료 유량계는 소각로와 대기오염방지설비 투입 라인에 각각 부착하여야 한다.

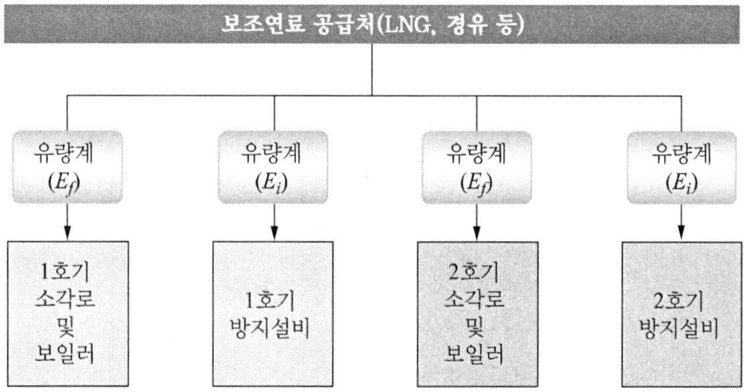

그림 5.3 보조연료 유량계 부착위치

⑤ E_i 중 대기오염방지설비에 투입되는 외부 수급 증기가 존재할 경우 별도의 유량계를 부착하여 공급 증기 유량을 측정·저장해야 한다.

4. E_w : 처리되는 모든 폐기물이 보유한 에너지

1) 에너지 회수효율 산정기간 동안 처리된 폐기물의 총 보유 에너지를 말하며 폐기물 저위발열량(lower heating value)을 이용하여 산정한다.
2) E_w는 소각로에 투입되는 모든 종류의 폐기물을 포함하며, 폐기물 투입 종류에 따른 계량 및 저장 방법을 구축해야 한다.

「에너지법 시행규칙」 별표 1 (에너지 열량 환산기준)

구분	에너지원	단위	총발열량			순발열량		
			MJ	kcal	석유환산톤 (10^{-3} TOE)	MJ	kcal	석유환산톤 (10^{-3} TOE)
석유	원유	kg	45.0	10,750	1.075	42.2	10,080	1.008
	휘발유	L	32.7	7,810	0.781	30.4	7,260	0.726
	등유	L	36.7	8,770	0.877	34.2	8,170	0.817
	경유	L	37.8	9,030	0.903	35.2	8,410	0.841
	B-A유	L	39.0	9,310	0.931	36.4	8,690	0.869
	B-B유	L	40.5	9,670	0.967	38.0	9,080	0.908
	B-C유	L	41.7	9,960	0.996	39.2	9,360	0.936
	프로판(LPG1호)	kg	50.4	12,040	1.204	46.3	11,060	1.106

구분	에너지원	단위	총발열량			순발열량		
			MJ	kcal	석유환산톤 (10^{-3} TOE)	MJ	kcal	석유환산톤 (10^{-3} TOE)
	부탄(LPG3호)	kg	49.5	11,820	1.182	45.7	10,920	1.092
	나프타	L	32.3	7,710	0.771	29.9	7,140	0.714
	용제	L	32.8	7,830	0.783	30.3	7,240	0.724
	항공유	L	36.5	8,720	0.872	33.9	8,100	0.810
	아스팔트	kg	41.4	9,890	0.989	39.2	9,360	0.936
	윤활유	L	40.0	9,550	0.955	37.3	8,910	0.891
	석유코크스	kg	35.0	8,360	0.836	34.2	8,170	0.817
	부생연료유1호	L	37.1	8,860	0.886	34.6	8,260	0.826
	부생연료유2호	L	39.9	9,530	0.953	37.7	9,000	0.900
가스	천연가스(LNG)	kg	54.7	13,060	1.306	49.4	11,800	1.180
	도시가스(LNG)	Nm^3	43.1	10,290	1.029	38.9	9,290	0.929
	도시가스(LPG)	Nm^3	63.6	15,190	1.519	58.4	13,950	1.395
석탄	국내무연탄	kg	19.8	4,730	0.473	19.4	4,630	0.463
	연료용 수입무연탄	kg	21.2	5,060	0.506	20.5	4,900	0.490
	원료용 수입무연탄	kg	25.2	6,020	0.602	24.7	5,900	0.590
	연료용 유연탄 (역청탄)	kg	24.8	5,920	0.592	23.7	5,660	0.566
	원료용 유연탄 (역청탄)	kg	29.2	6,970	0.697	28.0	6,690	0.669
	아역청탄	kg	21.4	5,110	0.511	19.9	4,750	0.475
	코크스	kg	29.0	6,930	0.693	28.9	6,900	0.690
전기 등	전기(발전기준)	kWh	8.9	2,130	0.213	8.9	2,130	0.213
	전기(소비기준)	kWh	9.6	2,290	0.229	9.6	2,290	0.229
	신탄	kg	18.8	4,500	0.450	-	-	-

비고

1. "총발열량"이란 연료의 연소과정에서 발생하는 수증기의 잠열을 포함한 발열량을 말한다.
2. "순발열량"이란 연료의 연소과정에서 발생하는 수증기의 잠열을 제외한 발열량을 말한다.
3. "석유환산톤"(TOE: Ton of Oil Equivalent)이란 원유 1톤(t)이 갖는 열량으로 10^7 kcal를 말한다.
4. 석탄의 발열량은 인수식(引受式)을 기준으로 한다. 다만, 코크스는 건식(乾式)을 기준으로 한다.
5. 최종 에너지사용자가 사용하는 전력량 값을 열량 값으로 환산할 경우에는 1 kWh = 860 kcal를 적용한다.
6. 1 cal = 4.1868 J이며, 도시가스 단위인 Nm^3은 0℃ 1기압(atm) 상태의 부피 단위(m^3)를 말한다.
7. 에너지원별 발열량(MJ)은 소수점 아래 둘째 자리에서 반올림한 값이며, 발열량(kcal)은 발열량(MJ)으로부터 환산한 후 1의 자리에서 반올림한 값이다. 두 단위 간 상충될 경우 발열량(MJ)이 우선한다.

5.2.4 저위발열량 산정방법

에너지 회수효율 데이터 수집 기간은 1년이 기준이며, 이는 에너지 회수효율 산정인자 E_p, E_f, E_i, E_w에 모두 적용된다. 이 중 E_w는 연간 소각로에 투입되는 모든 폐기물의 총 보유열량을 뜻하며, 열량 산정은 총 투입 폐기물의 양과 총 투입 폐기물의 저위발열량을 곱하여 산정한다. 따라서 연간 투입된 모든 폐기물을 대표할 수 있는 저위발열량을 도출하는 것이 중요하다. 저위발열량 산정방법은 처리 폐기물의 종류에 따라 구분된다. 생활폐기물 소각시설은 보일러 효율, 배출가스 열손실 및 기타 열손실(방열손실, 바닥재 열손실 등)을 고려하여 별도의 LHV_w식을 마련하였으며, 생활폐기물 소각시설은 저위발열량 산정 시 LHV_w식을 적용한다. 사업장폐기물 소각시설은 소각설비와 폐기물 성상의 다양성을 고려하여 열정산법을 통해 저위발열량을 산정한다.

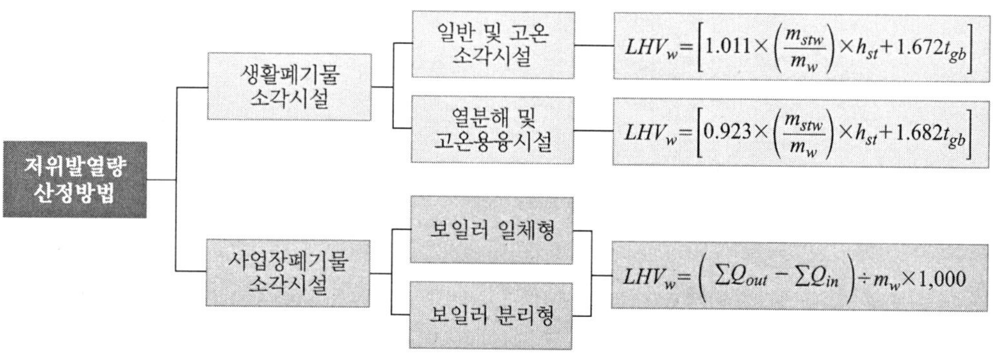

그림 5.4 저위발열량 산정방법 분류

1. 생활폐기물 소각시설의 저위발열량 산정방법

1) 일반/고온 소각시설의 저위발열량 산정방법

생활폐기물 소각시설 중 영 별표 3 제1호가목의 일반 소각시설과 고온 소각시설은 다음의 산정식을 이용하여 저위발열량을 산정한다.

$$LHV_w\,(\text{kcal/kg}) = \left[\left(1.011 \times \frac{m_{stw}}{m_w} \times h_{st}\right) + (1.672 \times t_{gb})\right]$$

$$\text{여기서, } m_{stw} = m_{st} - \left[m_{f1} \times \left(\frac{LHV_f}{h_{st}}\right)\right] \times \eta_b$$

LHV_w	대상 호기 소각로에 투입되는 폐기물의 저위발열량(kcal/kg)
LHV_f	보조연료의 저위발열량(kcal/L, kcal/Nm^3)
m_{stw}	대상 호기에서 폐기물로부터 생산된 증기의 총 생산량(ton/yr)
m_{st}	대상 호기에서 생산된 증기의 총 생산량(ton/yr)
m_w	대상 호기에 투입된 폐기물의 총 투입량(ton/yr)
m_{f1}	증기 생산에 기여한 보조연료(소각로 투입 보조연료)의 총 투입량(kL/yr, kNm^3/yr)
h_{st}	생산된 증기의 순 엔탈피(kcal/kg)
t_{gb}	폐열보일러 후단 배출가스의 평균 온도(℃)
η_b	폐열보일러 효율(%), 80% 적용
1.672	배출가스 온도로 인한 열손실 보정계수(kcal/kg·℃)
1.011	기타 열손실(방열손실, 소각 잔재물 열손실 등) 보정계수

2) 열분해(가스화 포함)시설 및 고온용융시설의 저위발열량 산정방법

생활폐기물 소각시설 중 영 별표 3 제1호가목의 열분해시설(가스화시설 포함)과 고온용융시설은 아래의 산정식을 이용하여 저위발열량을 산정한다.

$$LHV_w\,(\text{kcal/kg}) = \left[\left(0.923 \times \left(\frac{m_{stw}}{m_w}\right) \times h_{st}\right) + 1.682 \times t_{gb}\right]$$

$$\text{여기서, } m_{stw} = m_{st} - \left[m_{f1} \times \left(\frac{LHV_f}{h_{st}}\right)\right] \times \eta_b$$

LHV_w	대상 호기 소각로에 투입되는 폐기물의 저위발열량(kcal/kg)
LHV_f	보조연료의 저위발열량(kcal/L, kcal/Nm^3)
m_{stw}	대상 호기에서 폐기물로부터 생산된 증기의 총 생산량(ton/yr)
m_{st}	대상 호기에서 생산된 증기의 총 생산량(ton/yr)
m_w	대상 호기에 투입된 폐기물의 총 투입량(ton/yr)
m_{f1}	증기 생산에 기여한 보조연료(열분해·용융로 투입 보조연료)의 총 투입량(kL/yr, kNm^3/yr)
h_{st}	생산된 증기의 순 엔탈피(kcal/kg)
t_{gb}	폐열보일러 후단 배출가스의 평균 온도(℃)
η_b	폐열보일러 효율(%), 80% 적용
1.682	배출가스 온도로 인한 열손실 보정계수(kcal/kg·℃)
0.923	기타 열손실(방열손실, 열분해·용융 잔재물 열손실 등) 보정계수

2. 사업장폐기물 소각시설의 저위발열량 산정방법

1) 사업장폐기물 소각시설의 저위발열량 산정방법(열정산법) 개요

사업장폐기물 소각시설은 투입 폐기물의 성상 및 소각로·보일러의 결합 형태 등을 포함한 공정의 특성이 매우 다양하다. 따라서 사업장폐기물 소각시설은 열정산법을 통해 저위발열량을 산정하도록 한다. 열정산방법은 에너지 보존법칙(law of energy conservation)을 바탕으로 저위발열량 산정범위(에너지 생산설비에 한정)를 출입하는 에너지(입·출열 항목)를 규명하여 저위발열량을 도출하는 방법이다. 사업장폐기물 소각시설은 아래의 산정식을 통해 저위발열량을 산정한다.

$LHW_w\,(\text{kcal/kg}) = (\Sigma Q_{out} - \Sigma Q_{in}) \div m_w \times 1{,}000$	
LHV_w	대상 호기 소각로에 투입되는 폐기물의 저위발열량(kcal/kg)
ΣQ_{out}	모든 출열 항목의 총 출열량(Gcal/yr)
ΣQ_{in}	폐기물 보유 열량을 제외한 모든 입열 항목의 총 입열량(Gcal/yr)
m_w	대상 호기에 투입된 폐기물의 총 투입량(ton/yr)

일반적으로 소각설비는 소각로와 폐열보일러는 결합 형태에 따라 보일러 분리형 소각설비와 보일러 일체형 소각설비로 구분된다. 보일러 분리형 소각설비는 소각로의 2차 연소실 출구와 보일러의 입구가 관로를 통해 연결된 구조로서 소각로만을 열정산 경계범위(저위발열량 산정범위)로 설정한다. 보일러 일체형 소각설비는 일반적으로 소각로 상부에 보일러가 직접 연결되어 있는 구조를 말하며, 이 경우 소각로부터 대기오염방지설비 전단까지 열정산 경계범위로 설정하여 입·출열 항목을 결정한다.

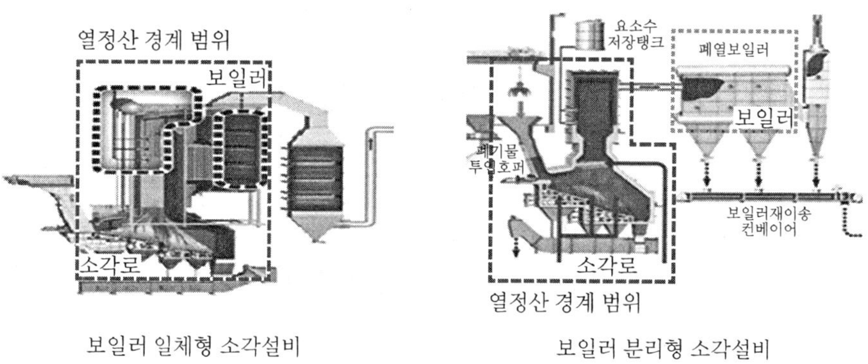

그림 5.5 보일러 결합 형태에 따른 열정산 경계범위 설정 예시

2) 보일러 일체형 소각설비

① 저위발열량 산정방법

(ㄱ) 열정산법 적용 시 열정산 경계범위를 설정한 후 시설 공정특성을 고려하여 입열 항목과 출열 항목을 설정한다.

(ㄴ) 총 출열 항목 열량에서 입열 항목(투입 폐기물 보유열량 제외) 열량을 제외하여 투입 폐기물 보유열량을 산정하고, 결과를 총 투입 폐기물 중량으로 나누어 최종 투입 폐기물 저위발열량을 산정한다.

(ㄷ) 이는 보일러 분리형 소각설비에도 동일하게 적용된다.

표 5.1 보일러 일체형 소각설비의 열정산방법

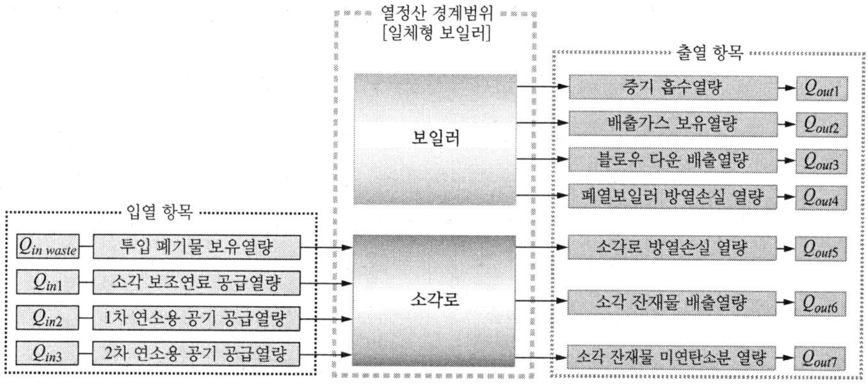

열정산식 (일체형 보일러)	$Q_{in\ waste}\,(\text{Gcal/yr}) = \sum Q_{out} - \sum Q_{in}$	
ΣQ_{in} (폐기물 보유열량 제외)	Q_{in1}	소각 보조연료 공급열량(Gcal/yr)
	Q_{in2}	1차 연소용 공기 공급열량(Gcal/yr)
	Q_{in3}	2차 연소용 공기 공급열량(Gcal/yr)
ΣQ_{out}	Q_{out1}	증기 흡수열량(Gcal/yr)
	Q_{out2}	배출가스 보유열량(Gcal/yr)
	Q_{out3}	블로우 다운 배출열량(Gcal/yr)
	Q_{out4}	폐열보일러 방열손실 열량(Gcal/yr)
	Q_{out5}	소각로 방열손실 열량(Gcal/yr)
	Q_{out6}	소각 잔재물 배출열량(Gcal/yr)
	Q_{out7}	소각 잔재물 미연탄소분 열량(Gcal/yr)
$Q_{in\ waste}$	투입 폐기물 보유열량(Gcal/yr)	

② 열정산 경계범위 설정방법

(ㄱ) 보일러 일체형 소각설비의 경우 소각로부터 대기오염방지설비 전단까지를 범위로 설정하여 입·출열 항목을 결정한다.

(ㄴ) 여기서 대기오염방지설비 전단까지라 함은 증기, 온수, 소각 배가스, 슬래그 등의 열원 생산에 관여하는 모든 설비를 포함하여야 한다는 의미이다.

- Case 1 : 방지설비 전단에 일체형 보일러 외의 추가 보일러가 있는 경우는 방지설비 전단의 모든 보일러를 포함하여 경계범위를 설정한다.
- Case 2 : 방지설비 전단에 절탄기가 있는 경우 절탄기까지 포함하여 경계범위를 설정한다.
- Case 3 : 일체형 보일러 → 기타 설비(방지설비 등 공정특성에 따른 추가 설비) → 추가 보일러 → 절탄기 → 방지설비 순으로 공정이 구성된 경우 방지설비 이전의 모든 설비를 포함하여 경계범위를 설정한다.

③ 보일러 일체형 소각설비의 입·출열 항목별 산정방법

(ㄱ) 보일러 일체형 소각설비의 입열 항목 및 입열 에너지 산정방법

- 입열 항목은 소각로에 투입되는 에너지를 말한다. 입열 항목의 경우 보일러 결합 형태에 따른 차이가 없으며, 산정방법 또한 동일하다.
- 입열 항목은 소각로에 투입되는 에너지를 말하며, 투입 폐기물 보유열량($Q_{in\ waste}$), 소각 보조연료 공급열량(Q_{in1}), 1차 연소용 공기 공급열량(Q_{in2}) 및 2차 연소용 공기 공급열량(Q_{in3})으로 구분된다.

㉮ 소각 보조연료 공급열량(Q_{in1}) 산정방법 : 소각 보조연료 공급열량은 유량에 각 보조연료 종류에 해당하는 저위발열량을 곱하여 산정한다. 소각 보조연료의 종류, 투입 라인 등이 증가함에 따라 입열 항목의 수도 증가할 수 있다.

$Q_{in1} = m_{f1} \times LHV_f \times \frac{1}{1,000}$	
Q_{in1}	소각 보조연료 공급열량(Gcal/yr)
m_{f1}	증기 생산에 기여한 보조연료(소각로 투입 보조연료)의 총 투입량(ton/yr)
LHV_f	보조연료의 저위발열량(kcal/kg)

㉯ 1차 연소용 공기 공급열량(Q_{in2}) 산정방법 : 1차 및 2차 연소용 공기 공급열량의 산정방법은 동일하며, 연소용 공기 공급라인의 구성(라인

수, 투입 방식, 송풍기 종류, 공기 예열여부 등)에 따라 입열 항목의 수가 증가 또는 감소할 수 있다.

$Q_{in2} = A_1 \times c_a \times (t_{a1} - t_0) \times \frac{1}{1{,}000}$	
Q_{in2}	1차 연소용 공기 공급열량(Gcal/yr)
A_1	1차 연소용 공기 총 공급유량(kNm^3/yr)
c_a	공기 비열(kcal/Nm3 · ℃)
t_{a1}	1차 연소용 공기 평균 온도(℃)
t_0	기준온도(℃), 25℃ 적용

㉰ 2차 연소용 공기 공급열량(Q_{in3}) 산정방법 : 1차 연소용 공기 공급열량의 산정방법과 동일하다.

$Q_{in3} = A_2 \times c_a \times (t_{a2} - t_0) \times \frac{1}{1{,}000}$	
Q_{in3}	2차 연소용 공기 공급열량(Gcal/yr)
A_2	2차 연소용 공기 총 공급유량(kNm^3/yr)
c_a	공기 비열(kcal/Nm^3 · ℃)
t_{a2}	2차 연소용 공기 평균 온도(℃)
t_0	기준온도(℃), 25℃ 적용

㈏ 보일러 일체형 소각설비의 출열 항목 및 출열 에너지 산정방법

- 출열 항목은 보일러 형태에 따라 차이가 존재하며, 동일한 보일러 형태인 경우에도 세부 공정 특성 및 계측장비 부착위치 등에 따라 상이할 수 있으므로 보다 면밀한 검토가 요구된다.
- 일반적인 일체형 보일러의 출열 항목은 증기 흡수열량(Q_{out1}), 배출가스 보유열량(Q_{out2}), 블로우 다운 배출열량(Q_{out3}), 폐열보일러 방열손실 열량(Q_{out4}), 소각로 방열손실 열량(Q_{out5}), 소각 잔재물 배출열량(Q_{out6}), 소각 잔재물 미연탄소분 열량(Q_{out7})으로 구분된다.

㉮ 증기 흡수열량(Q_{out1}) 산정방법 : 증기 흡수열량은 열정산 경계범위에 보일러를 포함하는 경우에 산정하는 항목으로 분리형 보일러의 경우에는 산정하지 않는다. 증기 흡수열량이란 소각열에너지를 통해 보일러 급수가 증기로 변환되기 위해 흡수한 열량을 의미한다. 즉, 보일러 급수가 지닌 에너지에서 생산증기가 지닌 에너지까지 소각열에너지를 통

해 상승된 에너지를 말한다. 따라서 보일러의 수, 생산증기 라인 수, 보일러 급수 라인 구성, 각 관련 계측기 부착위치, 탈기기 및 절탄기 유무 등을 검토하여 증기 흡수열량을 산정한다.

$$Q_{out1} = m_{st} \times h_{st} \times \frac{1}{1,000}$$

여기서, $h_{st} = h_1 - h_2$

Q_{out1}	증기 흡수열량(Gcal/yr)
m_{st}	생산 증기 총 유량(ton/yr)
h_{st}	생산 증기 순 엔탈피(kcal/kg)
h_1	생산 증기 엔탈피(kcal/kg)
h_2	폐열보일러 급수 엔탈피(kcal/kg)

㉯ 배출가스 보유열량(Q_{out2}) 산정방법 : 배출가스 보유열량은 일체형 및 분리형 보일러의 열정산 시 모두 적용되는 항목이다. 단, 일체형 보일러에서는 보일러 설비 후단으로 배출되는 가스의 열량을 의미하며, 분리형 보일러에서는 2차 연소실에서 보일러로 유입되는 가스의 열량을 의미한다. 또한, 배출가스 배출라인 수에 따라 출열 항목 수가 증가할 수 있다.

$$Q_{out2} = G_b \times c_{gb} \times (t_{gb} - t_0) \times \frac{1}{1,000}$$

여기서, $G_b = G \times \left(1 + \frac{w_{gb}}{100}\right) \times \left(\frac{21 - O_2}{21 - O_{2b}}\right)$

Q_{out2}	배출가스 보유열량(Gcal/yr)
G_b	폐열보일러 후단 배출가스의 총 유량(kNm^3/yr)
c_{gb}	폐열보일러 후단 배출가스의 비열($kcal/Nm^3 \cdot ℃$)
t_{gb}	폐열보일러 후단 배출가스의 평균 온도(℃)
t_0	기준온도(℃), 25℃ 적용
G	굴뚝 배출가스의 총 유량(건 기준)(kNm^3/yr)
w_{gb}	폐열보일러 후단 배출가스의 평균 수분 함량(%)
O_2	굴뚝 배출가스의 평균 산소 농도(%)
O_{2b}	폐열보일러 후단 배출가스의 평균 산소 농도(%)

㉰ 블로우 다운 배출열량(Q_{out3}) 산정방법 : 블로우 다운 열량은 일체형 보일러의 열정산 시에만 적용된다. 블로우 다운 배출수 유량은 폐열보일러 급수유량에서 생산 증기 유량을 제외하여 산정하기 때문에 급수

와 생산 증기 라인 및 관련 계측기의 부착위치를 고려하여 각 산정인자를 결정한다.

$Q_{out3} = W_d \times h_d \times \frac{1}{1000}$ 여기서, $W_d = W - m_{st}$	
Q_{out3}	블로우 다운 배출열량(Gcal/yr)
W_d	블로우 다운 수의 총 유량(ton/yr)
W	폐열보일러 급수의 총 유량(ton/yr)
m_{st}	생산된 증기의 총 생산량(ton/yr)
h_d	블로우 다운 수(드럼 수)의 엔탈피(kcal/kg)

㉣ 폐열보일러 방열손실 열량(Q_{out4}) 산정방법 : 폐열보일러 방열손실 열량은 일체형 보일러의 열정산 시에만 적용하며, 검사기관에서 측정하여 저위발열량 산정에 적용한다. 폐열보일러의 범위는 소각로 후단부터 방지시설 전단까지이며, 각 설비별로 각각 산정한다.

$Q_{out4} = \sum LR_{gb(gas\ boiler)}$	
Q_{out4}	폐열보일러 방열손실 열량(Gcal/yr)
$\sum LR_{gb}$	모든 폐열보일러(소각로 후단부터 방지설비 전단 사이의 모든 설비 포함) 방열손실 열량 산정 값의 총 합(Gcal/yr) ※ 폐열보일러 방열손실 열량은 「부록. 적외선 열화상 카메라를 이용한 방열손실 측정 및 산정방법」[6]에 따라 검사기관에서 분기별 1회 측정(연간 총 4회 측정)하여 적용한다.

㉤ 소각로 방열손실 열량(Q_{out5}) 산정방법 : 소각로 방열손실 열량은 일체형 및 분리형 보일러 열정산 시 모두 적용한다.

$Q_{out5} = \sum LR_{i(incinerator)}$	
Q_{out5}	소각로 방열손실 열량(Gcal/yr)
$\sum LR_i$	모든 소각로 방열손실 열량 산정 값의 총 합(Gcal/yr) ※ 소각로 방열손실 열량은 「부록. 적외선 열화상 카메라를 이용한 방열손실 측정 및 산정방법」에 따라 검사기관에서 분기별 1회 측정(연간 총 4회 측정)하여 적용한다.

㉥ 소각 잔재물 배출열량(Q_{out6}) 산정방법 : 소각 잔재물 배출열량은 일체

6) 에너지회수효율 측정 산정방법 및 절차 등에 관한 해설서, 2019, p.229-258.

형 및 분리형 보일러 열정산 시 모두 적용한다. 저위발열량 산정은 각 호기별로 산정해야 하므로 소각설비를 2기 이상 보유하고 있는 시설은 각 호기 폐기물 투입비율을 적용한다.

$$Q_{out6} = m_{ba} \times c_{ba} \times (t_{ba} - t_0) \times \frac{1}{1,000}$$

$$\text{여기서, } m_{ba} = M_{ba} \times r_1 \times \left(1 - \frac{w_{ba}}{100}\right), \quad r_1 = \frac{m_w}{M_w}$$

Q_{out6}	소각 잔재물 배출열량(Gcal/yr)
m_{ba}	대상 호기에서 발생된 바닥재의 총 발생량(건 기준)(ton/yr)
c_{ba}	바닥재의 비열(kcal/kg · ℃)
t_{ba}	대상 호기에서 발생된 바닥재의 평균 온도(℃) ※ 바닥재 온도는 검사기관에서 분기별 1회 측정하여 적용한다.
t_0	기준온도(℃), 25℃ 적용
r_1	전체 호기 폐기물 투입량 대비 대상 호기 폐기물 투입량의 비율
M_{ba}	사업장 내 전체 호기에서 발생된 바닥재의 총 발생량(ton/yr)
M_w	사업장 내 전체 호기에 투입된 폐기물의 총 투입량(ton/yr)
m_w	대상 호기에 투입된 폐기물의 총 투입량(ton/yr)
w_{ba}	바닥재의 평균 수분 함량(%)

㉦ 소각 잔재물 미연탄소분 열량(Q_{out7}) 산정방법 : 소각 잔재물 미연탄소분 열량은 일체형 및 분리형 보일러의 열정산 시 모두 적용되며, 아래의 식을 이용하여 산정한다.

$$Q_{out7} = m_{ba} \times \frac{Li_{ba}}{100} \times C \times \frac{1}{1000}$$

Q_{out7}	소각 잔재물 미연탄소분 열량(Gcal/yr)
m_{ba}	대상 호기에서 발생된 바닥재의 총 발생량(건 기준)(ton/yr) ※ ㉥의 소각 잔재물 배출열량 산정방법을 참고하여 산정
Li_{ba}	바닥재의 평균 강열감량(%)
C	탄소열량(kcal/kg), 8,100 kcal/kg 적용

3) 보일러 분리형 소각설비

① 저위발열량 산정방법

분리형 보일러의 저위발열량 산정방법도 일체형 보일러 산정방법과 동일하다. 우선적으로 열정산 경계범위 설정 후 시설 공정특성을 고려하여 입·출열 항목을 설정하고, 저위발열량 산정을 진행한다.

표 5.2 분리형 보일러 열정산방법

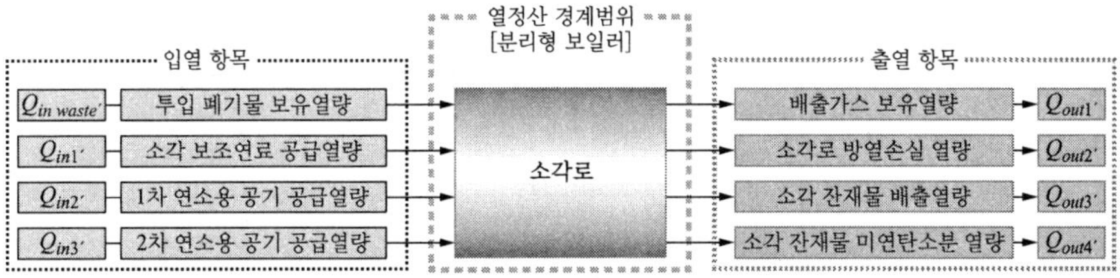

열정산식 (분리형 보일러)	$Q_{in\ waste'}\,(\mathrm{Gcal/yr}) = \Sigma Q_{out'} - \Sigma Q_{in'}$	
$\Sigma Q_{in'}$ (폐기물 보유열량 제외)	$Q_{in1'}$	소각 보조연료 공급열량(Gcal/yr)
	$Q_{in2'}$	1차 연소용 공기 공급열량(Gcal/yr)
	$Q_{in3'}$	2차 연소용 공기 공급열량(Gcal/yr)
$\Sigma Q_{out'}$	$Q_{out1'}$	배출가스 보유열량(Gcal/yr)
	$Q_{out2'}$	소각로 방열손실 열량(Gcal/yr)
	$Q_{out3'}$	소각 잔재물 배출열량(Gcal/yr)
	$Q_{out4'}$	소각 잔재물 미연탄소분 열량(Gcal/yr)
$Q_{in\ waste'}$	투입 폐기물 보유열량(Gcal/yr)	

② 열정산 경계범위 설정방법

분리형 보일러를 보유한 소각설비의 경우 소각로까지(폐열보일러 전단)를 열정산 경계범위로 설정한다. 열정산 경계범위가 대기오염방지설비 전단이 기준이기 때문에 출열 항목 중 폐열보일러와 연관된 증기 흡수열량, 블로우 다운 배출열량, 폐열보일러 방열손실 열량은 제외된다.

- Case 1 : 2종류 이상의 소각로가 결합되어 있는 경우 모든 소각로를 포함하여 경계범위 설정

③ 보일러 분리형 소각설비의 입·출열 항목별 산정방법

(ㄱ) 보일러 분리형 소각설비의 입열 항목 및 입열 에너지 산정방법

- 보일러 분리형 소각설비의 입열 항목은 일체형 보일러와 항목과 산정방법이 동일하며, 투입 폐기물 보유열량($Q_{in\ waste'}$), 소각 보조연료 공급열량 ($Q_{in1'}$), 1차 연소용 공기 공급열량($Q_{in2'}$) 및 2차 연소용 공기 공급열량 ($Q_{in3'}$)으로 구분된다.

㉮ 소각 보조연료 공급열량($Q_{in1'}$) 산정방법 : 소각 보조연료 공급열량은 유량에 각 보조연료 종류에 해당하는 저위발열량을 곱하여 산정한다. 소각 보조연료의 종류, 투입 라인 등이 증가함에 따라 입열 항목의 수도 증가할 수 있다.

$Q_{in1'} = m_{f1} \times LHV_f \times \frac{1}{1,000}$	
$Q_{in1'}$	소각 보조연료 공급열량(Gcal/yr)
m_{f1}	증기 생산에 기여한 보조연료(소각로 투입 보조연료)의 총 투입량 (ton/yr)
LHV_f	보조연료의 저위발열량(kcal/kg)

㉯ 1차 연소용 공기 공급열량($Q_{in2'}$) 산정방법 : 1차 및 2차 연소용 공기 공급열량의 산정방법은 동일하며, 연소용 공기 공급라인의 구성(라인 수, 투입 방식, 송풍기 종류, 공기 예열여부 등)에 따라 입열 항목의 수가 증가 또는 감소할 수 있다.

$Q_{in2'} = A_1 \times c_a \times (t_{a1} - t_0) \times \frac{1}{1,000}$	
$Q_{in2'}$	1차 연소용 공기 공급열량(Gcal/yr)
A_1	1차 연소용 공기 총 공급유량(kNm^3/yr)
c_a	공기 비열($kcal/Nm^3 \cdot ℃$)
t_{a1}	1차 연소용 공기 평균 온도(℃)
t_0	기준온도(℃), 25℃ 적용

㉰ 2차 연소용 공기 공급열량($Q_{in3'}$) 산정방법 : 1차 연소용 공기 공급열량의 산정방법과 동일하다.

$Q_{in3'} = A_2 \times c_a \times (t_{a2} - t_0) \times \frac{1}{1,000}$	
$Q_{in3'}$	2차 연소용 공기 공급열량(Gcal/yr)
A_2	2차 연소용 공기 총 공급유량(kNm^3/yr)
c_a	공기 비열($kcal/Nm^3 \cdot ℃$)
t_{a2}	2차 연소용 공기 평균 온도(℃)
t_0	기준온도(℃), 25℃ 적용

(ㄴ) 보일러 분리형 소각설비의 출열 항목 및 출열 에너지 산정방법

- 분리형 보일러의 출열 항목은 비교적 단순하며, 일반적인 분리형 보일러의 출열 항목은 배출가스 보유열량($Q_{out1'}$), 소각로 방열손실 열량($Q_{out2'}$), 소각 잔재물 배출열량($Q_{out3'}$), 소각 잔재물 미연탄소분 열량($Q_{out4'}$)으로 구분된다.

㉮ 배출가스 보유열량($Q_{out1'}$) 산정방법 : 분리형 보일러의 배출가스 보유열량은 2차 연소실 배출가스의 열량을 의미한다. 따라서 분리형 보일러의 배출가스 보유열량은 2차 연소실 출구 온도를 기준으로 산정한다.

$$Q_{out1'} = G_b \times c_{gi} \times (t_{gi} - t_0) \times \frac{1}{1,000}$$

$$\text{여기서, } G_b = G \times \left(1 + \frac{w_{gb}}{100}\right) \times \left(\frac{21 - O_2}{21 - O_{2b}}\right)$$

$Q_{out1'}$	배출가스 보유열량(Gcal/yr)
G_b	폐열보일러 후단 배출가스의 총 유량(kNm³/yr)
c_{gi}	2차 연소실 출구 배출가스의 비열(kcal/Nm³ · ℃)
t_{gi}	2차 연소실 출구 배출가스의 평균 온도(℃)
t_0	기준온도(℃), 25℃ 적용
G	굴뚝 배출가스의 총 유량(건 기준)(kNm³/yr)
w_{gb}	폐열보일러 후단 배출가스의 평균 수분 함량(%)
O_2	굴뚝 배출가스의 평균 산소 농도(%)
O_{2b}	폐열보일러 후단 배출가스의 평균 산소 농도(%)

㉯ 소각로 방열손실 열량($Q_{out2'}$) 산정방법 : 소각로 방열손실 열량의 산정방법은 일체형 보일러의 산정방법과 동일하다. 단, 방열손실 측정 시 분리형 보일러를 보유한 소각시설도 폐열보일러까지 방열손실을 측정한다.

$$Q_{out2'} = \sum LR_{i(incinerator)}$$

$Q_{out2'}$	소각로 방열손실 열량(Gcal/yr)
$\sum LR_i$	모든 소각로 방열손실 열량 산정 값의 총 합(Gcal/yr) ※ 소각로 방열손실 열량은 「부록. 적외선 열화상 카메라를 이용한 방열손실 측정 및 산정방법」에 따라 검사기관에서 분기별 1회 측정(연간 총 4회 측정)하여 적용한다.

㉰ 소각 잔재물 배출열량($Q_{out3'}$) 산정방법 : 소각 잔재물 배출열량 산정방법은 일체형 보일러의 산정방법과 동일하다.

$$Q_{out3'} = m_{ba} \times c_{ba} \times (t_{ba} - t_0) \times \frac{1}{1,000}$$

여기서, $m_{ba} = M_{ba} \times r_1 \times \left(1 - \frac{w_{ba}}{100}\right)$, $r_1 = \frac{m_w}{M_w}$

$Q_{out3'}$	소각 잔재물 배출열량(Gcal/yr)
m_{ba}	대상 호기에서 발생된 바닥재의 총 발생량(건 기준)(ton/yr)
c_{ba}	바닥재의 비열(kcal/kg · ℃)
t_{ba}	대상 호기에서 발생된 바닥재의 평균 온도(℃) ※ 바닥재 온도는 검사기관에서 분기별 1회 측정하여 적용한다.
t_0	기준온도(℃), 25℃ 적용
r_1	전체 호기 폐기물 투입량 대비 대상 호기 폐기물 투입량의 비율
M_{ba}	사업장 내 전체 호기에서 발생된 바닥재의 총 발생량(ton/yr)
M_w	사업장 내 전체 호기에 투입된 폐기물의 총 투입량(ton/yr)
m_w	대상 호기에 투입된 폐기물의 총 투입량(ton/yr)
w_{ba}	바닥재의 평균 수분 함량(%)

㉱ 소각 잔재물 미연탄소분 열량($Q_{out4'}$) 산정방법 : 소각 잔재물 미연탄소분 열량 산정방법은 일체형 보일러의 산정방법과 동일하다.

$$Q_{out4'} = m_{ba} \times \frac{Li_{ba}}{100} \times C \times \frac{1}{1000}$$

$Q_{out4'}$	소각 잔재물 미연탄소분 열량(Gcal/yr)
m_{ba}	대상 호기에서 발생된 바닥재의 총 발생량(건 기준)(ton/yr) ※ 일체형 보일러의 소각 잔재물 배출열량 산정방법 참조하여 산정
Li_{ba}	바닥재의 평균 강열감량(%)
C	탄소열량(kcal/kg), 8,100 kcal/kg 적용

5.2.5 에너지 회수효율 산정기간

에너지 회수효율 산정기간은 1년을 원칙으로 하며, 시설의 유지관리 등을 위해 정기보수 및 비정기보수에 소요된 "비정상가동 일수"는 산정기간에서 제외한다. 단, 「폐기물관리법 시행령」 별표 3 제3호자목에 해당하는 소각열 회수시설이 설치검사 항목 중 에너지 회수기준을 인증 받고자 할 경우에는 산정기간을 10일로 하며, 이 기간 동안에는 "비정상가동 일수"가 포함되어서는 안 된다. "비정상가동 일수"에 포함되는 기간은 시설 유지관리를 위한 정기보수 및 비정기보수 기간, 계측장비 및 데이터 수집 장치 등의 고장 등으로 인한 데이터 미생성기간 등이 해당된다. 1년간의 에너지 회수효율을 인증받기 위한 "최소 연간 정상가동 일수"는 생활폐기물 소각시설의 경우 「생활폐기물 소각시설 설치·운영지침 해설서」의 기준을 준용하며, 사업장폐기물 소각시설은 "최소 연간 정상가동 일수"가 275일 이상이어야 한다. "최소 연간 정상가동 일수" 기준을 충족한 시설은 당해 연도 전 기간에 대한 에너지 회수효율 인증을 받을 수 있으며, 그렇지 못한 시설은 정상가동 일수에 해당되는 기간만 인증을 받을 수 있다.

총 연간 정상가동 일수 산정 관련 용어정의

1. **산정기간 or 총 데이터 생성기간** : "데이터 생성 시작 일시"부터 "데이터 생성 종료 일시"까지의 기간을 의미한다.
2. **데이터 생성 시작 일시** : 최초 에너지 회수효율 검·인증 신청을 한 해에는 "데이터 인정시점의 0시"를 의미하며, 연차 검·인증 신청을 한 해에는 "당해 연도 1월 1일 0시"를 의미한다.
3. **데이터 생성 종료 일시** : 일반적인 검·인증 신청의 경우 "당해 연도 12월 31일 24시"를 의미한다. 단, 시설 증축 등의 사유로 개보수를 진행하여 당해 연도에 소각설비 운영이 중단된 경우는 중단된 시점을 데이터 생성 종료 일시로 볼 수 있다.
4. **총 연간 정상가동 일수** : "총 데이터 생성기간(산정기간)"에서 "총 연간 비정상가동 일수"를 제외한 기간을 의미한다.
5. **총 연간 비정상가동 일수** : 연간 발생한 비정상가동 일수의 총 합을 의미한다.
6. **비정상가동 일수** : "정상가동 중단 일시"부터 "정상가동 개시 일시"까지의 기간을 의미한다. 비정상가동 기간을 일반적으로 정기보수 또는 비정기보수 기간과 데이터 미생성기간으로 구분할 수 있다.
   (1) Case 1 : 정기보수 및 비정기보수 등의 사유로 소각설비 운영을 중단한 경우는 "보일러의 증기 생산 중단 일시"를 "정상가동 중단 일시"로 설정하며, "소각 보조연료 투입 개시 일시"를 "정상가동 개시 일시"로 설정한다.
   (2) Case 2 : 계측기 및 데이터 수집·저장 장치 등의 이상으로 인한 데이터 미생성 구간이 발생한 경우 "데이터 미생성 시작 일시"를 "정상가동 중단 일시"로 설정하며, "데이터 미생성 종료 일시"를 "정상가동 개시 일시"로 설정한다.
7. **최소 연간 정상가동 일수** : 당해 연도 전(全) 기간의 에너지 회수효율을 인증받기 위한 기준 일수로서 "총 연간 정상가동 일수"가 "최소 연간 정상가동 일수" 이상일 경우 1년간의 에너지 회수효율을 인증 받을 수 있다.

총 연간 정상가동 일수 세부 산정방법

1. **총 데이터 생성기간(A, b－a)** : "데이터 생성 종료 일시(b)"에서 "데이터 생성 시작 일시(a)"를 감하여 산정한다.
2. **비정상가동 일수(d－c)** : "정상가동 개시 일시(d)"에서 "정상가동 중단 일시(c)"를 감하여 산정한다.
3. **총 연간 비정상가동 일수(B)** : 모든 비정상가동 일수를 합하여 산정한다.
4. **총 연간 정상가동 일수(A－B)** : "총 데이터 생성기간(A)"에서 "총 연간 비정상가동 일수(B)" 감하여 산정한다.

총 연간 정상가동 일수 산정방법

총 데이터 생성기간 (A)	구분		해당 시점 및 기간		
	검·인증 신청 연도		2019년도		
	데이터 생성 시작 일시(a)		1월 1일 0시		
	데이터 생성 종료 일시(b)		12월 31일 0시		
	총 데이터 생성기간(b－a)		365일		
총 연간 비정상가동 일수 (B)	구분	정상가동 중단 일시 (c)	정상가동 개시 일시 (d)	비정상가동 일수 (d－c)	특이사항
	1차	5월 29일 7시	6월 27일 1시	28.8일	정기보수
	2차	9월 4일 17시	9월 7일 6시	2.5일	비정기보수
	3차	10월 19일 6시	10월 19일 17시	0.5일	데이터 이상
	총 연간 비정상가동 일수			31.8일	-
총 연간 정상가동 일수(A－B)				333.3일	-
최종 연간 정상가동 일수(소수점 자리 "올림")				334일	

※ 최종 연간 정상가동 일수는 소수점 자리에서 "올림" 하여 결정한다. 또한, 총 연간 정상가동 일수 결정은 최종보고 시 제출한 데이터를 에너지 회수효율 검증팀에서 검증한 후 인증위원회에서 최종 결정한다.

5.3 에너지 회수효율 산정인자 측정항목 및 위치

5.3.1 에너지 회수효율 산정인자(E_w, E_f, E_i, E_p)별 측정항목 분류

표 5.3에는 에너지 회수효율 산정인자 도출을 위해 필요한 측정항목을 각 산정인자별로 구분하여 나타내었다.

표 5.3 산정인자 도출을 위한 측정항목

산정인자	구분	세부 산정인자		측정항목	Data 제출 여부
E_w	LHV_w 및 heat balance 공통적용	폐기물 투입		중량	생활 및 사업장 폐기물 소각시설 공통 제출
		생산 증기		유량	
				온도	
				압력	
		보일러 급수		온도	
		소각로 보조연료		유량	
		폐열보일러 후단 배출가스		온도	
	Heat balance 적용	연소용 공기		유량	
				온도	
		보일러 급수		유량	
		굴뚝(stack) 배출가스		Stack 유량	
				Stack O_2 농도	
		2차 연소실 후단 배출가스		온도	
		소각재 배출량	바닥재	중량(계근대)	
			비산재	중량(계근대)	
		계측기 외 측정항목	보일러 후단	수분농도	사업장 폐기물 소각시설 제출
				O_2 농도	
			소각재	배출온도	
				수분농도	
				강열감량	
			방열손실	소각로	
				보일러	

산정인자	구분	세부 산정인자		측정항목	Data 제출 여부
E_f		소각로 보조연료		유량	생활 및 사업장 폐기물 소각시설 공통 제출
E_i		외부 수전량		전력량	
		방지설비 보조연료		유량	
E_p		기타 보일러		유량	
		전기	생산 전력	전력량	
			공급 전력	전력량	
		증기	공급 증기	유량	
				온도	
				압력	
			응축수 (선택)	유량	
				온도	
		온수	공급 온수	열량	
		소각 배가스	유량	유량	
			공급 온도	온도	
			회수 온도	온도	
		슬래그	배출 중량	중량	
			배출 온도	온도	
추가 제출자료		터빈 전단	증기 유량	유량	터빈 보유시설 제출
			증기 온도	온도	
			증기 압력	압력	
		터빈 후단	증기 유량	유량	
			증기 온도	온도	
			증기 압력	압력	

1. 위 표는 소각설비 1기의 에너지 회수효율 산정인자(E_w, E_f, E_i, E_p)를 도출하기 위해 생성되어야 하는 측정항목을 산정인자별로 구분하여 나타냈다.
2. E_w는 저위발열량 산정방법 차이에 의해 생활폐기물 소각시설과 사업장폐기물 소각시설의 제출 데이터 항목에 차이가 존재한다.
   ※ 단, 사업장폐기물 소각시설은 보일러 결합 형태(일체형, 분리형)와 관계없이 동일한 데이터를 제출해야 한다. 이외의 기타 산정인자(E_f, E_i, E_p)는 동일하게 적용한다.
3. 위 표에 언급되어 있는 측정항목은 세부 산정인자를 도출하기 위한 데이터 종류를 나타낸 것으로 필요한 계측기의 개수를 나타낸 것은 아니다. 예를 들어 "E_w → heat balance → 연소용 공기" 항목의 경우 연소용 공기 공급 라인이 증가함에 따라 계측장비 개수도 증가할 수 있으므로 주의해야 한다.

4. E_w항목은 크게 "LHV_w 및 heat balance 공통적용" 항목과 "heat balance 적용" 항목으로 구분된다. "heat balance 적용" 항목은 다시 한 번 "계측기 항목"과 "계측기 외 측정항목"으로 구분된다.
5. E_f항목은 E_w항목에 포함되어 있는 소각로 보조연료 항목과 동일하다.
6. E_i항목은 외부 수전량과 방지설비 보조연료 항목으로 구분되며, 방지설비에 쓰이는 보조연료가 없는 경우 제외 가능하다.
7. E_p항목은 기타 보일러, 전기, 증기, 온수, 소각 배가스, 용융 슬래그로 구분되며, 각 시설의 공정특성을 확인하여 측정항목을 결정한다.
8. 터빈 전·후단에 시설에서 부착하여 관리하고 있는 계측자료만 수집하여 제출하며, 계측기가 없는 경우에는 추가적으로 부착할 필요는 없다.

5.3.2 에너지 회수효율 산정인자 측정주기

에너지 회수효율 산정인자는 일반적으로 계측기 측정항목과 계측기 외 측정항목으로 구분할 수 있으며, 각 항목별 측정·저장 주기는 아래의 방법을 따른다. 계측기 측정항목의 측정주기는 "1시간 1회 이상" 측정을 원칙으로 하며, 세부 측정주기는 표 5.4를 따른다.

표 5.4 계측기 측정항목 세부 측정주기

산정인자	구분	세부 산정인자	측정항목	측정·저장주기
E_w	LHV_w 및 heat balance 공통적용	폐기물 투입[1]	중량	매 투입 시 저장 또는 1시간 1회 이상
		생산 증기	유량	1시간 1회 이상
			온도	1시간 1회 이상
			압력	1시간 1회 이상
		보일러 급수	온도	1시간 1회 이상
		소각로 보조연료	유량	1시간 1회 이상
		폐열보일러 후단 배출가스	온도	1시간 1회 이상
	Heat balance 적용	연소용 공기	유량	1시간 1회 이상
			온도[2]	1시간 1회 이상
		보일러 급수	유량	1시간 1회 이상
		Stack 배출가스[3]	Stack 유량	1시간 1회 이상
			Stack O_2 농도	1시간 1회 이상

산정인자	구분	세부 산정인자		측정항목	측정·저장주기
		2차 연소실 후단 배출가스[4]		온도	1시간 1회 이상
		폐열보일러 후단 배출가스		온도	1시간 1회 이상
		소각재 배출량[5]	바닥재	중량(계근대)	1일 1회 이상
			비산재	중량(계근대)	1일 1회 이상
E_f		소각로 보조연료		유량	1시간 1회 이상
E_i		외부 수전량[6]		전력량	1시간 1회 이상
		방지설비 보조연료		유량	1시간 1회 이상
E_p		기타 보일러		유량	1시간 1회 이상
		전기	생산 전력	전력량	1시간 1회 이상
			공급 전력	전력량	1시간 1회 이상
		증기	공급 증기	유량	1시간 1회 이상
				온도	1시간 1회 이상
				압력	1시간 1회 이상
			응축수 (선택)	유량	1시간 1회 이상
				온도	1시간 1회 이상
		온수	공급 온수	열량	1시간 1회 이상
		소각 배가스	유량	유량	1시간 1회 이상
			공급 온도	온도	1시간 1회 이상
			회수 온도	온도	1시간 1회 이상
		슬래그	배출 중량	중량	1일 1회 이상
			배출 온도	온도	1시간 1회 이상
추가 제출자료		터빈 전단	증기 유량	유량	1시간 1회 이상
			증기 온도	온도	1시간 1회 이상
			증기 압력	압력	1시간 1회 이상
		터빈 후단	증기 유량	유량	1시간 1회 이상
			증기 온도	온도	1시간 1회 이상
			증기 압력	압력	1시간 1회 이상

1) "폐기물 투입"의 경우 폐기물 투입 회차별 중량 측정 및 저장을 원칙으로 한다. 단, 목재 분진을 투입하는 경우에는 모터 회전수(RPM) 측정 데이터를 1분 간격으로 기록·저장해야 한다.
2) "연소용 공기 온도"의 경우 1시간 1회 이상 기록·저장해야 한다. 다만, 대기온도 그대로 소각로에 투입하는 경우 기상청의 온도 자료를 제출해야 하며, 이때는 1일 데이터를 제출할 수 있다.
3), 4) TMS 자료를 활용할 경우 데이터를 1시간 단위로 변환하여 제출한다.
5) "소각재 배출량(슬래그 포함)"의 경우 1일 배출량 합산 결과를 제출한다.
6) "외부 수전량"은 한국전력공사의 자료를 제출할 경우 1일 데이터를 제출할 수 있다. 단, 시설 내부에 별도의 기록·저장 장치를 부착한 경우는 "1시간 1회 이상" 측정을 원칙으로 한다.

5.3.3 계측기 외 측정항목의 측정주기

1. 계측기 외 측정항목은 열정산방법에 의한 저위발열량 산정을 위해 "매 분기 1회 측정"을 원칙으로 한다.
2. 계측기 외 측정항목은 에너지 회수효율 인증서 발급을 받고자 하는 시설 중 생활폐기물 소각시설을 제외한 모든 시설에서 측정해야 한다.
3. 계측기 외 측정항목은 「폐기물관리법 시행규칙」 제3조제3항의 "에너지 회수기준을 측정하는 기관"에 측정하여 제출한다.

5.4 에너지 회수효율 검·인증 절차 및 방법

1. 에너지 회수효율 검·인증 신청자는 에너지 회수효율 측정 산정방법 및 절차 등에 관한 고시에 제시하는 절차에 따라 사전확인검사 및 에너지 회수효율 인증을 수행하도록 한다.
2. 에너지 회수효율 검·인증 절차는 크게 사전확인검사, 중간보고 및 최종보고로 구분할 수 있으며, 각 검사 신청양식 및 붙임자료를 준수하여 검사를 신청하도록 한다.
3. 사전확인검사는 에너지 회수효율 정보관리시스템을 통해 에너지 회수기준을 측정하는 기관에 신청한다.
4. 검사의뢰를 받은 검사기관은 서류검토 후 제출서류가 적정할 시 현장검사를 수행해야 하며, 검사완료 후 검사결과를 에너지 회수효율 검증팀에 보고한다.
5. 검증팀은 보고받은 검사결과를 검토하여 보완사항이 없을 시 데이터 인정시점을 검사기관을 통해 공지하도록 한다.
6. 에너지 회수효율 산정결과 중간보고 및 최종보고는 신청자가 에너지 회수효율 정보관리시스템을 통해 국립환경과학원 검증팀에 보고하도록 한다.
   1) 중간보고의 경우 검증팀에서 데이터 수집상태 및 계측기 유지관리 현황 등을 검토한 후 개선사항이 있을 경우에 한하여 신청자에게 별도 통보한다.
   2) 최종보고는 연간 수집 데이터 및 산정결과 등을 최종적으로 검증하여 에너지 회수효율 결과 및 특이사항을 에너지 회수효율 인증위원회에 상정한다. 이후 인증위원회에서 결정된 에너지 회수효율 및 정상가동 일수를 인증서에 기입하여 각

시설에 통보한다.

7. 그림 5.6에는 에너지 회수효율 검·인증 절차에 대해 나타내었다.

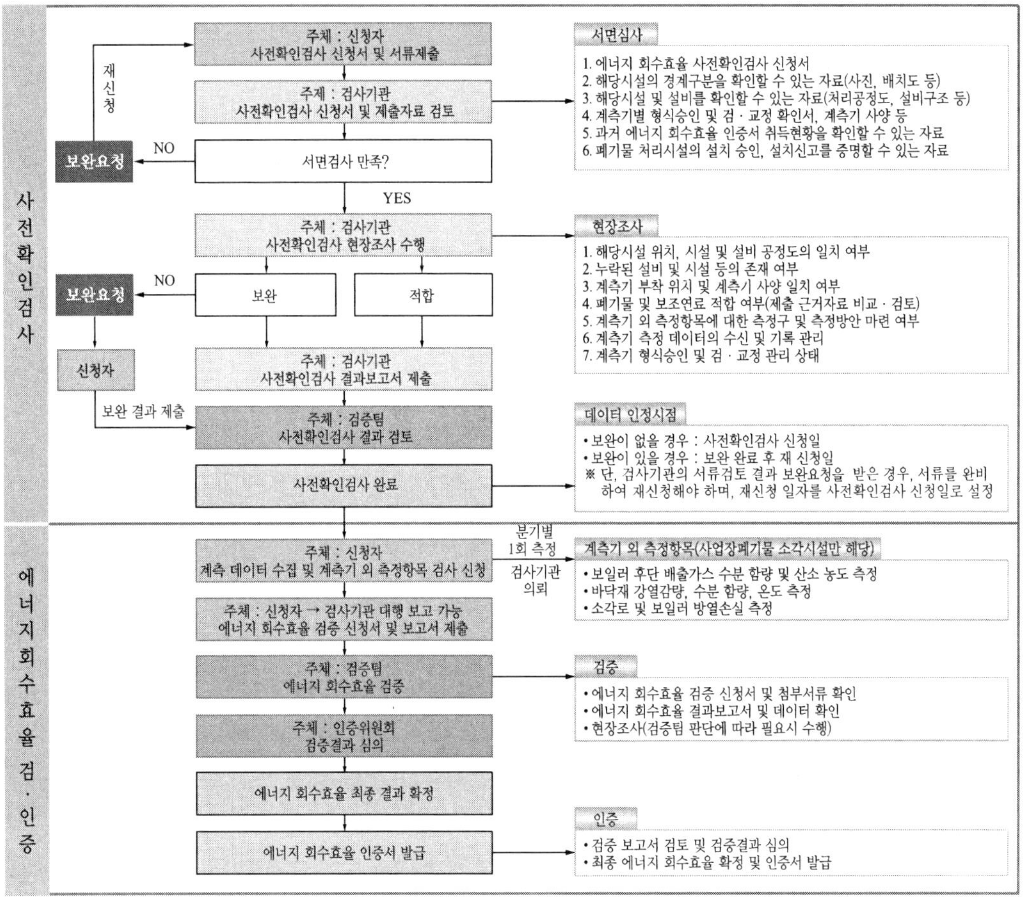

그림 5.6 에너지 회수효율 검·인증 절차

문제 및 해설

B시설은 사업장폐기물 소각시설로 스토커형 소각로 1개 호기와 분리형 보일러를 보유한 시설이다. 아래의 표에는 B시설의 저위발열량 및 에너지 회수효율 산정에 필요한 Data를 수집하여 나타내었다. 수집된 Data를 활용하여 열정산방법을 통한 저위발열량(kcal/kg) 및 에너지 회수효율(%)을 산정하시오. (단, 결과는 소수점 둘째 자리까지만 작성한다. 또한 저위발열량 산정 시 소각로 방열손실을 제외한 입·출열 항목과 에너지 회수효율의 4가지 산

정인자에 대한 산정방법을 상세히 기술한다.)

번호	산정인자	Data
1	폐기물 투입량	6,409.79 ton/yr
2	소각로 보조연료 종류	B-C유
3	소각로 보조연료 유량	6 kL/yr
4	B-C유 저위발열량	9,360 kcal/L
5	1차 연소용 공기 유량	26,446.56 kNm^3/yr
6	1차 연소용 공기 온도	27℃
7	공기 비열	0.31 $kcal/Nm^3 \cdot ℃$
8	굴뚝 배출가스 유량(건기준)	66,216,768.00 Nm^3/yr
9	굴뚝 배출가스 산소농도	13.74%
10	2차 연소실 배출가스 온도	882.70℃
11	배출가스 비열	0.363 $kcal/Nm^3 \cdot ℃$
12	폐열보일러 후단 산소농도	12.19%
13	폐열보일러 후단 수분 함량	11.67%
14	소각로 방열손실	615.81 Gcal/yr
15	소각재 발생량	1,744.85 ton/yr
16	소각재 수분 함량	28.08%
17	소각재 비열	0.30 kcal/kg · ℃
18	소각재 온도	274.30℃
19	소각재 강열감량	6.86%
20	탄소 열량	8,100 kcal/kg
21	외부전력 수전량	559.91 MWh/yr
22	외부 공급 증기 유량	15,284.27 ton/yr
23	외부 공급 증기 온도	205℃
24	외부 공급 증기 압력	16 $kg/cm^2 \cdot G$
25	외부 공급 응축수 유량	13,115.27 ton/yr
26	외부 공급 응축수 온도	85℃
27	내부 공급 증기 유량	4,345.03 ton/yr
28	내부 공급 증기 온도	164℃
29	내부 공급 증기 압력	7 $kg/cm^2 \cdot G$
30	내부 공급 응축수 유량	유량계 미설치
31	내부 공급 응축수 온도	온도계 미설치

풀이 1. 연소 보조연료 공급 열량

$$Q_{in1} = m_{f1} \times LHV_f \times \frac{1}{1{,}000}$$

$$= 6{,}000\ \mathrm{L} \times 9{,}360\ \frac{\mathrm{kcal}}{\mathrm{L}} \times \frac{1\ \mathrm{Gcal}}{10^6\ \mathrm{kcal}} = 56.16\ \mathrm{Gcal/yr}$$

참고문헌

1. 환경부, 자원순환기본법
2. 환경부, 폐기물관리법
3. 환경부, 자원의 절약과 재활용 촉진에 관한 법률
4. 환경부, 에너지 회수효율 산정 및 절차에 관한 고시

6 CHAPTER

국내 폐자원 에너지화 시설의 현황, 처리비용, 공법 선정

6.1 국내의 폐자원 에너지화 시설의 도입과 변천 과정

국내의 폐자원 에너지화 시설은 정부의 관련 법규 및 시책에 따라 상당한 변화를 보여 왔다. 이러한 국가정책의 변화는 현재의 시설뿐만 아니라 향후 시설의 변화를 예측함에도 중요하다. 폐기물 처리시설이 처리개념에서 벗어나 자원화 개념으로 전환되었고, 향후는 지구온난화 방지 차원에서의 역할이 전망된다.

우리나라의 폐기물 관련 법규의 제정은 미래를 예측하여 선제적으로 진행된 것이 아니라 사회적으로 문제가 발생되면 이러한 문제를 해결하기 위해 수동적으로 제정되었다.

1961년에 제정된 오물청소법(1961~1977년)은 도시지역의 쓰레기 및 분뇨처리를 목적으로 처리시설의 관점보다 청소지역, 하천 및 해역 등에 대한 쓰레기의 투기 방지를 관리하도록 제정되었다.

70년 말 환경문제가 사회적 관심사로 확산됨에 따라 건설부 산하의 상하도국 조직을 확대하여 환경청으로 독립하면서 1978년에 환경보전법이 제정되었다. 이때 농촌폐비닐이 사회적으로 크게 문제가 되어 환경자원재생공사를 설립하고 폐비닐 재활용을 시행하였으나, 폐기물의 자원화 개념보다는 처리에 방점이 있었다.

이후 경제성장과 더불어 폐기물의 발생원이 다양해지고 사업장에서 발생되는 폐기물이 일반 생활폐기물과 분리되지 않고 처리되는 문제점 등을 개선하고자 1986년에 관련법 중 폐기물만을 관리하기 위한 폐기물관리법이 제정되었다. 이때 제정된 폐기물관리법에서는 "재활용" 개념과 일반폐기물, 특정폐기물로 분류하고 관리하게 되었다.

1980년 말에서 1990년 초에 폐기물 관리에 중요한 사회적 이슈가 발생하는데 1988년의 서울올림픽 개최와 더불어 대구 상수도 페놀오염 사태로 환경문제가 전 국민의 사회적 주요 관심사로 떠올랐다. 또한 서울시와 일부 수도권에서 발생하는 생활폐기물과 사업장폐기물, 하수슬러지를 무분별하게 매립하던 난지도 매립장을 사용종료하고, 김포 수도권매립지를 조성하여 생활폐기물 반입을 계획되면서, 해당지역의 주민들이 강력한 반발을 하는 등의 영향으로 폐기물의 발생량을 감량화를 도입하기 위해, 1992년에 폐기물의 체계적인 재활용을 위한 자원의 절약과 재활용 촉진에 관한 법률이, 1995년에 폐기물처리시설 설치촉진 및 주변지역 지원 등에 관한 법률이 제정되는 등, 폐기물관리법이 세분화되고, 폐기물의 자원화, 에너지화 개념이 도입되었다.

특히 2010년 후반에 미국 등 폐기물 매립장의 부지확보가 상대적으로 용이한 미국 등과는 달리 유럽, 일본과 같이 우리나라도 폐기물매립장의 포화 및 부지 선정의 어려움으로 인해 "매립제로화 정책"을 추진하는 바, 이에 대한 영향으로 재활용 및 에너지화 시설이 급속하게 확대되고 있는 실정이다.

표 6.1 우리나라의 폐기물 관련 법률 제정 연혁

법률명	제정년도	제정목적	주요내용
폐기물관리법	1986년	폐기물을 친환경적으로 처리함으로써 환경보전과 국민생활의 질적 향상에 이바지	• 폐기물 처리 절차, 처리 기준 및 방법 • 폐기물처리업 관리 및 불법폐기물 방지
자원재활용법	1992년	재활용을 촉진하여 환경의 보전과 국민경제의 건전한 발전에 이바지	• 1회용품 사용 억제, 재활용산업 육성 지원 • 폐기물부담금 제도, 생산자책임 재활용 제도
폐기물국가간이동법	1992년	폐기물의 수출·수입을 규제함으로써 폐기물의 국가 간 이동으로 인한 환경오염을 방지하여 국제협력을 증진	• 폐기물 수출입 허가 및 신고 • 불법 수출입폐기물 반출명령
폐기물시설촉진법	1995년	폐기물처리시설의 부지 확보 촉진과 그 주변지역 주민에 대한 지원을 통하여 처리시설의 원활한 설치를 위함	• 산업단지 등 개발 시 처리시설 설치 의무 • 폐기물처리시설 주변영향지역 지원
건설폐기물법	2003년	건설폐기물을 친환경적으로 적절하게 처리하고 그 재활용을 촉진	• 건설폐기물 처리 절차, 처리 기준 및 방법 • 순환골재 품질기준 및 사용촉진
전기·전자제품 및 자동차의 자원순환에 관한 법률	2007년	전기·전자제품 및 자동차의 재활용을 촉진하기 위하여 유해물질의 사용을 억제하고 재활용이 쉽게 제조하도록 유도	• 유해물질 사용제한 대상 및 함유기준 • 재활용 촉진을 위한 재질 및 구조개선
자원순환기본법	2016년	폐기물 발생을 최대한 억제하고 발생된 폐기물의 순환이용을 촉진하여 지속가능한 자원순환사회 조성	• 자원순환기본계획의 수립·시행 • 시·도 및 사업자의 자원순환 성과관리

(자료출처: 감사보고서, 폐기물 관리 및 재활용 실태, 감사원, 2019.12)

현재의 폐자원 에너지화 시설 역시 정부의 정책변화에 따라 많은 변경이 있어 왔다. 폐자원 에너지화 시설을 비롯한 폐기물처리시설은 정부의 정책에 종속되는 경향을 보이고 있으며, 관련법규의 처리에 대한 규정에 직접적인 영향을 받지만 수거 운반 체계에도 많은 영향을 받는다.

폐기물관리법에 의해 폐기물은 발생원 처리원칙에 의거 폐기물 종류별로 수거, 운반, 처리 체계가 이루어진다. 폐기물 특성별로 재활용 혹은 에너지화, 최종처리가 이루어지고 있다. 특히 과거에는 100톤/일 이상의 중규모 이상의 소각시설, 지방자치단체 위주로 폐자원 에너지화가 이루어져 왔으나, 수거체계의 확립, 연료비의 증가, 폐기물 처리단가의 증가에 따라 민간영역에서 폐기물을 소각하여 폐열을 인근 사업체에게 저렴하게 공급을 하는 등 폐자원 에너지화가 상당히 확대되고 있는 실정이다.

유기성 폐기물은 사료화, 퇴비화 위주의 재활용 방법에서 정부의 신재생에너지 정책에 의거 유기성 폐기물의 바이오가스화가 확대되고 있다. 정부는 신재생에너지 시설의 건설을 적극 장려하기 위하여 RPS(Renewable Portfolio Standards) 제도를 만들어 일정 발전량 이상을 발전하는 기업(화력발전소)은 신재생에너지에서 생산된 전기를 의무적으로 구입하도록 하고 있다. 표 6.2는 신재생에너지의 종류별로 규정하는 가중치로서 발전사들은 전력생산단가(SMP, System Marginal Price)에 더하여 REC(공급인증서 가중치)를 의무적으로 일정량을 구매하고 있다.

관련법의 개정으로 SRF(화석연료 기반 폐기물)과 일반폐기물 소각은 신재생에너지에 제외되었다.

표 6.2 신재생에너지 공급인증서 기준

구분	공급인증서 가중치	대상에너지
바이오에너지	0.25	Bio-SRF, 흑액
	0.5	매립지가스, 목재펠릿, 목재칩
	1.0	기타 바이오에너지
	1.5	미이용산림바이오매스혼소설비
	2.0	미이용산림바이오매스(바이오에너지 전소설비만 적용)

구분	공급인증서 가중치	기준
목재펠릿, 목재칩	1.0	2019년 6월 30일까지 「전기사업법」 제61조에 따른 공사계획 인가(신고) 또는 「집단에너지사업법」 제22조에 따른 공사계획 승인(신고)을 받은 경우(단, 발전사업 허가 또는 집단에너지사업 허가를 받고 2018년 6월 26일 이전에 상업운전을 개시한 경우는 제외)
Bio-SRF	0.5	

(자료출처: 에너지관리공단 신재생에너지 센터 공고 2020-16호 "공공인증서 발급 및 거래시장 운영에 관한 규칙")

폐기물의 에너지 자원화는 1990년대 말부터 설치되기 시작한 현대식 소각시설에서 도입되었다. 서울시등 대도시에서 200톤/일 이상의 대형 소각시설이 건설되었는데, 대표적으로 서울시 목동, 상계, 일산 등의 소각시설은 대규모 택지 건설과 이에 따른 신도시 열공급 시설과 연계됨으로서 효과적인 에너지화 시설이 될 수 있었다. 그 이후 중소도시의 소각시설이 정부주도로 지방자치단체에서 100톤/일 미만 규모로 건설되었는데 이러한 시설에서의 소각여열의 활용은 사업성이 투자비에 대비하여 떨어짐으로 인해 에너지화가 미진하였다.

이에 따라 정부에서는 광역화를 유도하고 광역화 시행 시 예상되는 주요 민원인 타 지역 쓰레기가 광역화 해당지역으로 반입되어 처리된다는 것에 대한 해결방안으로 SRF 에너지화 시설을 정책적으로 시행하기에 이르렀고, 이러한 시설을 신재생에너지로 분류하기도 하였다.

이러한 정책에 따라 지방자치단체와 민간사업자가 소각시설보다 SRF 에너지화 시설에 많은 투자를 하였으나, 2019년부터 신재생에너지법에서 SRF가 폐기물에너지에서 제외되고, SRF의 사용을 대폭 축소 제한하는 등의 조치 등 정부 정책의 변화로 인해 기추진된 사업이 원활하게 시행되지 못하는 결과를 보였고(2020년 폐기물처리시설 감사결과 공개, 감사원) 이후 SRF 에너지화 시설은 정부 또는 지방자치단체에서 건설되지 않고 있으며, 민간사업자가 일부 계획되고 있는 실정이다.

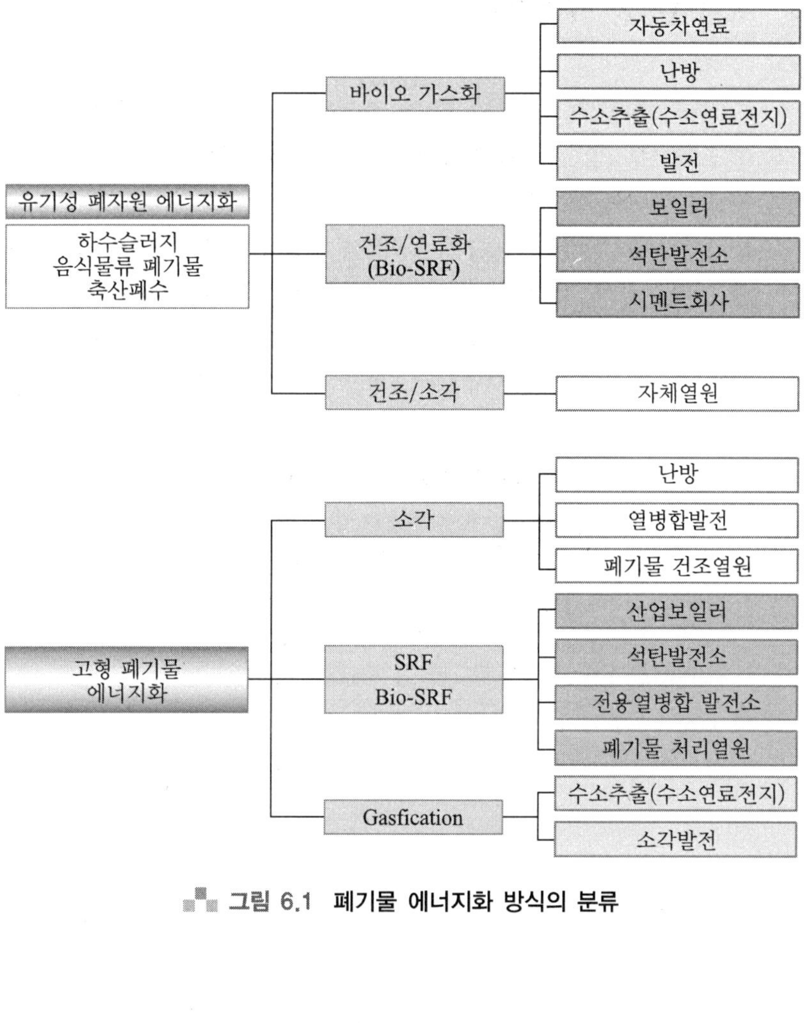

그림 6.1 폐기물 에너지화 방식의 분류

2017년 이후 SRF 활용이 제한됨으로 인해 고형폐기물의 에너지화는 1990년대 후반부터 2000년대 중반까지 설치한 대형소각시설 위주로 변경되어 시행 중에 있다.

이와 더불어 하수슬러지 연료화 사업, 유기성 폐기물의 바이오가스 자원화 사업, 플라스틱 유화 사업 등의 폐기물 에너지화 사업들이 정부의 에너지 다변화 정책에 따라 다양하게 시행되고 있다.

6.2 폐자원 에너지화 시설 현황

6.2.1 고형폐기물 에너지화

고형폐기물의 에너지화는 직접 에너지화를 하는 소각시설과 폐기물을 SRF로 만든 후 최종 에너지화 처리시설에서 처리하는 SRF 사용시설, 플라스틱 등을 압축하여 유분을 추출하여 에너지화 하는 유화시설, 고형폐기물을 저산소, 고온 고압에서 가스화하여 추출된 가스를 정제하여 수소등을 추출하는 가스화 시설 등이 있다. 이중 유화시설은 부산 생곡, 강진 환경산단 등지에서 상용화되고 있으며, 가스화시설은 추출된 가스를 소각하는 시설은 상용화되고 있으나, 가스를 정제하여 수소가스등을 추출하는 시설은 상용화를 위한 연구 개발이 활발히 이루어지고 있다.

표 6.3 폐기물 처리업체 시설 및 시설용량

구분	시설수	시설용량(톤/일)
계	382	31,962
자치단체	178	17,124
자가처리	136	6,523
처리업체	68	8,315

6.2.2 소각시설 현황

1. 전체처리시설 현황

지방자치단체에서 배출되는 우리나라의 생활폐기물을 열에너지로 직접 전환하는 소각하는 비율은 2018년 기준으로 약 24%로 13,700톤 정도이며, 매립이 약 3.4%로서 7,500톤/일이다.

사업장 배출시설계 폐기물은 대부분 재활용업체에서 2차 처리하고 있으며, 전체 배출시설계 폐기물 중 약 5.8%인 9,700톤/일이 소각처리되고 있다. 이중 처리업체의 소각량은 1,300톤/일이다.

표 6.4 2018년 폐기물 소각처리 현황

구분	시설수	시설용량(톤/일)	소각량(톤/년)
계	412	34,401	9,674,832
지방자치단체	178	17,124	4,563,156
자가처리업체	150	8,058	1,843,500
중간처분업체	84	9,219	3,368,176

(자료출처: 전국 폐기물 발생 및 처리 현황(2018), 환경부, 한국환경공단)

국내 소각시설은 412개소로서 시설의 평균 용량은 83톤이며,[7] 지방자치단체의 단위시설 평균 규모는 96톤이며, 민간사업자가 담당하고 있는 중간처리업체의 단위시설 평균 규모는 110톤 규모로 민간사업자의 단위시설 용량이 상대적으로 크다. 가동 일수 330일 기준으로 비교하면 민간사업자의 가동률이 월등히 높은 것으로 보여지며, 이는 지방자치단체는 내부 규정에 의거 시설로 반입되는 폐기물을 제한적으로 처리하고 있지만 민간사업자의 경우 현재 폐기물 소각 수요가 매우 많아 가동률이 증가되고 있다.

표 6.5 2018 발생원별 소각처리량 (단위: 톤/일)

구분	총 폐기물량	생활계	배출시설계	건설폐기물
계	24,132	13,763	9,715	654
지방자치단체	12,820	12,368	449	3
자가처리업체	4,784	94	4,690	0
중간처분업체	6,528	1,301	4,576	651

7) 전국 평균값이 지방자치단체 평균과 중간처리업체 평균값보다 낮은 이유는 본문에서는 언급하지 않은 사업장 폐기물 자가처리업체의 시설용량이 작기 때문이다.

또한 배출원 성격별 에너지화 현황을 살펴보면 전국 소각폐기물 24,132톤/일 중 약 53%인 12,820톤/일을 지방자치단체가 처리하고 있고, 그 잔량인 11,312톤/일을 민간 처리업체가 처리하고 있다.

2. 공공 소각시설 운영 현황

국내 관련법규에 의해 승인된 소각시설은 설치승인 대상이 아닌 소규모 소각시설 10개소를 제외하고 전체 168개로서 소규모 환경영향평가 대상사업 이하인 48톤/일 시설은 총 56개소이며, 48톤/일 이상의 시설은 총 70개소이다. 전체 168개 시설 중 수도권 38개소, 강원권 13개소, 충청권 23개소, 영남권 38개소, 호남권에 56개소가 설치되어 있으며, 수도권은 38개 소각시설 중 31개소(81.5%)가 48톤/일 이상의 규모로 평균 시설용량이 236톤/일 이상으로 대용량 시설 위주이며, 수도권 이외의 지역은 평균 시설용량이 68톤/일에 불과하여 에너지화 전환이 어려운 시설이 설치되었다, 특히 회분식 소각로의 경우 총 42개소 중 36개소가 섬이 많은 호남권에 설치되어 가동 중이다.

표 6.6 권역별 소각시설 운영 현황 (단위: 톤/일)

구분	설치용량 (톤/일)	시설용량			
		개소수	48톤/일 이상	48톤/일 미만	회분식
계	16,892	168	70	56	42
수도권	8,984	38	31	2	5
강원권	533	13	3	10	-
충청권	2,174	23	12	11	-
영남권	3,833	38	19	18	1
호남권	1,395	56	5	15	36

지자체에서 직접 운영하는 시설은 59개소, 위탁운영하는 시설은 109개소이며, 48톤/일 이상의 대형 시설 70개소 모두 민간 위탁운영되고 있었으며, 48톤/일 미만 중·소형 시설의 경우 17개소가 지방자치단체에서 직접 운영하고 있다.

표 6.7에 의하면 폐기물 처리용량이 클수록 톤당 운영비는 감소하는 것으로 나타났다. 또한 48톤/일 이상 시설의 경우 소각열의 활용 비율이 높아(공정설비, 전력생산 후 자체 이용 등) 운영비 산정 시 주요 감소 요인으로 반영되었다. 지방자치단체에서 직접 운영하는 시설에 비해 민간 등에 위탁처리하는 시설의 운영비가 상대적으로 저렴하며, 연속식의 경우가 회분식에 비해 운영비가 약 40% 정도 저렴하였다.

표 6.7 공공 소각시설 규모별 운영비 현황 (단위: 천원/톤)

구분	시설용량			
	평균 값	48톤/일	48톤/일 미만	회분식
계	64.5	61.8	89.8	203.6
직접운영	147.8	-	136.8	203.6
위탁운영	63.0	61.8	79.6	-

(자료출처: 2018년도 폐기물처리사업 및 폐기물처리시설 설치 운영실태 평가 결과 보고서. 환경부, 한국환경공단, 2019년 12월.)

3. 민간 소각시설 운영 현황

2019년 기준 소각시설에서 발생되는 에너지의 이용률은 85% 내외로 과거에 비해 이용률이 증가되었다. 과거의 에너지 이용률 증감은 국내 에너지 단가에 영향을 받았으나, 최근에는 민간사업자들이 소각열에너지 발전시설을 설치함으로서 안정적인 소각에너지 사용처를 확보하는 경향을 보이고 있고, 지역난방 판매단가의 상승과 더불어 열병합발전소로 전환하는 경향을 보임으로서 에너지 이용률은 증가될 것으로 예상된다.

표 6.8 연도별 소각열에너지 이용률 현황

년도	2013	2014	2015	2016	2017	2018	2019
사업체수	41	41	41	41	42	48	51
이용률(%)	81	82	86	87	80	84	87

(민간소각시설 소각열에너지 생산 이용 실태 조사보고서(2008~2019년), 한국자원순환에너지 공제조합, 2020.7)

2019년도 소각열에너지 이용 현황을 보면, 민간사업자들은 에너지의 외부판매로 수익창출에 노력하고 있고, 오니 건조, 발전 등의 자체 이용을 통해 소각열에너지를 회수하고 있다.

표 6.9 연도별 소각열에너지 이용방법 및 세부 현황

구분	자체이용						외부판매				
	소계	온수 난방	폐수 처리	오니 건조	발전	기타	소계	지역 난방	열병합 발전	인근 업체	발전
사업체수	33	13	11	7	6	13	43	7	5	32	7
이용량 (천 Gcal/년)	1,296	101	258	301	314	322	3,716	415	509	2,607	185
이용률 (%)	100	26	22	12.5	12	26	100	13	10	62	13

민간 소각 사업자의 매출은 폐기물을 소각처리하는 처리수수료와 에너지 판매단가로 이루어지며 소각 처리수수료 매출의 경우 2010년 이전까지는 소각 물량 대비 처리단가 하락으로 인하여 감소세였으나, 2010년대 초부터 배출시설계 가연성 폐기물의 매립규제 정책 등으로 인해 소각 물량 증가 및 톤당 처리단가 상승으로 지속 상승 중이다.

소각열에너지 매출의 경우 소각열에너지 판매량 증가 및 기타에너지에 비해 상대적으로 저렴한 에너지로 인한 시장 확대 등의 이유들로 인해 2010년대 초부터는 원유값의 변화에 상관없이 매년 매출액 상승세를 나타내고 있으며, 향후도 이러한 추세는 지속될 것으로 예상된다.

표 6.10 민간 소각업체의 연도별 처리수수료 및 열에너지 판매단가 현황

구분	2010	2011	2012	2013	2014	2015	2016	2017	2018	2019
소각처리 평균 단가 (천원/톤)	133	145	240	130	147	160	165	166	178	197
에너지 평균 단가 (천원/Gcal)	17	21	23	26	29	33	27	38	36	38
원유단가 (십원/L)	56.8	73.8	77.3	72.4	63.8	35.9	30.1	37.8	48.2	45.1

6.2.3 SRF 시설 현황

1. 시설의 변천과정

우리나라의 SRF 시장은 2010년대 중반에 들어 NIMBY 현상 등으로 소각시설의 신규 설치가 어렵게 되고 소규모 소각시설의 경우 에너지화가 어려운 관계로 폐기물의 연료화 개념을 도입하여 공공처리시설을 건설하게 되었고, 30~50%의 국고보조가 되는 생활폐기물 소각시설의 공공처리시설의 건설비 지원이 소각시설은 최소화되고, SRF 시설의 건설이 확대되었다.

시범사업으로 진행된 수도권매립지의 SRF 제조시설을 시작으로, 부산 생곡, 대구 방천리, 광주광역시 등 대도시뿐만 아니라 나주시, 순천시 고흥군, 부안군, 무주군 등 중소 지방자치단체에서도 건설되었다. 또한, 2000년도 말에 소형 에너지화 시설의 대기오염배출기준을 완화하고 SRF를 사용할 수 있는 보일러 용량을 낮게 설정하여 SRF 사용을 확대하는 정책을 실시하였다.

특히 폐기물을 중간처리 후 연료화하여 시멘트 공장, 석탄발전소, 열병합발전소, 민간 보일러 시설에서 이용할 수 있게 되고, 민간설치업자에 대한 정책 융자를 늘리고 이러한 에너지 시설이 재생에너지 시설로 분류(현재 재생에너지 시설에서 제외)하여 신재생에너지 공급인증서(REC, Renewable Energy Certificate)를 발급하는 등 민간사업자의 수익성을 높이는 방법으로 정부에서 시설의 설치 촉진을 하게 된다.

이에 따라 2007년 기준 35개소의 시설에서 약 66,200톤/년이 생산되었으나, 2018년 1월 기준 SRF 제조시설은 공공처리시설이 26개소(하수슬러지 연료화 포함)이며, 민간 제조시설은 197개소에 생산량은 140만 톤/년으로 증가하였고, 제조된 에너지화 시설은 총 140여 개소에서 연간 120만 톤이 사용되고 있다. 공공시설은 부산시, 대구시, 원주시, 인천시 4곳이며, SRF의 대부분은 석탄화력발전소에서 혼소하거나, 시멘트 공장의 연료/원료대용으로 사용되어지며, 민간 보일러 시설에서 일부가 사용되고 있다.

그러나 2017년도 이후에 세계적으로 폐기물 소각 및 SRF 시설이 재생에너지 시설에서 제외하고 있음에 따라 우리나라에서도 관계부처가 합의하여 신재생에너지에서 제외하였고, 신규 SRF 전용 발전소 허가를 제한하는 정책을 수립하였다(감사원 2020년 1월).

또한, 대형 SRF 전용 발전소의 대기오염 배출농도는 석탄발전소보다 낮고, LNG 발전소와 유사하지만, 민간사업자가 주로 설치한 소형 SRF 보일러의 대기오염물질 문제 등으로 인해 나주열병합 발전소와 같이 건설된 SRF 발전소가 운영을 못하고 있거나, 내포신도시 SRF 발전소와 같이 건설을 중단하는 사례가 발생되었다.

또한, SRF가 가장 많이 에너지화 하고 있는 대형 석탄발전소가 정부의 봄철 미세먼지 대책의 일환으로 장기간 가동중지를 하고 있으며, 현재 SRF가 반입되고 있는 석탄발전소 대부분이 폐쇄를 계획하고 있는 바, SRF의 에너지화 시설은 점차적으로 감소될 것으로 예상된다.

2. SRF 처리시설 현황

우리나라의 SRF 제조시설은 2019년 현재 총 263개이며 공공시설이 27개소, 민간이 236개소이며, SRF 사용시설은 총 157개소로 공공시설은 7개소이며, 민간시설이 150개소로 대부분 민간이 생산하고 민간이 소모하고 있다(고형연료제품 제조사용 수입 실적 현황, 한국환경공단, 2020년 2월).

표 6.11 SRF 제조 및 사용시설 현황

구분	SRF 제조시설			SRF 사용시설			수입업체
	계	공공	민간	계	공공	민간	
2018년	265	26	239	148	5	143	17
2019년	263	27	236	157	7	150	13

2019년 기준 국내에서 제조된 SRF 총 제조량은 4,337천 톤으로 이중 비재생 SRF는 1,595천 톤이며 Bio-SRF는 2,742천 톤이다. 이것은 2018년도에 비해 111% 증가한 것이나, 장기적으로 수요처 감소 및 판매단가가 낮아짐에 따라 감소될 것으로 판단된다.

표 6.12 SRF 제조 및 수입 현황 (단위: 톤)

구분	계	SRF			Bio-SRF		
		소계	공공	민간	소계	민간	
						국내	해외
2018년	3,905,333	1,466,412	391,263	1,075,145	2,438,921	1,601,627	837,294
2019년	4,336,685	1,594,532	487,440	1,107,092	2,742,153	1,888,961	853,192
전년 대비	111%	108%	124%	102%	112%	117%	101%

표 6.13에서 보는 바와 같이 제조된 SRF는 대부분 발전시설에서 약 59%가 사용되고 있으며, 산업용 보일러에서 약 40%, 시멘트 소성로 등에서 약 1%가 사용되고 있다. 발전시설의 대부분은 한전 발전 자회사로서 국내 최대 SRF 수요처 역할을 하고 있다.

표 6.13 사용시설별 SRF 사용량 (단위: 톤)

구분	계	시멘트소성로	발전시설	산업용 보일러	
				제지	기타
2018년	3,900,036	10,108	2,287,307	335,559	1,267,062
	시설수 : 148	8	50	15	75
2019년	4,309,314	8,725	2,545,463	322,618	1,432,508
	시설수 : 157	8	57	16	76

표 6.14 SRF 종류별 사용 현황 (단위: 천톤/년)

구분		계	시멘트 소성로	발전시설	산업용 보일러		지역난방
					제지	기타	
공공	SRF	287	-	214	-	73	-
	SRF/Bio-SRF	121			-	121	-
민간	SRF	836	87	176	207	444	-
	Bio-SRF	2,530	-	1,806	48	677	-
	SRF/Bio-SRF	535	-	349	68	118	-
총계		4,309	87	2,545	323	1,443	

표 6.14에서 알 수 있듯이 폐기물을 기반으로 제조된 SRF는 산업용 보일러에서 열에너지로 전환되고 있으며, 목재 펠릿, 하수슬러지를 기반으로 하는 Bio-SRF는 정부의 RPS 정책에 의거 석탄화력발전소에서 열에너지로 전환되고 있다.

폐기물을 기반으로 하는 SRF의 공공시설은 총 14개소로서 대부분 광역시에 설치되어 있으며, 특히 영남권의 대구시 방천리, 부산시 생곡 SRF 시설은 폐기물매립장 인근에 설치되어 제조뿐만 아니라 열병합발전시설이 동시에 건설되어 열에너지로 전환되고 있는 대표적 시설이다.

표 6.15 폐기물 기반 SRF 공공시설 지역별 현황

구분	설치용량 (톤/일)	시설용량		
		개소	100톤/일 이상	100톤/일 미만
계	3,513	14	9	5
수도권	513	3	2	1
강원권	190	2	1	1
충청권	530	2	2	
영남권	1,725	3	2	1
호남권	555	4	2	2

공공 SRF 시설의 가동률은 약 78.8%이며, 100톤/일 미만의 중소규모 가동률이 60% 미만으로 이러한 현상은 중대규모 SRF 시설은 자가열에너지 시설을 갖추고 있는 반면에, 소규모 SRF 시설은 제조된 SRF를 외부시설에 의존하는 이유로 판단된다.

표 6.16 지역별 SRF 시설 가동률 현황 (단위: %)

구분	시설용량		
	평균값	100톤/일 이상	100톤/일 이하
계	78.8	80.9	58.7
수도권	49.6	45.4	67.1
강원권	74.8	64.1	89.5
충청권	82.1	82.1	-
영남권	98.2	98.8	57.8
호남권	45.3	49.5	27.1

3. 운영 현황

SRF 시설 운영비에 관한 정부의 공식자료는 공공시설에 대한 자료이며 객관적인 운영비 자료로 활용가능하다. 2018년 기준 SRF 공공시설의 운영비는 56.2천원/톤이며, 시설용량별 운영비는 100톤/일 이상 시설이 54.0천원/톤, 100톤/일 미만 시설이 86.8천원/톤으로 처리량이 늘어날수록 톤당 운영비가 작다. 성형 SRF 제조시설의 운영비는 100톤/일 이상 시설이 61.5천원/톤, 100톤/일 미만 시설이 86.8천원/톤으로 조사되었다. 비성형 SRF 제조시설의 운영비는 100톤/일 이상 시설이 52.6천원/톤으로 나타났다(자료: 2018년 폐기물처리사업 및 폐기물처리시설 설치 운영실태 평가보고서, 환경부, 한국환경공단, 2019.12).

표 6.17 SRF 공공시설 운영비 현황 (단위: 천원/톤)

구분	평균	시설용량	
		100톤/일 이상	100톤/일 미만
성형 SRF	69.6	61.5	86.8
비성형 SRF	52.6	52.6	
계	52.6	54.0	86.8

운영비 산정 기준 : 고정비(인건비, 관리비 제외)

표 6.17에서 보는 바와 같이 연간 폐기물처리량이 많을수록 톤당 운영비는 감소하며 비성형 SRF 제조시설의 경우 자체발전 전력사용, 비성형 공정으로 인한 전력비, 연료비 절감 등으로 운영비가 상대적으로 낮음을 알 수 있다.

표 6.18 SRF 공공시설 생산수율 및 판매단가 평균값 (단위: %, 천원/톤)

구분	생산수율(%)	판매단가(천원/톤)
성형 SRF	28.1	25.9
비성형 SRF	52.5	0.0

주) 생산수율 : 폐기물 처리량 대비 SRF 생산량.
주) 판매단가 : 외부 판매단가(자체 발전소 수익 제외)

국내 SRF 시설은 생활계 및 사업장계 폐기물을 기반으로 제조되고 있으며, 소각시설에 반입된 폐기물의 대부분은 열에너지 등으로 전환 또는 처리하고 있지만, 이에 반해 SRF 제조시설에 반입된 폐기물은 전량 제조에 사용되지 않고 선별과정에서 저발열량 폐기물과 비가연성 폐기물은 선별하여, 최종처분시설인 매립시설로 다시 보내져서 처리되고 있다. 즉, 소각시설의 부산물은 소각잔재 등 10% 정도이지만 SRF의 반입폐기물량 대비 부산물량(폐기물량)인 생산수율을 살펴보면 SRF 성형시설의 생산수율은 28.1%로, 연료의 품질은 양호한 반면에 처리성으로 보면 소각시설에 비해 현저히 낮으며 잔재물은 다시 소각처리 또는 매립되고 있으며, 외부 판매단가는 25.9천원/톤이다. 비성형 SRF 제조시설의 생산수율은 52.5%로 성형 SRF 제조시설에 비해 상대적 수율은 높지만, 비성형 SRF는 수요처 부족으로 무상제공되거나, 열과 발전을 통해 일부 판매되고 있다.

6.2.4 유기성 폐자원 에너지화 시설 현황

1. 설치 현황

음식물 폐기물 자원화시설은 경기도에 68개소, 시설용량 6,790톤/일로 가장 많은 시설이 운영 중이며, 경상남도 21개소, 1,668톤/일, 경상북도 18개소, 1,201톤/일, 충청남도 16개소 1,389톤/일 순으로 운영 중이다.

유기성 바이오가스처리시설은 표 6.19에서 보는 바와 같이 음식물류 등 유기성 폐자원에서 바이오가스를 생상/이용하는 시설은 정부의 에너지정책의 일환으로 지속적으로 증가하고 있으며, 향후 기후변화대응 및 신재생에너지 정책에 의거 지속적으로 증가될 것으로 예상된다.

표 6.19 공공처리시설 증감 현황 (단위: 개소)

조사년도	계	음식물	가축분뇨	하수슬러지	통합
2015	88	20	6	32	30
2016	90	20	7	33	30
2017	98	21	7	35	35
2018	100	21	4	32	43
2019	101	21	4	32	44

(자료출처: 2019년 유기성 폐자원 바이오가스 시설 현황, 한국환경공단, 2020년)

지방자치단체의 공공처리시설 처리용량은 '17년 말 기준 63,424톤/일로 전년도에 비해 4,750톤/일로 8.1% 증가하였고 가축분뇨, 통합처리시설의 증가율이 높다. 이러한 시설의 처리실적은 '17년 말 기준으로 23,421천 톤으로 전년도에 비해 약 24% 증가하였으며, 특히 하수슬러지 통합처리시설이 상대적으로 많다.

표 6.20 시설용량 증감량 (단위: 톤/일)

조사년도	계	음식물	가축분뇨	하수슬러지	통합
2015	56,523	5,099	495	3,619	19,310
2016	58,674	4,491	565	33,532	20,086
2017	63,424	4,907	619	35,419	22,479
2018	64,436	5,084	480	21,355	37,427
2019	64,436	5,084	480	21,355	37,517

(자료출처: 2019년 유기성 폐자원 바이오가스 시설 현황, 한국환경공단, 2020년.)

2. 유기성 폐자원 에너지화 시설 운영 현황

유기성 폐자원 중 음식물류폐기물의 처리시설은 바이오가스화뿐만 아니라 사료화, 퇴비화 시설이 있으며, 2019년 기준으로 총 346개소에 22,646톤/일로 조사되었으며 이중 에너지화(바이오가스화) 시설에 대한 공공처리시설과 민간처리시설을 합친 전국 시설용량은 2019년 4월 기준 전국 총 35개소에 4,204톤/일이며, 평균 처리량은 3,208톤/일이다(음식물류폐기물 처리 현황, 2019.4).

음식물류폐기물 공공처리시설은 2018년 기준으로 전체 83개소 중에서 30톤/일 이상 시설은 54개소, 30톤/일 미만 시설은 29개소이며, 처리방식으로 구분하면 사료화(건식) 21개소, 사료화(습식) 4개소, 퇴비화 35개소, 감량화(건조·가열·부숙) 10개소, 기타(파쇄·탈수 등) 13개소로 나타났다. 이중 100톤/일 이상의 시설은 총 12개소, 2,800톤/일로서 전체시설용량의 84%에 달하고 있는바, 에너지 활용률을 제고하는 측면에서 대형화하는 추세가 가속화될 전망이다.

한편, 음식물류폐기물 처리 처분의 특성상 음식물을 직접 바이오가스화 하는 시설도 있지만 대부분 사료화, 퇴비화 등과 함께 처리부산물인 음폐수를 바이오가스화 하는 시설이 대부분으로서 이러한 시설은 대부분 공공처리시설이며 그 현황은 표 6.21과 같다.

표 6.21 공공 유기성 폐자원 바이오가스 운영 현황 **(단위: 톤/일, 개소)**

구분	설치용량	개소	시설용량	
			100톤/일 이상	100톤/일 미만
수도권	1,739	6	3	3
강원권	360	3	2	1
충청권	802	4	3	1
영남권	1,530	9	8	1
호남권	753	5	3	2
계	5,184	27	19	8

공공 유기성 폐자원 바이오가스화시설에 대한 가동률을 보면 강원권이 104.7%로 가장 높았으며, 영남권은 9개소로 바이오가스화시설이 가장 많이 설치되어 있지만, 가동률은 82.5%로 가장 낮다. 이것은 많은 바이오가스화시설이 설치되어 있으나 내구연한 도래 및 설비 노후화로 인한 대수선, 소화조 보수 등의 원인으로 보인다(자료: 2018년 폐기물처리사업 및 폐기물처리시설 설치 운영실태 평가보고서, 환경부, 한국환경공단, 2019.12).

특히 음식물 바이오가스화시설의 가동률은 주 처리공정인 혐기성 소화조에 가장 큰 영향을 받는데 가동시간이 지속됨에 따라 소화조에 협잡물이 침전되어 소화조 효율이 저하됨에 가장 큰 영향을 받고 있으며, 소화조 유입 전단에 유입 협잡물을 제거하는 시설이 없을 경우, 운영을 중지하고 소화조의 침전 협잡물을 제거하여야 하므로, 장기간에 걸친 중지, 청소, 재가동에 따른 가동률의 저하가 발생하고 있다.

3. 운영비

유기성 폐자원 바이오가스화시설 중 공공처리시설의 반입폐기물 대비 바이오가스 평균 생산량은 65.8 m^3/톤으로 방법별 바이오가스 생산량은 음식물 단독처리가 111.8 m^3/톤이고, 음폐수 단독처리가 73.6 m^3/톤, 병합처리가 34.3 m^3/톤으로 조사 되었으며 이는 유기물 함량에 절대적으로 기인하는 것으로 보이며, 이때의 메탄 함량은 평균 63% 내외로 대동소이 하다.

표 6.22 유기성 폐자원 바이오가스화 설비 가스생산 현황 (단위: m^3/톤, %)

구분	계	처리방법		
		음식물	음폐수	병합
생산량(m^3/톤)	-	111.8	73.6	34.3
메탄 함량(%)	63.2	63.6	62.7	63.4

유기성 폐자원의 바이오가스 생산량은 2019년 기준 351,163천m^3/톤이고 총 이용량은 293,153천m^3/톤으로 약 84%가 활용되고 있으며, 16% 정도가 미활용되고 있다.

표 6.23 시설별 바이오가스 생산, 이용량 (단위: 천m^3/톤, %)

총계		음식물 (음폐수 포함)		가축분뇨		하수슬러지		통합	
생산량	이용량	생산량	이용량	생산량	이용량	생산량	이용량	생산량	이용량
351,163	293,153 (83.5)	90,756	81,738 (90.1)	743	665 (89.5)	68,143	53,460 (78.5)	191,520	157,289 (82.1)

(자료출처: 2019년 유기성 폐자원 바이오가스화시설 현황)

유기성 폐자원 바이오가스화시설의 평균 운영비는 28.6천원/톤이며, 용량별로는 100톤/일 이상 시설이 26.5천원/톤, 100톤/일 미만 시설이 48.6천원/톤으로 소규모 시설일수록 운영비가 높았다. 처리방식별로는 음식물 단독처리가 62.3천원/톤으로 가장 높았으며 음폐수 단독처리가 16.4천원/톤으로 가장 낮았다.

시설용량별로는 처리용량이 작을수록 운영비가 높아지는 경향을 보였는데 이는 10톤/일 미만 시설에 운영비가 높은 음식물 단독처리 시설이 대부분으로 반입폐기물 특성(고농도, 뼈·비닐 등 이물질 다량 함유)상 소화조뿐만 아니라 전처리, 악취, 폐수처리설비 등에서 비용의 상승에 기인하는 것으로 보인다(자료 : 2018년 폐기물처리사업 및 폐기물처리시설 설치 운영실태 평가보고서, 환경부, 한국환경공단, 2019.12).

표 6.24 유기성 폐자원 바이오가스화시설 운영비 현황 (단위: 천원/톤)

구분	평균	시설용량	
		100톤/일 이상	100톤/일 미만
음식물	62.3	55.4	140.7
음폐수	16.4	16.0	25.1
병합	19.0	17.9	25.4
계	28.6	26.5	48.6

* 운영비 산정 기준 : 고정비(인건비, 관리비 제외)

정부의 에너지 다변화 정책의 일환으로 음식물바이오가스 발전시설에서 발생되는 전기료를 정부에서 고가로 사용하여 주는 등의 정책으로 에너지화 시설의 사업이 타 처리시설에 비하여 경제성이 확보되고 있다.

최근에 폐기물처리시설에 대한 기피현상이 커짐으로 인해서 신규시설의 건설이 어려워지는 반면에 폐기물의 발생량은 증가되고 재활용 폐기물의 수출 역시 규제가 심해지고 있다.

이러한 사정에 의하여 그동안 민간에서 처리되었던 폐기물이 지방자치단체 등 정부의 처리시설로 유도되고 있다. 즉, 그동안 국고보조가 되지 않아 지방자체단체의 공공처리시설에서 처리되지 않았던 건설폐기물과 민간 재활용처리시설에서 발생되는 부산물의 처리시설에 대해서도 2020년부터 신규로 국고가 지원됨으로서 이러한 폐기물을 대상으로 한 공공처리시설이 다수 건설될 것으로 보이며, 대부분 소각 에너지화가 될 것으로 예상된다.

또한 처리 등의 효율화를 위한 다수의 시설을 집적화를 유도하고 있는 바, 이는 독립적으로 여러 지역에 분산되어 건설되었던 시설이 집적화를 통해 에너지 사용률이 증가될 것으로 보인다. 이는 운송에너지 감소뿐만 아니라 소규모 에너지도 사용할 수 있음으로 버려지는 에너지의 사용 효과와 더불어 에너지 효율 향상도 꾀할 수 있다.

6.3 폐자원 에너지화 시설 건설비용

폐자원 에너지화 시설 건설비용은 일반적인 건축 및 토목공사와 달리 폐기물의 성상이 다양함에 따라 처리시설 종류 역시 매우 다양하며, 대상시설의 위치 등에 따라서도 그 편차가 크다. 특히 폐자원 에너지화 시설이 일반인들에게 혐오시설로 인식되어 환경오염방지시설의 설치비용이 증가되는 경향을 보여주고 있으며, 환경오염방지시설뿐만 아니라 본 시설 외에 인근 주민 수용성 제고를 위한 수영장, 공원 등 주민편익시설의 건설비용이 많은 부분을 차지하고 있다.

폐자원 에너지화 시설 건설단가에 대한 기준은 공공처리시설의 경우에는 환경부에서 과거의 실적과 자료 등을 수집하여 매년 건설단가를 공표하고 이러한 단가를 기준으로 정부에서 보조금을 배부하고, 기획재정부는 정부 공공시설의 총사업비 관리를 행하고 있다. 이러한 사유로 공공 폐자원 에너지화 시설은 기획구상, 예산책정, 설계 및 건설 단계에서 이러한 환경부의 건설단가를 기준으로 진행되고 있으며, 주민편익시설,

지하화 등 해당지역에 특수상황이 감안되어 진행되고 있다.

표 6.25 폐자원 에너지화 시설별 건설비 표준단가

시설	세부 시설	시설규모	표준단가	비고
매립가스 자원화 시설	발전 시설 (가스 터빈)	0.3 MWh 이하	39.35억원/MWh	• 시설당 15억원까지 국고보조금 지원 (잔여사업비는 지방비 부담)
		0.3 MWh 초과~ 0.7 MWh 이하	34.04억원/MWh	
		0.7 MWh 초과~ 1.0 MWh 이하	29.77억원/MWh	
		1.0 MWh 초과	26.58억원/MWh	
음식물류 폐기물 공공 처리시설	사료화 (건식)	50톤/일 이하	2.62억원/톤	• 폐수처리(생물학적 처리) 설치비가 포함되어 있으므로 폐수미처리 시 실시설계 후 재원협의 시 총사업비 조정 가능
		50톤/일 초과~ 100톤/일 이하	2.41억원/톤	
		100톤/일 초과~ 150톤/일 이하	2.29억원/톤	
		150톤/일 초과	2.19억원/톤	
	퇴비화	50톤/일 이하	3.66억원/톤	
		50톤/일 초과~ 70톤/일 이하	3.25억원/톤	
		70톤/일 초과~ 90톤/일 이하	2.95억원/톤	
		90톤/일 초과~ 110톤/일 이하	2.75억원/톤	
		110톤/일 초과~ 150톤/일 이하	2.56억원/톤	
		150톤/일 초과	2.44억원/톤	
농어촌 폐기물 종합 처리시설	소각 시설 (회분식)	1.0톤/일 이하 (100 kg/hr)	11.89억원/톤	• 시설당 15억원까지 국고보조금 지원 (잔여사업비는 지방비 부담)
		1.0톤/일 초과~ 3.0톤/일 이하	8.81억원/톤	
		3.0톤/일 초과~ 5.0톤/일 이하	7.29억원/톤	
	차단형 매립 시설	0.2천m^3 이하	1,631.10천원/m^3	• 지붕 설치 시 매립면적을 기준으로 256천원/m^2 추가적용 • 시설당 15억원까지 국고보조금 지원 (잔여사업비는 지방비 부담)
		0.2천m^3 초과~ 0.6천m^3 이하	886.99천원/m^3	
		0.6천m^3 초과~ 2.0천m^3 이하	387.49천원/m^3	
		2.0천m^3 초과~ 5.0천m^3 이하	340.63천원/m^3	

<table>
<tr><th>시설</th><th>세부 시설</th><th>시설규모</th><th>표준단가</th><th>비고</th></tr>
<tr><td rowspan="2"></td><td rowspan="2">관리형 매립 시설</td><td>2천m^3 이하</td><td>521.22천원/m^3</td><td rowspan="2">• 시설당 15억원까지 국고보조금 지원 (잔여사업비는 지방비 부담)</td></tr>
<tr><td>2천m^3 초과~
10천m^3 이하</td><td>433.21천원/m^3</td></tr>
<tr><td rowspan="10">소각 시설</td><td rowspan="5">신규</td><td>30톤/일 이하</td><td>5.15억원/톤</td><td rowspan="5">• 기계적 처리+소각을 하는 경우도 동일하게 지원
• 30톤/일 초과 시설에는 소각 여열 회수시설 설치비 포함, 30톤/일 이하 시설에서 소각 여열 회수시설 필요시 실시설계 후 재원협의 시 총사업비 조정 가능
• 도서지역은 장비운반비, 인건비 등 할증비용을 반영하여 사업비를 조정할 수 있음
• 타지자체로 운반 처리하는 지자체는 압축시설 설치비용(10톤 기준 5천만 원, 최대 2억, 국비기준) 추가지원
• 2계열(기) 이상 설치하는 경우에도 총 용량을 합산하여 적용</td></tr>
<tr><td>30톤/일 초과~
50톤/일 이하</td><td>5.09억원/톤</td></tr>
<tr><td>50톤/일 초과~
100톤/일 이하</td><td>4.45억원/톤</td></tr>
<tr><td>100톤/일 초과~
200톤/일 이하</td><td>4.19억원/톤</td></tr>
<tr><td>200톤/일 초과</td><td>3.81억원/톤</td></tr>
<tr><td rowspan="5">대보수</td><td>30톤/일 이하</td><td>3.64억원/톤</td><td rowspan="5">• 30톤/일 초과 시설에는 소각 여열 회수시설 설치비 포함, 30톤/일 이하 시설에서 소각 여열 회수시설 필요시 실시설계 후 재원협의 시 총사업비 조정 가능</td></tr>
<tr><td>30톤/일 초과~
50톤/일 이하</td><td>3.76억원/톤</td></tr>
<tr><td>50톤/일 초과~
100톤/일 이하</td><td>3.23억원/톤</td></tr>
<tr><td>100톤/일 초과~
200톤/일 이하</td><td>2.96억원/톤</td></tr>
<tr><td>200톤/일 초과</td><td>2.76억원/톤</td></tr>
<tr><td rowspan="6">유기성 폐자원 바이오 가스화 시설</td><td rowspan="3">음식물</td><td>150톤/일 이하</td><td>3.46억원/톤</td><td rowspan="6">• 폐수처리(생물학적 처리) 설치비가 포함되어 있으므로 폐수미처리 시 실시설계 후 재원협의 시 총사업비 조정 가능</td></tr>
<tr><td>150톤/일 초과~
400톤/일 이하</td><td>3.20억원/톤</td></tr>
<tr><td>400톤/일 초과</td><td>2.94억원/톤</td></tr>
<tr><td rowspan="3">음폐수</td><td>150톤/일 이하</td><td>2.26억원/톤</td></tr>
<tr><td>150톤/일 초과~
400톤/일 이하</td><td>2.00억원/톤</td></tr>
<tr><td>400톤/일 초과</td><td>1.87억원/톤</td></tr>
</table>

<table>
<tr><th>시설</th><th colspan="2">세부
시설</th><th>시설규모</th><th colspan="3">표준단가</th><th>비고</th></tr>
<tr><td rowspan="6"></td><td rowspan="6">통합</td><td rowspan="3">음식물</td><td>150톤/일 이하</td><td colspan="3">3.15억원/톤</td><td rowspan="6"></td></tr>
<tr><td>150톤/일 초과~
400톤/일 이하</td><td colspan="3">2.91억원/톤</td></tr>
<tr><td>400톤/일 초과</td><td colspan="3">2.67억원/톤</td></tr>
<tr><td rowspan="3">음폐수</td><td>150톤/일 이하</td><td colspan="3">2.06억원/톤</td></tr>
<tr><td>150톤/일 초과~
400톤/일 이하</td><td colspan="3">1.82억원/톤</td></tr>
<tr><td>400톤/일 초과</td><td colspan="3">1.70억원/톤</td></tr>
<tr><td colspan="3" rowspan="11">생활자원회수센터
(억원/톤)</td><td>시설규모</td><td>자동
선별</td><td>기계
선별</td><td>수동
선별</td><td rowspan="11">• 자동선별시설 : 기계적 선별시설에 근적외선 선별기 등 플라스틱 자동선별기를 추가한 시설
• 기계선별시설 : 수선별을 원활하게 하기 위하여 수동선별시설에 플라스틱 자동선별기를 제외한 파봉기, 트롬멜, 발리스틱 등 기계적 처리시설을 추가한 시설
• 수동선별시설 : 사람에 의한 분리선별시설(이송설비, 자력선별기, 압축기, 감용기 등은 포함)</td></tr>
<tr><td>10톤/일 이하</td><td>4.91</td><td>4.89</td><td>3.47</td></tr>
<tr><td>10톤/일 초과~
20톤/일 이하</td><td>3.80</td><td>3.43</td><td>-</td></tr>
<tr><td>20톤/일 초과~
30톤/일 이하</td><td>2.95</td><td>2.70</td><td>-</td></tr>
<tr><td>30톤/일 초과~
40톤/일 이하</td><td>2.83</td><td>2.20</td><td>-</td></tr>
<tr><td>40톤/일 초과~
50톤/일 이하</td><td>2.71</td><td>1.95</td><td>-</td></tr>
<tr><td>50톤/일 초과~
60톤/일 이하</td><td>2.64</td><td>1.72</td><td>-</td></tr>
<tr><td>60톤/일 초과~
70톤/일 이하</td><td>2.58</td><td>1.60</td><td>-</td></tr>
<tr><td>70톤/일 초과~
80톤/일 이하</td><td>2.53</td><td>1.47</td><td>-</td></tr>
<tr><td>80톤/일 초과~
90톤/일 이하</td><td>2.51</td><td>1.40</td><td>-</td></tr>
<tr><td>90톤/일 초과</td><td>2.48</td><td>1.34</td><td>-</td></tr>
<tr><td colspan="4">공사장 생활폐기물 재활용 선별시설</td><td colspan="3">2억원/톤</td><td>• 보관 및 기계적 또는 수선별할 수 있는 설비를 갖추어야 함</td></tr>
</table>

(자료출처: 2020 폐기물처리시설 국고 보조금 업무처리지침, 환경부, 2020.1.)

표 6.25의 건설비 표준단가는 과거의 표준단가보다 높아졌다. 이러한 사유는 근로기준법상 주 52시간 근무에 따른 부대비용 증가, 정부의 건설관련 노임기준이 약 7.53% 증가에 따른 비용이 감안된 것이 주요 원인이다.

정부에서 기후변화 대응 등을 위해서 음식물류 폐자원시설, 유기성 폐자원 바이오가스화시설을 강력하게 시행하고 있는바, 지방자치단체의 공공처리시설을 건설함에 있어 표 6.26과 같이 용량별로 계열화를 의무화하고, 탈취횟수의 강화, 폐수처리를 위한 1차 생물학적 처리를 의무화 하고, 소화조의 여유용량을 확보하는 등 시설을 강화함에 따라 건설비가 상당히 상승될 것으로 예상된다.

표 6.26 유기성 폐자원 바이오가스 자원화 계열화 규정(공공처리시설)

구분	40톤/일 이하	150톤/일 이하	300톤/일 이하	400톤/일 이하	400톤/일 초과
전처리 계열수	1계열	2계열	3계열	4계열	5계열

또한, 공공 소각시설에 반입되는 폐기물의 종류를 그 동안은 종량봉투로 반입되는 생활폐기물만을 대상으로 하였으나, 2020년부터는 재활용 잔재물, 음식물류폐기물처리 과정에 발생하는 협잡물과, 봉투에 담을 수 없는 대형폐기물등도 반입하여 소각 에너지화 하도록 현실화하였다.

그림 6.2 하남시 유니온파크

(사진출처: 하남시 뉴스포털)

또한 주민수용성을 확보하기 위해서 음식물류폐기물 에너지화, 슬러지 자원화 시설, 하수합병 재활용시설 등을 한 곳에 건설하여 처리 효율성을 높이고 주민 수용성을 제고할 수 있는 복합시설 건설과 더불어 에너지 활용 및 공급망에 대한 사전검토를 강화하고 있다. 특히 폐자원 에너지화 시설을 지하화하고 그 상부를 공원화, 체육공원, 판매시설 등을 설치하는 것을 권고하고 있고, 이에 따라 건설비를 표준단가의 1.4배를 인정하여 주민수용성 확보와 더불어 경관의 향상, 환경오염방지, 토지사용성 효율화 등을 꾀하고 있다.

환경부가 책정한 평균단가와 실제로 2006년부터 2018년까지 건설한 소각시설의 공사비는 표 6.27과 같으며, 공공처리시설의 건설 평균단가가 민간에 비해 월등히 높은 것으로 나타났으며, 이러한 사유는 철저한 환경오염방지 건설과 주민 수용성을 고려한 부대시설의 건설로 인한 것으로 보인다(자료 통계청 KOSIS, 2020년 업데이트 기준).

표 6.27 소각시설 실제 건설비 현황 2006~2018년

구분	개소수	시설용량 (톤/일)	설치비 (백만원)	표준단가 (억원/톤)
계	313	23,639	4,562,351	1.93
공공시설	178	17,124	4,173,152	2.43
자가처리 (배출시설계)	135	6,515	389,199	0.6

6.4 공법 선정 의사 결정과정

우리나라에서 적용 보급되어 있는 폐자원 에너지화 공법은 매우 다양하다. 특히 기후변화 대응 및 신재생에너지 시설 확충과 관련하여 그동안 사업성 등이 없어 현실적으로 적용이 어려웠던 시설도 활발하게 적용되고 있다. 유기성 폐자원에 대한 바이오가스화시설 분야를 보면 생성된 바이오가스를 정제하여 자동차 연료 등으로 사용하거나, 발전하는 시설을 뛰어넘어 바이오가스에서 수소를 분리하여 수소연료전지, 수소충전소를 건설하는 시설을 정책적으로 추진하고 있다. 또한 고형폐기물 역시 단순 소각방식이나, gasification시설에서 합성가스를 취하여 소각하는 대신에 수소등 유가 가스를 생성하는 시설의 도입을 검토하고 있다.

공공 폐자원 에너지화 시설에 대한 공법 선정은 발주청의 발주형태에 따라 공법 선정 시기와 선정 주체가 달라진다. 즉 지자체 및 국가의 예산으로만 설치되는 재정사업은 기타공사, 설계시공 일괄 공사(turn-key), 기술공모 사업으로 구분되어지며, 민간투자법에 의한 민간투자사업은 민자고시, 민간제안 사업으로 나누어지며 이러한 시행방법별로 공법의 대분류 선정, 소분류 공법 선정, 특정공법의 선정 절차 및 시기가 다르다. 여기서 공법의 대분류라 함은 소각 에너지화 시설의 경우는 소각, SRF 시설, gasification 등으로, 소분류라 함은 소각 에너지화 시설 중 스토커, 로터리 킬른, 연속식, 회분식 등으로 분류되며, 특정공법 선정은 특정회사의 고유기술 공법이 선정되는 것을 뜻한다.

6.4.1 기타공사의 공법 선정

단계	공법 구분	주관	비고
기본구상/계획 단계	대분류공법 선정	발주청/설계사	
↓ 기본설계 단계	↓ 소분류공법 선정	발주청/설계사	건설심의위원회(공법선정위원회)
↓ 실시설계 단계	↓ 특정공법 선정	발주청/설계사	건설심의위원회(공법선정위원회)
↓ 시공 입찰			
↓ 시공		건설사	

그림 6.3 재정사업 중 기타공사 발주 시 공법 선정절차

그림 6.3에서 보는 바와 같이 재정사업 중 기타공사는 공사의 특정공법을 선정하여 공사실시설계(상세설계)를 작성하는 한편, 공사의 세부공종별 내역을 정부표준품셈 등을 근거로 공사물량을 정한 다음, 정해진 물량에 대한 단가산출근거를 제시하여 총 시공예산을 설계 엔지니어링 회사가 발주청과 같이 정하고, 이를 근거로 시공사가 설계도면 대로 시공하는 공사발주 형태이다. 이 경우 시공사는 정해진 공법을 변경할 수 없으며, 특정회사의 고유기술이 포함되어 있으므로 재질등도 변경할 수 없으므로 대부

분 선정된 특정회사로부터 공급을 받아 단순히 설치하는 공사이다.

공법 선정절차는 기본구상/계획단계에서 대분류 공법을 선정하며 선정기준은 정부의 정책을 따르는 것이 일반적이다. 소분류 공법을 선정하는 단계는 기본설계 단계로서 소각 에너지화 시설의 경우, 용량과 더불어 결정되며 일반적으로 건설심의위원회에서 의결로 결정된다.

최종 특정공법 선정은 실시설계단계에 이루어지며, 한국환경공단과 많은 지자체에서는 건설기술관리법에 의거 후보 업체별로 공법에 대한 공사비, 운영비, 특징, 장단점 등에 대한 제안서를 접수하여 공법심의위원회 또는 건설심의위원회에서 선정하게 되며, 이렇게 선정된 공법을 시공입찰을 하여 시공사가 공사를 하게 된다.

6.4.2 설계시공 일괄입찰

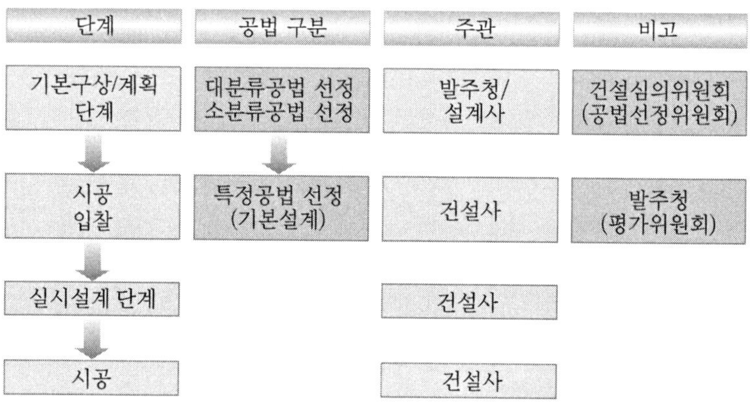

그림 6.4 재정사업 설계시공 일괄입찰(turn-key) 발주 시 공법 선정절차

재정사업 발주형태 중 설계시공 일괄입찰(design and build) 방식은 중대형 규모의 폐자원 에너지화 시설 대부분이 적용되고 있다.

발주청이 설계사와 함께 기본계획단계에서 대분류 및 소분류 공법을 정한 다음, 이를 건설심의위원회의 의결을 거쳐 결정한다. 이러한 결과로 선정된 공법을 근거로 발주청이 시공입찰을 공고하고, 참여 시공사는 발주청에 상관없이 독립적으로 특정공법을 선정하여 기본설계를 완료하여 발주청에 이를 제출하여, 해당 공법을 포함한 전체 시설에 대한 기술성과 경제성 등을 평가받아 시공업체가 선정된다. 이러한 방법은 시공입찰 단계에서 시공사가 특정공법을 정하는 방법이며, 시공 단계에서 특정공법을 원칙적으로 변경할 수 없다.

6.4.3 기술공모

기술공모 방식으로 특정공법을 선정하는 폐자원 에너지화 시설은 상대적으로 소규모 소각시설과 유기성 폐기물 자원화 시설에 다수 도입되고 있는 방식이다.

본 방식은 설계시공 일괄입찰 방식과 기타공사를 혼합한 것이다. 발주청에서 설계사를 선정하는 기술공모 공고를 하면, 설계사가 특정공법이 포함된 공모서를 발주청에 제출하고, 공모서의 평가결과에 따라 선정된 설계사가 기본 및 실시설계를 행하고, 설계 완료된 도면과 물량내역서에 의거 다시 시공입찰을 하여 건설공사를 시행하는 방식이다.

즉 발주청에서 시설공법에 대한 대분류와 소분류를 결정하고, 발주청에서 설계적격자 선정을 위한 기술공모 입찰공고를 하게 된다, 설계사는 해당 사업에 대한 적정한 특정공법을 포함한 설계공모서를 발주청에 제출하게 되고 발주청에서는 제출된 공모서를 평가하여 해당 폐자원 에너지화 시설에 대한 설계사를 선정하게 된다. 즉 특정공법은 설계사의 입찰 결과에 따라 선정된다고 할 수 있다. 선정된 설계사는 당초 공모서에 제안된 특정공법으로 실시설계를 하게 되고 완료된 설계도서에 의거, 선정된 특정공법뿐만 아니라 기타공사 발주방식 절차와 같이 부대시설, 조경, 건축을 포함한 전체 시설에 대해 시공입찰을 하고, 계약된 시공사가 설계도서에 의거 시공하는 방식이다.

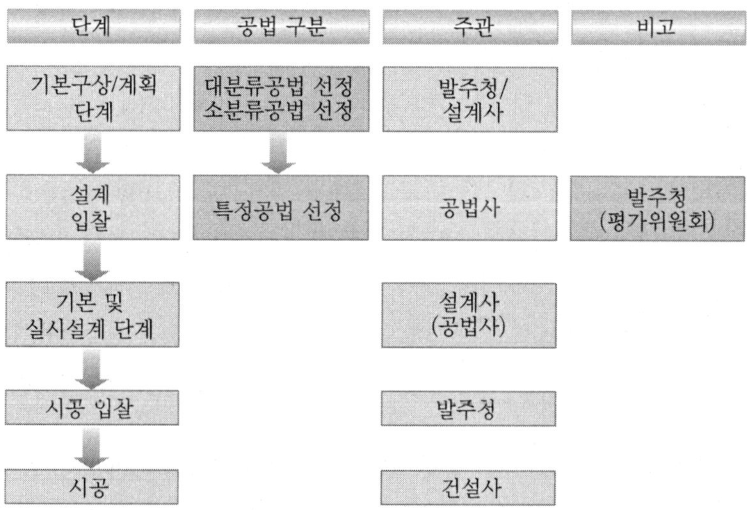

그림 6.5 재정사업 중 기술공모 발주 시 공법 선정절차

6.4.4 민간투자법에 의한 공모사업의 공법 선정절차

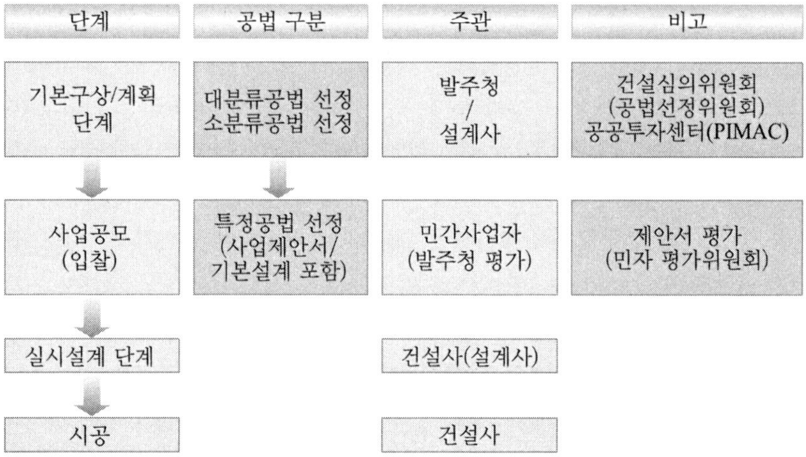

그림 6.6 민간투자법의 민간공모사업방식의 공법 선정절차

현재 국내의 환경기초시설에 대한 건설은 전액 정부 및 지방자치단체의 예산으로 집행되는 재정사업이 대부분이나 정부 및 지방자치단체의 예산에 전체 사업비 중 민간자본이 전부 또는 일부가 포함되어 건설되는 사업을 민자사업이라고 한다. 민자사업은 계약상대자가 정부 또는 지방자치단체라는 점에서 민간자본이면서 민간사업자를 계약대상자로 하는 민간사업과는 명확하게 구분된다.

이러한 정부 및 지방자치단체를 대상으로 하는 민자사업은 민간이나 정부나 지방자치단체에서 일방적인 추진이 어렵고, 재정사업으로 시행하는 것에 비해 민자사업으로 시행하는 것이 정부나 지방자치단체에서 시행하는 것보다 경제적으로 타당성이 입증되어야 추진이 가능하다. 이러한 사항을 검토하는 전문기관이 기획재정부 산하기관인 공공투자센터(PIMAC)이며, 정부 지방자치단체에서 민간투자법으로 사업을 시행하고자 할 때는 폐자원 에너지화 시설의 대분류 공법과 소분류 공법을 선정하고 기본계획을 근거로 사업비, 운영비를 포함하여 민간투자 공모지침서를 작성한 후 이를 발주청에서 입찰공고를 하게 된다.

입찰공고 후 건설사와 설계사가 특정공법을 포함한 설계도서, 운영비 등이 작성된 공모제안서를 발주청에 제출하여 평가를 거쳐 건설사가 결정된다.

본 방식의 특정공법의 선정시점은 건설사, 설계사, 투자자들로 구성된 민간사업자의 선정 시 결정된다.

6.4.5 민간투자법에 의한 제안사업의 공법 선정절차

민간투자법에 의한 제안사업은 최근에 유기성 폐자원 가스화 사업, 소각시설 사업, 하수찌꺼기 감량화 에너지화 사업 분야에서 가장 활발하게 시행되고 있는 방식으로 중, 대규모 폐자원 에너지화 시설을 대상으로 하고 있다. 정부 및 지방자치단체에서 미리 민간투자법에 의한 민자사업으로 시행하기로 하고 시행하는 민간공모방식과는 다르게 발주청에서 재정사업으로 진행하는 사업 중 민간사업자가 재정사업으로 시행하는 것에 비해 경제적인 방법으로 시행하고자 하는 제안서를 발주청에 제안하는 방식이다.

민간사업자가 발주청에 제안할 때 건설 설계도서뿐만 아니라 운영비의 상세내역도 포함하여 제안서를 작성하여 제출하여야 하므로 특정공법의 선정이 필수적이다.

제안서가 발주청에 제출되면 기획재정부 산하 공공연구기관인 공공투자센터(PIMAC)에서 재정사업 대비 사업타당성을 검토하여 타당성이 확보되면 발주청이 민자사업으로 시행 가능하게 된다. 발주청에서 해당 민간사업자가 제안한 해당 사업을 민간사업으로 확정하면 발주청에서 당초 최초 제안서 내용보다 좋은 조건으로 제안할 또 다른 민간사업자가 있는지를 공고(제3자 공고)를 하여 입찰하게 된다. 제3자 공고 후 민간사업들의 제안서 내용을 평가하여 해당 사업을 건설하고 운영할 민간사업자를 정하게 된다. 이후에 해당 민간사업자가 설계와 건설을 하게 되는 방식으로 특정공법을 선정하는 시점은 "제3자 공고" 후 민간사업자가 선정되는 단계이다.

단계	공법 구분	주관	비고
제안서 제출	특정공법 선정 (사업제안서/ 기본설계 포함)	민간사업자	제안서 평가 (민간투자심의위원회)
↓ 제3자 공고 (입찰)	↓ 특정공법 선정 (사업제안서/ 기본설계 포함)	발주청 평가 (민간사업자)	제안서 평가 (민자 심의위원회)
↓ 실시설계 단계		민간사업자 (설계사)	
↓ 시공		민간사업자 (건설사)	

그림 6.7 민간투자법의 민간제안 사업방식의 공법 선정절차

참고문헌

1. 감사보고서, 폐기물 관리 및 재활용 실태, 감사원, 2019.12.
2. 에너지관리공단 신재생에너지 센터 공고 2020-16호, “공공인증서 발급 및 거래시장 운영에 관한 규칙”.
3. 전국 폐기물 발생 및 처리 현황(2018), 환경부, 한국환경공단, (2019).
4. 2018년도 폐기물처리사업 및 폐기물처리시설 설치 운영실태 평가 결과 보고서, 환경부, 한국환경공단, 2019년 12월.
5. 민간소각시설 소각열에너지 생산 이용 실태 조사보고서(2008～2019년), 한국자원순환에너지 공제조합, 2020.7.
6. 2019년 유기성 폐자원 바이오가스 시설 현황, 한국환경공단, 2020년.
7. 2020 폐기물처리시설 국고 보조금 업무처리지침, 환경부, 2020.1.

CHAPTER 7

폐자원 에너지화 관련 용어와 에너지 회수 수준

7.1 신재생에너지 관련 용어의 정의

7.1.1 신재생에너지법에서의 용어의 정의

1. "신에너지"란 기존의 화석연료를 변환시켜 이용하거나 수소·산소 등의 화학반응을 통하여 전기 또는 열을 이용하는 에너지로서 다음 각 목의 어느 하나에 해당하는 것을 말한다.
   가. 수소에너지
   나. 연료전지
   다. 석탄을 액화·가스화한 에너지 및 중질잔사유를 가스화한 에너지로서 대통령령으로 정하는 기준 및 범위에 해당하는 에너지
   라. 그 밖에 석유·석탄·원자력 또는 천연가스가 아닌 에너지로서 대통령령으로 정하는 에너지
2. "재생에너지"란 햇빛·물·지열·강수·생물유기체 등을 포함하는 재생 가능한 에너지를 변환시켜 이용하는 에너지로서 다음 각 목의 어느 하나에 해당하는 것을 말한다.
   가. 태양에너지
   나. 풍력
   다. 수력
   라. 해양에너지
   마. 지열에너지
   바. 생물자원을 변환시켜 이용하는 바이오에너지로서 대통령령으로 정하는 기준 및 범위에 해당하는 에너지

신에너지 및 재생에너지 개발·이용·보급 촉진법 시행령

[별표 1] 바이오에너지 등의 기준 및 범위

3. 바이오에너지

가. 기준	1) 생물유기체를 변환시켜 얻어지는 기체, 액체 또는 고체의 연료 2) 1)의 연료를 연소 또는 변환시켜 얻어지는 에너지 ※ 1) 또는 2)의 에너지가 신·재생에너지가 아닌 석유제품 등과 혼합된 경우에는 생물유기체로부터 생산된 부분만을 바이오에너지로 본다.
나. 범위	1) 생물유기체를 변환시킨 바이오가스, 바이오에탄올, 바이오액화유 및 합성가스 2) 쓰레기매립장의 유기성 폐기물을 변환시킨 매립지가스 3) 동물·식물의 유지를 변환시킨 바이오디젤 및 바이오중유 4) 생물유기체를 변환시킨 땔감, 목재칩, 펠릿 및 목탄 등의 고체연료

사. 폐기물에너지(비재생폐기물로부터 생산된 것은 제외한다)로서 대통령령으로 정하는 기준 및 범위에 해당하는 에너지

신에너지 및 재생에너지 개발·이용·보급 촉진법 시행령

[별표 1] 바이오에너지 등의 기준 및 범위

4. 폐기물에너지 기준
   1) 폐기물을 변환시켜 얻어지는 기체, 액체 또는 고체의 연료
   2) 1)의 연료를 연소 또는 변환시켜 얻어지는 에너지
   3) 폐기물의 소각열을 변환시킨 에너지
   ※ 1)부터 3)까지의 에너지가 신·재생에너지가 아닌 석유제품 등과 혼합되는 경우에는 폐기물로부터 생산된 부분만을 폐기물에너지로 보고, 1)부터 3)까지의 에너지 중 비재생폐기물(석유, 석탄 등 화석연료에 기원한 화학섬유, 인조가죽, 비닐 등으로서 생물 기원이 아닌 폐기물을 말한다)로부터 생산된 것은 제외한다.

아. 그 밖에 석유·석탄·원자력 또는 천연가스가 아닌 에너지로서 대통령령으로 정하는 에너지

7.1.2 REC

- 신재생에너지 공급인증서(Renewable Energy Certificates) : 발전사업자가 신·재생에너지 설비를 이용하여 전기를 생산·공급하였음을 증명하는 인증서.
- "REC(Renewable Energy Certificate)"란 공급인증서의 발급 및 거래단위로서 공급인증서 발급대상 설비에서 공급된 MWh 기준의 신·재생에너지 전력량에 대해 가중치를 곱하여 부여하는 단위를 말한다.[8)]

구분	공급인증서 가중치	대상에너지 및 기준
바이오 에너지	0.25	Bio-SRF
	0.5	매립지가스, 목재펠릿, 목재칩
	1.0	기타 바이오에너지
	1.5	미이용산림바이오매스혼소설비
	2.0	미이용산림바이오매스(바이오에너지 전소설비만 적용)
폐기물 에너지	0.25	부생가스, IGCC, 폐기물에너지(비재생폐기물로부터 생산된 것은 제외)

폐기물에너지설비

① 폐기물을 변환시켜 얻어지는 기체, 액체 또는 고체의 연료로서 다음 각 호의 어느 하나에 해당하는 연료를 연소 또는 변환시켜 전기를 생산하는 설비를 말한다.

1. 「폐기물관리법」에 따른 폐기물(영 별표 1의 3. 바이오에너지 제외)
2. 「자원의 절약과 재활용 촉진에 관한 법률」에 따른 일반고형연료제품(SRF)
3. 「폐기물관리법」에 따른 폐기물 원료의 합성가스(Syngas)

단, 생산공정 과정에서 부수적으로 발생하는 기체, 액체 등을 활용하여 전기를 생산하는 설비는 제외한다.

단, 신·재생에너지가 아닌 연료와 혼합되는 경우에는 생물기원(바이오매스) 부분의 순발열량 기준 열량 비율만 적용하며, 폐기물에너지 비율 산정이 불가능한 경우에는 전체를 폐기물에너지에서 제외한다.

② 제19조제6항제8호의 규정에 따른 생물기원(바이오매스) 부분의 증명을 위한 시험성적서는 「자원의 절약과 재활용촉진에 관한 법률」에 따라 지정된 고형연료제품의 품질표시 시험 기관이 「고형연료제품 품질 시험·분석방법」을 준용하여 시료채취와 바이오매스 부분의 비율 측정 시험을 실시한 내용이 포함되어야 한다.

8) 공급인증서 발급 및 거래시장 운영에 관한 규칙, 신·재생에너지센터 공고 제2020-20호 (2020).

7.1.3 소내 소비전력 차감률[9]

"소내 소비전력"이란 발전소 운영과 직·간접적으로 연관된 시설운영에 필요한 전력을 말한다.

전원		적용설비용량기준		차감률(%)
폐기물 소각(RDF 포함)		20 MW 이하		0.3
바이오 에너지	LFG	50 MW 이하		6.0
	바이오가스	50 MW 이하		7.0
	바이오매스	50 MW 이하	목질계 바이오	1.0

1. 공급인증서 발급대상 설비확인 신청서 중 주요 설비 개요

1) 바이오에너지 설비

확인사항			내 용
전처리 설비	저류조	용량 / 수량	(　　　) m^3 / (　　　) set
	반응조 (응집조)	용량 / 수량	(　　　) m^3 / (　　　) set
	고액분리기	용량 / 수량	(　　　) m^3/h / (　　　) set
소화 설비	가온장치	용량 / 수량	(　　　) m^3 / (　　　) set
	소화조	용량 / 수량	(　　　) m^3 / (　　　) set
	침전조	형식 / 규격	□ 원형　□ 사각형 / (　) $\phi \times H$, $W \times L \times H$
	악취저감시설	방식 / 수량	(　　　) / (　　　) set
가스 시설	탈황기	탈류제량 / 수량	(　　　) kg / (　　　) set
	저장탱크	형식 / 용량 / 가스압력	□ 습식　□ 건식 / (　) m^3 / (　) mmAq
	안전장치	안전밸브(역화방지, 출방지시설)	□ 설치　□ 미설치
		고·저 레벨 경보용 리미트	□ 설치　□ 미설치

9) 공급인증서 발급 및 거래시장 운영에 관한 규칙, 신·재생에너지센터 공고 제2020-20호 (2020).

확인사항			내 용
열원 시설	열원기기 (보일러)	보일러 형식	□ 관류형 □ 수관식 □ 주철제 □ 노통연관식 □ 입형 □ 온수
		보일러 용량	( ) t/h, 온수일 경우 : ( ) MW
	버너	버너 종류(형식)	
		버너 용량	( ) MW
발전 시설	동력원	제조국 / 제조사 / 생산연도	( ) / ( ) / ( )
		동력원 종류	□ 가스터빈 □ 전소형 가스엔진 □ 혼소형 가스엔진 (대체율 : ( ) %)
		발전 용량	( ) kW
		발전 방식	□ 동기형 □ 유도형
시설물 설치장소			□ 공공처리장 □ 회사 □ 기타
소화조 처리방법			□ 단상 □ 이상 □ 기타
유입액 고·액분리기			□ 설치 □ 미설치
소화조설치			□ 실내 □ 실외

2) 폐기물에너지 설비

확인사항		내 용
소각로 사양	제조국/제조사	
	소각 용량	ton/hr
	크기	$L \times W \times H$
FD 팬 사양	제조국/제조사	
	모델명	
	마력	kW
	정압	mmAq
	풍량	m^3/min
ID 팬 사양	제조국/제조사	
	모델명	
	마력	kW
	정압	mmAq
	풍량	m^3/min
보조 버너 사양	제조국/제조사	
	모델명	
	형식/연료	
	용량	kcal/h

확인사항		내 용
대상 폐기물	종류	□ 폐가스 □ 산업폐기물 □ 폐목재 □ 생활폐기물 □ 고형연료(RDF/RPF) □ 기타
	폐기물 규격 (투입시점)	□ 성형 □ 미성형 * 모양 : ( ) / 크기 : ( ) mm
운전 방식	가동방식	□ 회분식 □ 준연속식 □ 연속식
	투입방식	□ 자동연속투입 □ 간헐투입 □ 일괄투입
	연소방식	□ 이동화격자 □ 고정화격자 □ 유동상 □ 로터리킬른 □ 로터리킬른+이동화격자 □ 분무식
에너지 회수	시설 형태	□ 스팀 □ 온수 □ 온풍 □ 발전 □ 복합
	열원설비	- 보일러용량 : ( ) ton/h * MW(온수)단위는 ton/h(증기)로 환산할 것. 1 ton/h = 0.6978 MW
	발전설비	- 발전방식 : ( ) - 용량 : ( ) kW
	생산조건 (설계기준)	- 온도 : ( ) ℃ - 열 : ( ) kcal/h - 압력 : ( ) atm - 전기 : ( ) kWh
	공급조건 (설계기준)	- 온도 : ( ) ℃ - 열 : ( ) kcal/h - 압력 : ( ) atm - 전기 : ( ) kWh
	사용방법	□ 생산공정 □ 냉방 □ 난방 □ 전기 □ 기타
에너지 사용량 및 회수량		- 폐기물 사용량 : ton/d - 연 가동 일수 : 일 - 에너지 회수량 : kcal/y

7.1.4 SMP(계통한계가격, System Marginal Price)

- SMP(계통한계가격)는 전력량에 대해 전력거래 시간대별로 적용되는 전력시장가격임.
- 각 시간대별로 필요한 전력수요를 맞추기 위해 가동한 발전원 중 비용이 가장 비싼 발전원의 운전비용이 계통한계가격이 됨.

연도별 SMP (단위: 원/kWh)

년도	육지	제주	통합
2019	90.09	152.78	90.74
2018	94.64	146.69	95.16
2017	81.39	119.72	81.77
2016	76.91	91.77	77.06
2015	101.54	125.83	101.76
2014	141.78	195.87	142.26
2013	151.56	213.86	152.1
2012	160.12	245.94	160.83
2011	125.93	211.18	126.63
2010	117.42	159.16	117.77
2009	105.08	0	0
2008	122.65	0	0
2007	83.84	0	0
2006	79.27	0	0
2005	62.12	0	0
2004	55.97	0	0
2003	50.73	0	0
2002	47.54	0	0
2001	49.11	0	0

(출처: https://www.kpx.or.kr/www/contents.do?key=414)

7.1.5 RPS 제도(신재생에너지공급의무화 제도, Renewable Portfolio Standard)

- 공급의무자에게 총 발전량의 일정량 이상을 신재생에너지로 공급하도록 의무화한 제도
- 공급의무자 : 50만KW 이상의 발전설비(신재생에너지 설비 제외)를 보유한 자 (2019년 기준 21개사 총 26,957,761 MWh)
- 공급의무자가 1 REC 제출 시, 의무공급량 1 MWh 실적으로 인정
- 연도별 의무공급량의 비율

해당 연도	비율(%)
2012년	2.0
2013년	2.5
2014년	3.0
2015년	3.0
2016년	3.5
2017년	4.0
2018년	5.0
2019년	6.0
2020년	7.0
2021년	9.0
2022년	10.0
2023년 이후	10.0

신에너지 및 재생에너지 개발·이용·보급 촉진법 시행령 [별표 3] <개정 2020.9.29.>

7.2 폐기물관리법 시행규칙 상의 에너지 회수기준10)

제3조(에너지 회수기준 등) ① 「폐기물관리법」(이하 "법"이라 한다) 제2조제7호나목에서 "환경부령으로 정하는 활동"이란 다음 각 호의 어느 하나에 해당하는 활동을 말한다.

1. 가연성 고형폐기물로부터 다음 각 목에 따른 기준에 맞게 에너지를 회수하는 활동
   가. 다른 물질과 혼합하지 아니하고 해당 폐기물의 저위발열량이 킬로그램당 3천 킬로칼로리 이상일 것
   나. 에너지의 회수효율(회수에너지 총량을 투입에너지 총량으로 나눈 비율을 말한다)이 75퍼센트 이상일 것
   다. 회수열을 모두 열원, 전기 등의 형태로 스스로 이용하거나 다른 사람에게 공급할 것
   라. 환경부장관이 정하여 고시하는 경우에는 폐기물의 30퍼센트 이상을 원료나 재료로 재활용하고 그 나머지 중에서 에너지의 회수에 이용할 것
2. 폐기물을 에너지를 회수할 수 있는 상태로 만드는 활동으로서 다음 각 목의 어느 하나에 해당하는 활동

10) 2020.11.27., 일부개정 기준

가. 가연성 고형폐기물을 「자원의 절약과 재활용촉진에 관한 법률 시행규칙」 별표 7에서 정한 기준에 적합한 고형연료제품으로 만드는 활동

나. 폐기물을 혐기성(嫌氣性: 산소가 없을 때 생육하는 성질) 소화, 정제, 유화 등의 방법으로 에너지를 회수할 수 있는 상태로 만드는 활동

3. 다음 각 목의 어느 하나에 해당하는 폐기물(지정폐기물은 제외한다)을 시멘트 소성로 및 환경부장관이 정하여 고시하는 시설에서 연료로 사용하는 활동

가. 폐타이어

나. 폐섬유

다. 폐목재

라. 폐합성수지

마. 폐합성고무

바. 분진[중유회, 코크스(다공질 고체 탄소 연료) 분진만 해당한다]

사. 그 밖에 환경부장관이 정하여 고시하는 폐기물

② 제1항제1호에 따른 에너지 회수기준의 측정방법 등은 환경부장관이 정하여 고시한다.

③ 제1항제1호에 따른 에너지 회수기준을 측정하는 기관은 다음 각 호와 같다.

1. 「한국환경공단법」에 따른 한국환경공단
2. 「과학기술분야 정부출연연구기관 등의 설립·운영 및 육성에 관한 법률」에 따라 설립된 한국기계연구원 및 한국에너지기술연구원
3. 「산업기술혁신 촉진법」 제41조에 따른 한국산업기술시험원
4. 「국가표준기본법」 제23조에 따라 인정받은 시험·검사기관 중 환경부장관이 지정하는 기관

7.3 자원의 절약과 재활용촉진에 관한 법률 시행규칙 상의 고형연료제품 규정11)

7.3.1 폐자원에너지

제1조의2(폐자원에너지) 「자원의 절약과 재활용촉진에 관한 법률」 제2조제8호의2에서 "환

11) 2020.5.27., 일부개정 기준

경부령으로 정하는 것"이란 다음 각 호의 것을 말한다.

1. 폐기물을 이용하여 만든 고형연료제품
2. 폐기물을 이용하여 만든 매립가스, 바이오가스 및 합성가스 등 기체연료
3. 폐기물을 이용하여 만든 정제연료유 및 재생연료유 등 액체연료
4. 폐기물로부터 회수된 소각열에너지

7.3.2 고형연료제품의 품질기준 등

제20조의2(고형연료제품의 품질기준 등) ① 법 제25조의5제1항 각 호 외의 부분에서 "환경부령으로 정하는 품질기준"이란 별표 7에 따른 품질기준을 말한다.

② 법 제25조의5제7항에서 "환경부령으로 정하는 품질기준 항목"이란 다음 각 호의 항목을 말한다.

1. 발열량
2. 수은 함유량
3. 염소 함유량
4. 황분 함유량

③ 법 제25조의5제7항에서 "환경부령으로 정하는 기준"이란 별표 7의2에 따른 품질등급 구분기준을 말한다.

④ 환경부장관은 법 제25조의5제8항에 따라 품질등급을 법 제25조의14제1항에 따른 폐자원에너지 종합정보관리시스템을 통하여 공개할 수 있다.

⑤ 법 제25조의5제7항에 따른 품질등급 구분의 세부 절차 및 방법과 제4항에 따른 품질등급의 공개에 필요한 세부 사항은 환경부장관이 정하여 고시한다.

7.3.3 고형연료제품의 사용허가·변경허가 등

제20조의7(고형연료제품의 사용허가·변경허가 등) ① 법 제25조의7제1항에 따라 고형연료제품의 사용허가를 받으려는 자는 별지 제14호의10서식의 고형연료제품 사용허가 신청서에 다음 각 호의 서류를 첨부하여 고형연료제품 사용시설 소재지를 관할하는 특별자치시장·특별자치도지사·시장·군수·구청장에게 제출하여야 한다.

1. 별표 8의2에 따른 사항이 포함된 고형연료제품 사용시설 운영계획서
2. 사용하려는 고형연료제품에 대한 제20조의6제1항에 따른 품질명세서 사본

3. 법 제25조의8제1항에 따른 고형연료제품 사용시설의 정기검사 결과서 사본(제20조의7제3항 각 호의 어느 하나에 해당하는 시설에서 고형연료제품으로 사용연료를 변경하거나 고형연료제품을 사용연료로 추가하는 경우만 해당한다)

③ 법 제25조의7제1항제1호에서 “환경부령으로 정하는 기준”이란 다음 각 호의 어느 하나를 말한다.

1. 다음 각 목의 어느 하나에 해당하는 시설일 것
   가. 시멘트 소성로
   나. 화력발전시설
   다. 열병합발전시설
   라. 그 밖에 환경부장관이 고형연료제품의 사용에 적합하다고 인정하여 고시하는 시설
2. 발전시설(제1호나목 및 다목의 발전시설은 제외한다)로서 발전용량이 2메가와트 이상일 것
3. 지역난방시설, 산업용보일러 또는 제철소의 노(爐)로서 석탄사용량이 시간당 2톤 이상일 것
4. 보일러시설(제3호의 산업용보일러는 제외한다)로서 고형연료제품 사용량이 시간당 1톤 이상일 것

7.3.4 고형연료제품의 품질기준

자원의 절약과 재활용촉진에 관한 법률 시행규칙 [별표 7] <개정 2020.5.27.>
고형연료제품의 품질기준(제20조의2 관련)

1. 일반 고형연료제품[SRF(Solid Refuse Fuel)]

구분	단위	성형	비성형
모양 및 크기	mm	직경 50 이하	가로 50 이하
		길이 100 이하	세로 50 이하
발열량	kcal/kg	수입 고형연료제품 : 3,650 이상 제조 고형연료제품 : 3,500 이상	
수분 함유량	wt.%	15 이하	25 이하

구분		단위	성형	비성형
금속 성분	수은(Hg)	mg/kg	1.0 이하	
	카드뮴(Cd)		5.0 이하	
	납(Pb)		150 이하	
	비소(As)		13.0 이하	
회분 함유량		wt.%	20 이하	
염소 함유량		wt.%	2.0 이하	
황분 함유량 (폐타이어만으로 제조한 경우)		wt.%	0.6 이하 (2.0 이하)	

※ 비고

1. 발열량은 저위발열량으로 환산한 기준을 적용한다.
2. 금속성분, 회분 함유량, 염소 함유량 및 황분 함유량은 건조된 상태를 기준으로 한다.
3. 성형제품은 펠릿으로 제조한 것을 말하며, 사용자가 주문서 또는 계약서 등으로 요청한 경우에는 길이를 100 mm 초과하여 제조할 수 있다.
4. 비성형제품으로서 고형연료제품 사용시설에 직접 사용하기 위해 같은 부지에서 제조하는 경우에는 체 구멍의 크기가 가로 120 mm, 세로 120 mm 이하(체 구멍이 원형인 경우 면적이 14,400 mm^2 이하)인 체에 통과시켰을 때 무게 기준으로 제품의 95% 이상이 통과할 수 있는 것으로 제조할 수 있다.

2. 바이오 고형연료제품[Bio-SRF(Biomass-Solid Refuse Fuel)]

구분		단위	성형	비성형
모양 및 크기		mm	직경 50 이하	가로 120 이하
			길이 100 이하	세로 120 이하
발열량		kcal/kg	수입 고형연료제품 : 3,150 이상 제조 고형연료제품 : 3,000 이상	
수분 함유량		wt.%	10 이하	25 이하
금속 성분	수은(Hg)	mg/kg	0.6 이하	
	카드뮴(Cd)		5.0 이하	
	납(Pb)		100 이하	
	비소(As)		5.0 이하	
	크로뮴(Cr)		70.0 이하	
회분 함유량		wt.%	15 이하	
염소 함유량		wt.%	0.5 이하	
황분 함유량		wt.%	0.6 이하	
바이오매스		wt.%	95 이상	

※ 비고

1. 발열량은 저위발열량으로 환산한 기준을 적용한다.
2. 금속성분, 회분 함유량, 염소 함유량 및 황분 함유량은 건조된 상태를 기준으로 한다.
3. 성형제품은 펠릿으로 제조한 것을 말한다.
4. 바이오매스 함유량은 고형연료제품의 함유 성분 중에서 수분과 회분을 제외한 나머지 성분 중 바이오매스의 비율을 말한다.

7.3.5 고형연료제품 품질등급 구분기준

자원의 절약과 재활용촉진에 관한 법률 시행규칙 [별표 7의2] <신설 2020.5.27.>
고형연료제품 품질등급 구분기준(제20조의2제3항 관련)

1. 고형연료제품 품질기준항목별 평가점수

가. 일반 고형연료제품

품질기준항목	단위	평가점수		
		3점	2점	1점
(저위)발열량 (수입제품의 경우)	kcal/kg	≥ 6,000 (≥ 6,150)	≥ 5,000 (≥ 5,150)	≥ 3,500 (≥ 3,650)
수은 함유량	mg/kg	≤ 0.2	≤ 0.5	≤ 1
염소 함유량	wt.%	≤ 0.5	≤ 1	≤ 2
황분 함유량 (폐타이어만으로 제조한 경우)	wt.%	≤ 0.2 (≤ 1.6)	≤ 0.4 (≤ 1.8)	≤ 0.6 (≤ 2.0)

나. 바이오 고형연료제품

품질기준항목	단위	평가점수		
		3점	2점	1점
(저위)발열량 (수입제품의 경우)	kcal/kg	≥ 3,600 (≥ 3,750)	≥ 3,300 (≥ 3,450)	≥ 3,000 (≥ 3,150)
수은 함유량	mg/kg	≤ 0.1	≤ 0.3	≤ 0.6
염소 함유량	wt.%	≤ 0.1	≤ 0.3	≤ 0.5
황분 함유량	wt.%	≤ 0.05	≤ 0.1	≤ 0.6

2. 고형연료제품 품질등급 구분기준

품질등급	구분기준
최우수	4개 품질기준항목의 평가점수의 합계가 10점 이상
우수	4개 품질기준항목의 평가점수의 합계가 8점 이상 10점 미만
양호	4개 품질기준항목의 평가점수의 합계가 4점 이상 8점 미만

7.3.6 고형연료제품 사용시설 운영계획서의 포함 사항

자원의 절약과 재활용촉진에 관한 법률 시행규칙 [별표 8의2] <신설 2018.11.28.>
고형연료제품 사용시설 운영계획서의 포함 사항(제20조의7제1항제1호 관련)

1. 고형연료제품 사용시설의 구분
2. 고형연료제품 사용시설의 개요
   가. 사업자명, 대표자명, 고형연료제품 사용시설 설치예정지 주소
   나. 고형연료제품 사용시작 예정일 및 운영기간
   다. 고형연료제품 사용시설 용량 및 설치 부지면적
   라. 일일 가동 시간 및 연간 가동 일수
3. 고형연료제품의 사용·보관·처리계획
   가. 고형연료제품의 종류, 공급 업체명 및 업체별 공급 계획량, 공급 계약기간
   나. 별표 7에 따른 품질기준에 적합하지 않은 고형연료제품의 처리계획
   다. 고형연료제품의 사용·보관·처리 과정에서의 환경오염 방지대책
4. 에너지 이용계획 :
   사용시작 예정일부터 5년간의 연도별·용도별 고형연료제품 사용계획
5. 방지시설 설치계획
   가. 대기배출시설 및 방지시설 설치내역서, 일반도 및 연간 유지관리계획서
   나. 폐수배출시설 및 방지시설 설치내역서, 일반도 및 연간 유지관리계획서
6. 주변 환경보호 및 주민생활 관련 계획
   가. 고형연료제품 사용시설 주변지역 환경보호 계획
   나. 주민설명회 개최 계획 또는 주민지원 계획
   다. 대기오염물질 배출량, 고형연료제품 품질검사 결과, 고형연료제품 사용시설 정기검사 결과 등 시설 운영 관련 정보공개 계획

7.3.7 고형연료제품 제조시설·사용시설의 검사기준

자원의 절약과 재활용촉진에 관한 법률 시행규칙 [별표 9] <개정 2020.5.27.>
고형연료제품 제조시설·사용시설의 검사기준(제20조의8 관련)

1. 고형연료제품 제조시설·사용시설 공통의 검사기준

가. 고형연료제품의 원재료인 폐기물의 투입·저장·이송 등의 과정에서 생기는 침출수가 시설 외부로 새거나 지하로 침투하지 않는 구조일 것

나. 폐기물 또는 고형연료제품으로 인하여 시설이나 설비가 부식되거나 파손되지 않는 재질일 것

다. 폐기물 또는 먼지 등의 비산(飛散)이 우려되는 경우 이를 방지할 수 있는 구조이거나 먼지 등을 포집할 수 있는 설비를 갖추고 있을 것

라. 시설 전체나 각 설비가 화재 발생에 대비한 구조로 되어 있고, 연소감지센서 및 방재설비를 갖추고 있을 것

마. 해충의 발생이나 유입·유출을 방지할 수 있는 구조일 것

바. 고형연료제품을 보관하는 시설의 경우에는 다음의 기준을 충족할 것

1) 물이 스며들지 않도록 시멘트 또는 아스팔트 등의 재료로 바닥이 포장되고, 지붕과 3면 이상의 벽면을 갖춘 보관창고 또는 구조물(사일로, 지하피트 등)일 것

2) 서로 다른 종류의 고형연료제품이거나 같은 종류라도 서로 다른 제조시설에서 제조된 고형연료제품을 함께 보관하는 경우 제품이 섞이지 않도록 하기 위하여 구획을 나누어 보관하거나 칸막이 등을 설치할 것

3) 시설 내부의 온도가 급격히 상승할 경우 고형연료제품을 신속하게 외부로 반출할 수 있는 구조로 되어 있거나 비활성기체 주입장치 등 발화억제장치가 설치되어 있을 것

4) 시설 내부의 온도 및 상부의 일산화탄소 농도를 측정·기록·보관할 수 있는 장치가 설치되어 있을 것. 다만, 환기가 가능한 구조인 경우에는 온도 및 일산화탄소 농도 측정·기록·보관 장치의 전부 또는 일부를 갖추지 않을 수 있다.

5) 고형연료제품의 보관량이나 반입량·반출량을 측정할 수 있는 장치가 설치되어 있을 것

사. 고형연료제품의 제조시설 또는 사용시설에서 고형연료제품 제조 또는 사용과정에서 발생하는 악취를 「악취방지법」 제7조에 따른 배출허용기준 이내로 저감할 수 있을 것

2. 고형연료제품 제조시설의 검사기준

가. 제조능력

「폐기물관리법」 제25조제3항 및 같은 조 제5항제6호·제7호에 따른 폐기물 최종재활용업 또는 폐기물 종합재활용업의 시설기준을 충족하고, 별표 7에

따른 품질기준에 맞는 고형연료제품을 제조할 수 있는 기능·용량을 갖추고 있을 것

나. 계량시설

제조시설로 반입되는 폐기물의 중량을 측정할 수 있는 장치가 설치되어 있을 것. 다만, 외부 공인계량소에서 계량하여 계량증명서 등으로 확인할 수 있는 경우는 제외한다.

다. 반입시설

폐기물 수집·운반차량을 통한 폐기물 반입 작업이 용이한 구조일 것

라. 저장시설

1) 제조시설 내 폐기물 저장시설의 경우 휴일 및 시설 가동중지일 등을 고려하여 「폐기물관리법 시행규칙」 별표 7 제5호에 따른 최소 10일분 이상의 저장용량을 갖추고 있을 것. 다만, 제조시설 외부에 별도의 저장시설을 갖추고 있는 경우는 제외한다.
2) 자체하중, 적재하중, 지진력 및 온도응력에 대하여 안전한 구조일 것
3) 저장량을 측정할 수 있는 장치가 설치되어 있을 것

마. 투입시설

1) 일정량의 폐기물을 시설 내부에 연속적으로 투입·조절할 수 있는 구조일 것
2) 투입량을 측정할 수 있는 장치가 설치되어 있을 것

바. 이송시설

1) 폐기물 및 고형연료제품이 연속적으로 이송되고, 이송과정에서 넘침을 방지하기 위하여 단위 시간당 이송량을 조절할 수 있는 구조일 것
2) 폐기물 및 고형연료제품의 이송과정에서 유기물 부착, 정체, 낌, 탈리 등의 발생을 방지할 수 있는 구조일 것

사. 파쇄·분쇄·절단시설

1) 파쇄·분쇄·절단시설의 손상을 방지할 수 있도록 폐기물을 정량 투입할 수 있는 구조일 것
2) 파쇄·분쇄·절단 규격의 조정 및 소모품(파쇄 칼날 등)의 교체가 용이한 구조일 것

아. 선별시설

1) 제조하려는 고형연료제품의 특성에 맞는 적절한 선별(입도선별, 풍력선별, 자력선별, 비철금속선별, 광학선별 등)시설을 갖추고 있을 것
2) 선별된 후 발생되는 불연물 등의 잔재물량을 측정할 수 있는 장치가 설

치되어 있을 것

자. 건조시설

1) 필요한 온도를 유지할 수 있도록 가열장치 및 제어장치가 설치되어 있을 것

2) 시설 내부의 가스온도를 측정·기록하기 위한 장치가 설치되어 있을 것

3) 시설 외부의 표면온도를 80℃ 이하로 유지할 수 있도록 시설 외부를 내열도료로 도색하거나 단열처리 하였을 것

4) 배기구로부터 배출되는 배기가스를 처리할 수 있는 설비를 갖추고 있을 것

차. 성형시설

1) 별표 7에 따른 품질기준 중 모양 및 크기 기준에 맞는 제품을 만들 수 있는 구조일 것

2) 성형을 마친 고형연료제품의 양을 측정할 수 있는 장치가 설치되어 있을 것

카. 포장시설

1) 고형연료제품의 흩날림을 방지할 수 있는 구조일 것

2) 고형연료제품의 단위 포장량을 측정할 수 있는 장치가 설치되어 있을 것

타. 환경오염방지시설

1) 고형연료제품의 제조과정에서 발생하는 대기오염물질 및 수질오염물질 등을 「대기환경보전법」 및 「물환경보전법」 등 관련 법령에 따른 기준 이내로 처리할 수 있을 것

2) 고형연료제품의 제조과정에서 발생하는 소음을 「소음·진동관리법」 제7조에 따른 공장 소음·진동배출허용기준 이내로 저감할 수 있을 것

3. 고형연료제품 사용시설의 검사기준

가. 사용하는 고형연료제품의 에너지(열, 전기 등) 전환율을 자동 측정·기록·보관할 수 있는 장치가 설치되어 있을 것

나. 사용하는 고형연료제품에 대하여 충분히 연소가 가능한 구조이며, 고형연료제품의 사용과정에서 발생되는 대기오염물질 등을 관련 법령에 따른 기준 이내로 처리할 수 있는 시설이 적절하게 설치되어 있을 것

다. 그 밖에 고형연료제품 사용시설의 세부 검사기준에 관하여는 환경부장관이 정하여 고시한다.

7.3.8 고형연료제품 수입자·제조자 및 사용자의 준수사항

자원의 절약과 재활용촉진에 관한 법률 시행규칙 [별표 10] <개정 2020.5.27.>
고형연료제품 수입자·제조자 및 사용자의 준수사항(제20조의10제1항 관련)

1. 고형연료제품 보관·운반과정에서의 준수사항
   가. 성상이 서로 다른 고형연료제품은 분리하여 보관하고, 악취가 발생하거나 먼지 등이 흩날리지 않도록 적절한 조치를 할 것
   나. 고형연료제품의 보관시간을 최소화하여 지속적인 온도 상승에 의한 자연발화 가능성을 사전에 차단할 것
   다. 고형연료제품 더미는 붕괴 등에 따른 안전사고 및 화재의 가능성을 최소화할 것
   라. 고형연료제품은 물이 스며들지 아니하도록 시멘트 또는 아스팔트 등의 재료로 바닥이 포장되고, 지붕과 3면 이상의 벽면을 갖춘 보관창고에 보관할 것. 다만, 보관창고를 갖추고 추가로 실외 또는 개방된 장소에서 고형연료제품을 보관해야 경우에는 고형연료제품을 포장하여 빗물이 침투되지 않고 악취가 외부로 유출되지 않게 하여야 한다.
   마. 고형연료제품을 폐쇄된 장소에서 보관할 경우 보관시설 내부의 온도 및 일산화탄소 농도 등 안전사고를 예방하기 위하여 필요한 항목을 주기적으로 측정·기록할 것
   바. 고형연료제품 운반차량은 차량 옆면에 고형연료제품의 종류, 고형연료제품 제조시설명 등의 제품정보를 확인이 가능하도록 부착하고, 고형연료제품을 밀폐하거나 덮개를 설치하여 운행 중에 비산먼지 또는 악취가 외부로 유출되지 않아야 한다.

2. 고형연료제품 제조시설·사용시설 운영과정에서의 준수사항
   가. 고형연료제품의 원재료인 폐기물에서 생기는 침출수나 악취가 폐기물 저장시설 외부로 유출되지 않도록 적절한 조치를 취할 것
   나. 고형연료제품의 제조·사용 과정에서 먼지 등이 흩날리지 않도록 적절한 조치를 할 것
   다. 삭제 <2015.12.22.>
   라. 고형연료제품을 사용하는 경우 「잔류성오염물질 관리법」 제19조제1항에 따른 측정기관으로 하여금 연 1회 이상 다이옥신 배출량을 측정하게 하고, 그

결과를 고형연료제품 사용시설 소재지를 관할하는 특별자치시장·특별자치도지사·시장·군수·구청장에게 10일 이내에 알려야 한다. 이 경우 검사결과가 제20조의10제2항 각 호의 다이옥신 배출허용기준을 초과할 때에는 즉시 해당 고형연료제품의 사용을 중지해야 한다.

마. 라목에 따라 사용을 중지한 고형연료제품을 다시 사용하려는 경우에는 필요한 개선조치를 한 후 라목에 따른 측정기관에서 다이옥신 배출량을 측정한 결과가 제20조의10제2항에 따른 다이옥신 배출허용기준 이내임을 증명하는 서류를 고형연료제품 사용시설 소재지를 관할하는 특별자치시장·특별자치도지사·시장·군수·구청장에게 제출할 것

7.4 고형연료제품의 연혁과 현황

7.4.1 고형연료제품의 개요

- 폐합성수지류, 폐지류, 폐목재류 등과 같은 가연성 고체 폐기물을 원료로 하여 분쇄, 분리, 선별, 건조, 성형 등의 가공 공정을 거쳐서 수분과 불연성 성분들을 제거해 고형연료제품 품질기준에 맞도록 제조한 재활용 제품
- 고형연료제품(SRF, Solid Refuse Fuel)은 소각·매립되던 폐기물 중에서 비닐, 종이류, 폐합성수지 등과 같이 발열량이 높은 가연성 폐기물을 분리·선별하여 제조한 연료로 전용보일러, 열병합발전소 및 산업시설에서 사용

종류	제조원료
SRF	① 생활폐기물(음식물류폐기물 제외) ② 폐합성수지류(자동차 파쇄잔재물(ASR) 제외) ③ 폐합성섬유류 ④ 폐고무류(합성고무류 포함) ⑤ 폐타이어

종류	제조원료
Bio-SRF	① 폐지류 ② 농업폐기물(왕겨, 쌀겨, 옥수수대 등 농작물 부산물) ③ 폐목재류(철도폐침목, 전신주 제외) ④ 식물성잔재물(땅콩껍질, 호두껍질, 팜껍질 등) ⑤ 초본류 폐기물

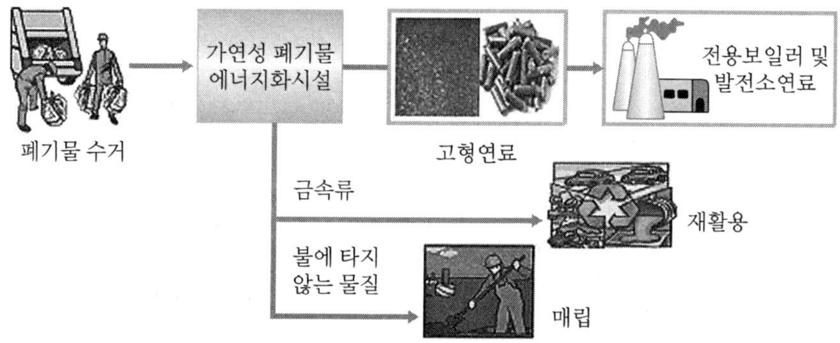

그림 7.1 SRF 에너지화 처리 흐름도

7.4.2 고형연료제품 수입·제조 및 사용 현황[12)]

구분		2014년	2015년	2016년	2017년	2018년	2019년
제조시설	시설수*(개소)	219	258	246	263	265	258
	제조량(톤)	817,207	1,269,092	1,536,406	2,292,321	3,068,039	3,481,271
사용시설	시설수*(개소)	84	151	146	152	148	157
	사용량(톤)	787,292	1,756,670	2,982,525	3,614,983	3,900,036	4,309,314
수입	시설수**(개소)	-	13	26	23	17	13
	수입량	-	449,296	1,447,571	1,121,632	837,294	853,192

* 폐업 포함
** 당해 실적 있는 업체 수 기준

7.4.3 RDF와 SRF의 차이

Refuse Derived Fuel(RDF)와 Solid Recovered Fuel(SRF)은 폐기물로부터 연료의

12) 환경부 보도자료, 고형연료제품 품질등급제 시행, 발열량 등 4개 기준 평가, 2020-05-26.

가치가 있는 성분을 선별하여 연료화하였다는 점에서는 동일하나, SRF는 보다 등급과 품질에 대한 법률적인 뒷받침이 있다는 점에서 차이가 있다고 서술하고 있다13).

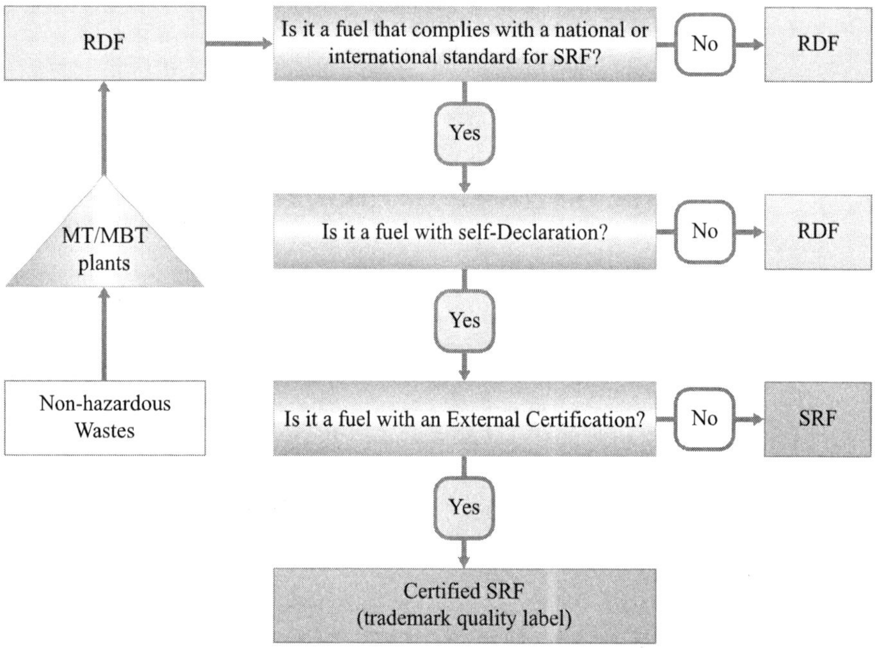

그림 7.2 RDF와 SRF 구분을 위한 개념도

(출처: IEA Bioenergy, 2020)

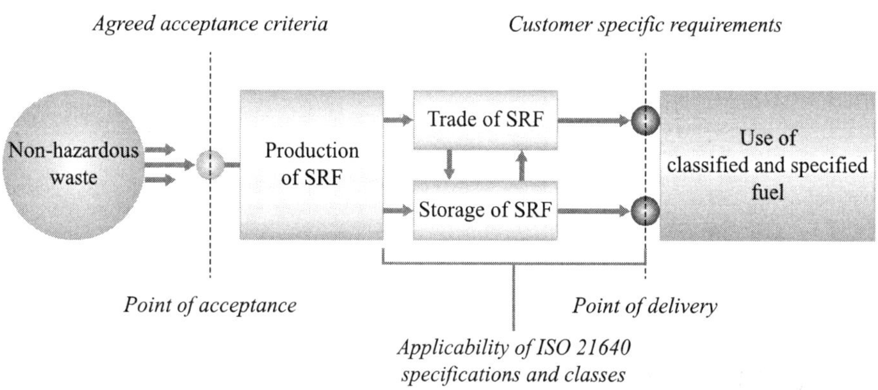

그림 7.3 SRF의 생산 및 사용 과정

(출처: ISO/DIS 21640(en))

13) IEA Bioenergy, Trends in the use of solid recovered fuels, 2020.

7.4.4 우리나라의 고형연료제품 관련 규정의 변천

우리나라에서는 SRF(Solid Refuse Fuel, 유럽에서 사용하는 Solid Recovered Fuel와는 단어가 다르다)라는 용어 도입 이전에 RDF라는 용어를 사용하면서 고형연료제품에 대한 등급기준과 품질기준이 '자원의 절약과 재활용 촉진에 관한 법률'에서 법률 내에서 사용되었다.

표 7.1 자원재활용법 상의 고형연료제품 관련 규정의 변천 이력

개정일자	주요내용
2005년 12월 29일	『법』에 고형연료제품에 대한 규정 신설
2006년 6월 29일	시행규칙 [별표 7]에 『고형연료제품의 품질기준·규격·등급 및 사용시설 등급』이 처음으로 규정됨 품질기준 : 크기(직경 50 mm, 길이 100 mm 이하), 저위발열량(6,000 kcal/kg 이상), 염소성분(2% 이하), 수분(10% 이하), 폐플라스틱의 함량(60% 이상)
2006년 11월 10일	저위발열량은 3,500 kcal/kg 이상으로 낮아짐 회분(20% 이하), 황(0.6% 이하), 금속성분(수은, 카드뮴, 납, 비소) 등이 품질기준에 추가됨
2007년 12월 31일	고형연료제품의 사용재료에 따라 생활폐기물 고형연료제품(RDF), 폐플라스틱 고형연료제품(RPF), 폐타이어 고형연료제품(TDF), 폐목재 고형연료제품(WCF)의 4종으로 세분화됨
2008년 10월 21일	금속성분 중 크롬 항목 추가(폐목재 고형연료제품 기준)
2013년 1월 31일	일반 고형연료제품[SRF(Solid Refuse Fuel)]과 바이오 고형연료제품 [Bio-SRF(Biomass-Solid Refuse Fuel)]로 명칭 변경 성형과 비성형으로 구분하여 비성형도 허용
2020년 5월 27일	일반 고형연료제품 성형 기준 수분 함유량이 10%에서 15%로 변경

EU는 폐기물매립지의 반입기준이 강화되고, 2030년까지 매립비율을 10% 이하로 낮추는 것을 목표로 하면서, 국가 간의 폐기물 처리 기반시설의 차이에 따라 국내 혹은 역내 다른 국가로 보내서 소각하거나 고형연료제품을 만들어 에너지를 회수하고 있다. EU의 폐기물 종료기준(the end-of-waste criteria)은 일정한 기준을 준수할 때 더 이상 폐기물이 아니게 된다고 규정하고 있는데, 고형연료제품의 경우에는 화석연료를 대체하는 에너지로 사용됨에도 불구하고, 연소과정에서의 대기오염물질 발생 우려로 폐기물 종료에 대한 지위는 논란이 되고 있다.

우리나라에서는 고형연료제품 사용 시 대기오염물질 등을 관련 법령에 따른 기준 이내로 처리하도록 규정하고 있으며, 연 1회 이상 다이옥신 배출량을 측정하도록 하고 있다.

「대기환경보전법 시행령」 제42조에서는 고체연료의 사용을 제한할 수 있도록 하고 있으며, 여기에는 고형연료제품이 포함된다. 고체연료 사용제한지역은 특별시, 광역시와 경기도의 수도권 인근 13개 도시가 포함되어 있다. 비록 환경부장관 또는 시·도지사에게 고체연료의 사용승인을 받으면 사용할 수 있으나, 이러한 법조문의 존재 자체는 인구의 밀집으로 생활폐기물의 발생이 가장 많은 지역에서 배출되는 폐기물로부터 얻어진 고형연료제품이 인구밀도가 상대적으로 낮은 지역에서 사용되는 현실에 비추어 볼 때 오염자 책임원칙에 부합되지 않는 정책으로 판단된다.

폐기물처리시설의 경우 폐기물처리시설 설치촉진 및 주변지역지원 등에 관한 법률에 의해 주민지원기금(출연금+폐기물 수수료)이 조성될 수 있으나, 제조시설과 사용시설이 동일한 곳에 위치하지 않는다면 사용시설의 경우에는 주민지원기금을 지원할 수 없는 한계가 있다.

7.5 생활폐기물처리시설 설치비용[14)]

7.5.1 폐기물처리시설 국고지원 비율

<table>
<tr><th colspan="2" rowspan="2">보조사업명</th><th colspan="2">재정사업</th><th colspan="3">민간투자사업</th><th rowspan="2">비고</th></tr>
<tr><th>국고</th><th>지방비</th><th>국고</th><th>지방비</th><th>민자</th></tr>
<tr><td rowspan="4">1) 소각시설
2) 유기성 폐자원 바이오가스화시설
3) 생활자원회수센터
4) 매립시설
5) 음식물류폐기물 공공처리시설</td><td>특별시</td><td>30</td><td>70</td><td>50</td><td>50</td><td rowspan="5">제안액</td><td rowspan="2">공동시설만 지원</td></tr>
<tr><td>광역시</td><td>40</td><td>60</td><td>60</td><td>40</td></tr>
<tr><td>일반 시·군
(광역시설)</td><td>30
(50)</td><td>70
(50)</td><td>50
(70)</td><td>50
(30)</td><td></td></tr>
<tr><td>도서지역</td><td>50</td><td>50</td><td>70</td><td>30</td><td>매립시설은 30% 지원</td></tr>
<tr><td colspan="2">6) 매립지정비(순환형 매립시설 포함)
7) 생활폐기물 직매립 제로화 전처리시설
8) 공사장 생활폐기물 재활용 선별시설
9) 해양폐기물 선별시설</td><td>50</td><td>50</td><td>70</td><td>30</td><td></td></tr>
</table>

14) 2020년 폐기물처리시설 국고보조금 업무처리지침, 환경부 (2020).

보조사업명	재정사업		민간투자사업			비고
	국고	지방비	국고	지방비	민자	
10) 매립가스자원화시설	정액	잔여 사업비	정액	잔여 사업비		15억원/ 개소
11) 농어촌폐기물종합처리시설	70	잔여 사업비	90	10		15억원/ 개소까지

7.5.2 폐기물처리시설 설치비용 표준단가

시설	세부 시설	시설규모	표준단가	비 고
소각 시설	신규	30톤/일 이하	5.15억원/톤	- 기계적 처리+소각을 하는 경우도 동일하게 지원 - 30톤/일 초과시설에는 소각여열 회수시설 설치비 포함, 30톤/일 이하시설에서 소각여열 회수시설 필요시 실시설계 후 재원협의 시 총사업비 조정 가능 - 도서지역은 장비운반비, 인건비 등 할증비용을 반영하여 사업비를 조정할 수 있음 - 타지자체로 운반 처리하는 지자체는 압축시설 설치비용(10톤 기준 5천만원, 최대 2억, 국비기준) 추가지원 - 2계열(기) 이상 설치하는 경우에도 총 용량을 합산하여 적용
		30톤/일 초과~50톤/일 이하	5.09억원/톤	
		50톤/일 초과~100톤/일 이하	4.45억원/톤	
		100톤/일 초과~200톤/일 이하	4.19억원/톤	
		200톤/일 초과	3.81억원/톤	
	대보수	30톤/일 이하	3.64억원/톤	- 30톤/일 초과시설에는 소각여열 회수시설 설치비 포함, 30톤/일 이하시설에서 소각여열 회수시설 필요시 실시설계 후 재원협의 시 총사업비 조정 가능
		30톤/일 초과~50톤/일 이하	3.76억원/톤	
		50톤/일 초과~100톤/일 이하	3.23억원/톤	
		100톤/일 초과~200톤/일 이하	2.96억원/톤	
		200톤/일 초과	2.76억원/톤	

<table>
<tr><th>시설</th><th colspan="2">세부 시설</th><th>시설규모</th><th colspan="3">표준단가</th><th>비 고</th></tr>
<tr><td rowspan="12">유기성 폐자원 바이오 가스화 시설</td><td colspan="2" rowspan="3">음식물</td><td>150톤/일 이하</td><td colspan="3">3.46억원/톤</td><td rowspan="12">- 폐수처리(생물학적 처리) 설치비가 포함되어 있으므로 폐수미처리 시 실시설계 후 재원협의 시 총 사업비 조정 가능</td></tr>
<tr><td>150톤/일 초과~400톤/일 이하</td><td colspan="3">3.20억원/톤</td></tr>
<tr><td>400톤/일 초과</td><td colspan="3">2.94억원/톤</td></tr>
<tr><td colspan="2" rowspan="3">음폐수</td><td>150톤/일 이하</td><td colspan="3">2.26억원/톤</td></tr>
<tr><td>150톤/일 초과~400톤/일 이하</td><td colspan="3">2.00억원/톤</td></tr>
<tr><td>400톤/일 초과</td><td colspan="3">1.87억원/톤</td></tr>
<tr><td rowspan="6">통합</td><td rowspan="3">음식물</td><td>150톤/일 이하</td><td colspan="3">3.15억원/톤</td></tr>
<tr><td>150톤/일 초과~400톤/일 이하</td><td colspan="3">2.91억원/톤</td></tr>
<tr><td>400톤/일 초과</td><td colspan="3">2.67억원/톤</td></tr>
<tr><td rowspan="3">음폐수</td><td>150톤/일 이하</td><td colspan="3">2.06억원/톤</td></tr>
<tr><td>150톤/일 초과~400톤/일 이하</td><td colspan="3">1.82억원/톤</td></tr>
<tr><td>400톤/일 초과</td><td colspan="3">1.70억원/톤</td></tr>
<tr><td colspan="3" rowspan="11">생활자원회수 센터 (억원/톤)</td><td>시설규모</td><td>자동 선별</td><td>기계 선별</td><td>수동 선별</td><td rowspan="11">- 자동선별시설 : 기계적 선별시설에 근적외선 선별기 등 플라스틱 자동선별기를 추가한 시설
- 기계선별시설 : 수선별을 원활하게 하기 위하여 수동선별시설에 플라스틱 자동선별기를 제외한 파봉기, 트롬멜, 발리스틱 등 기계적 처리시설을 추가한 시설
- 수동선별시설 : 사람에 의한 분리선별시설(이송설비, 자력선별기, 압축기, 감용기 등은 포함)</td></tr>
<tr><td>10톤/일 이하</td><td>4.91</td><td>4.89</td><td>3.47</td></tr>
<tr><td>10톤/일 초과~20톤/일 이하</td><td>3.80</td><td>3.43</td><td>-</td></tr>
<tr><td>20톤/일 초과~30톤/일 이하</td><td>2.95</td><td>2.70</td><td>-</td></tr>
<tr><td>30톤/일 초과~40톤/일 이하</td><td>2.83</td><td>2.20</td><td>-</td></tr>
<tr><td>40톤/일 초과~50톤/일 이하</td><td>2.71</td><td>1.95</td><td>-</td></tr>
<tr><td>50톤/일 초과~60톤/일 이하</td><td>2.64</td><td>1.72</td><td>-</td></tr>
<tr><td>60톤/일 초과~70톤/일 이하</td><td>2.58</td><td>1.60</td><td>-</td></tr>
<tr><td>70톤/일 초과~80톤/일 이하</td><td>2.53</td><td>1.47</td><td>-</td></tr>
<tr><td>80톤/일 초과~90톤/일 이하</td><td>2.51</td><td>1.40</td><td>-</td></tr>
<tr><td>90톤/일 초과</td><td>2.48</td><td>1.34</td><td>-</td></tr>
<tr><td colspan="4">공사장 생활폐기물 재활용 선별시설</td><td colspan="3">2억원/톤</td><td>- 보관 및 기계적 또는 수선별할 수 있는 설비를 갖추어야 함</td></tr>
<tr><td rowspan="10">매립 시설</td><td colspan="2" rowspan="10">신규</td><td>100천m³ 이하</td><td colspan="3">114.29천원/m³</td><td rowspan="10">- 매립지 조성과정에서 토공사 중 발파암 공사량(m³) 비율이 25% 이상인 경우는 공사비를 추가로 할증할 수 있음</td></tr>
<tr><td>100천m³ 초과~150천m³ 이하</td><td colspan="3">102.87천원/m³</td></tr>
<tr><td>150천m³ 초과~200천m³ 이하</td><td colspan="3">82.29천원/m³</td></tr>
<tr><td>200천m³ 초과~250천m³ 이하</td><td colspan="3">70.86천원/m³</td></tr>
<tr><td>250천m³ 초과~300천m³ 이하</td><td colspan="3">64.01천원/m³</td></tr>
<tr><td>300천m³ 초과~350천m³ 이하</td><td colspan="3">59.43천원/m³</td></tr>
<tr><td>350천m³ 초과~400천m³ 이하</td><td colspan="3">54.85천원/m³</td></tr>
<tr><td>400천m³ 초과~500천m³ 이하</td><td colspan="3">51.42천원/m³</td></tr>
<tr><td>500천m³ 초과~600천m³ 이하</td><td colspan="3">48.00천원/m³</td></tr>
<tr><td>600천m³ 초과~800천m³ 이하</td><td colspan="3">45.72천원/m³</td></tr>
</table>

시설	세부 시설	시설규모		표준단가	비 고
		800천m^3 초과~1,000천m^3 이하		40.00천원/m^3	
		1,000천m^3 초과 ~2,000천m^3 이하		34.29천원/m^3	
		2,000천m^3 초과		28.57천원/m^3	
	증설	수평 증설		신규조성 사업비 적용	- 수평·수직증설 시에도 기존 매립지 기반시설(침출수처리시설 등)을 재사용할 경우 이를 감안하여 설치비용을 산정
		수직 증설(계단식 확장)		16.76천원/m^3	
	매립지 정비	안정화	차수공 적용	579.94천원/m^2	- 차수시설의 설치여부를 파악하기 어려운 경우, 타당성조사 시 설치계획을 수립하고 '차수공 적용' 선정
			차수공 제외	221.57천원/m^2	
		굴착, 선별 후 이적	10천m^3 미만	74.18천원/m^3	
			10천m^3~100천m^3 미만	61.64천원/m^3	
			100천m^3~400천m^3 미만	55.93천원/m^3	
			400천m^3 이상	52.50천원/m^3	
	순환형 매립 시설	정비	400천m^3 미만	55.75천원/m^3	- 정비 및 조성비용은 실제 공사하는 면적만 지원
			400천m^3 이상	52.34천원/m^3	
		조성	모든 시설	34.14천원/m^3	
매립 가스 자원화 시설	발전 시설 (가스 터빈)	0.3 MWh 이하		39.35억원/MWh	- 시설당 15억원까지 국고 보조금 지원 (잔여사업비는 지방비 부담)
		0.3 MWh 초과~0.7 MWh 이하		34.04억원/MWh	
		0.7 MWh 초과~1.0 MWh 이하		29.77억원/MWh	
		1.0 MWh 초과		26.58억원/MWh	
음식물류 폐기물 공공 처리 시설	사료화 (건식)	50톤/일 이하		2.62억원/톤	- 폐수처리(생물학적 처리) 설치비가 포함되어 있으므로 폐수미처리 시 실시설계 후 재원협의 시 총 사업비 조정 가능
		50톤/일 초과~100톤/일 이하		2.41억원/톤	
		100톤/일 초과~150톤/일 이하		2.29억원/톤	
		150톤/일 초과		2.19억원/톤	
	퇴비화	50톤/일 이하		3.66억원/톤	
		50톤/일 초과~70톤/일 이하		3.25억원/톤	
		70톤/일 초과~90톤/일 이하		2.95억원/톤	
		90톤/일 초과~110톤/일 이하		2.75억원/톤	
		110톤/일 초과~150톤/일 이하		2.56억원/톤	
		150톤/일 초과		2.44억원/톤	

시설	세부 시설	시설규모	표준단가	비 고
농어촌 폐기물 종합 처리 시설	소각 시설 (회분식)	1.0톤/일 이하 (100 kg/hr)	11.89억원/톤	- 시설당 15억원까지 국고 보조금 지원 (잔여사업비는 지방비 부담)
		1.0톤/일 초과~3.0톤/일 이하	8.81억원/톤	
		3.0톤/일 초과~5.0톤/일 이하	7.29억원/톤	
	차단형 매립 시설	0.2천m^3 이하	1,631.10천원/m^3	- 지붕 설치 시 매립면적을 기준으로 256천원/m^2 추가적용 - 시설당 15억원까지 국고 보조금 지원 (잔여사업비는 지방비 부담)
		0.2천m^3 초과~0.6천m^3 이하	886.99천원/m^3	
		0.6천m^3 초과~2.0천m^3 이하	387.49천원/m^3	
		2.0천m^3 초과~5.0천m^3 이하	340.63천원/m^3	
	관리형 매립 시설	2천m^3 이하	521.22천원/m^3	- 시설당 15억원까지 국고 보조금 지원 (잔여사업비는 지방비 부담)
		2천m^3 초과~10천m^3 이하	433.21천원/m^3	

주1) 각 처리시설별로 일부 구간에서 시설규모에 따른 표준단가를 적용하여 산출된 사업비가 하위구간의 최대사업비보다 적은 역전현상 발생시, 해당 하위구간의 최대사업비 적용

주2) 지하화 시설을 설치할 경우 표준단가의 1.4배 이내에서 사업비를 산정하여 협의하여야 함

주3) 설계 시 검토된 해당 공종 및 공정 공사비 내에서 공법 선정 필요

7.5.3 사업비의 분류

총사업비는 공사비, 보상비, 시설부대경비(설계비, 감리비, 시설부대비)로 분류된다.

1. 공사비

1) 각 폐기물처리시설별 설치·운영지침에 제시된 시설규모 산정방법 및 공사비 산정식을 적용하여 공사비(토목·건축·기계·전기·조경) 산정
2) 공사비에는 문화재의 시굴비·발굴비, 임목·지정·건축폐기물 처리비, 사후환경영향평가비·어업피해영향조사비 등 관련법령에 따라 시행하는 조사용역비, 초기·정기안전점검비 등 관련법령에 따라 시행하는 안전점검비, 건강보험료·국민연금보험료·고용보험료·공사손해보험료 등 법정보험료, 기반시설부담금·용수분담금·개발훼손부담금·농지보전부담금·생태보전협력금·상하수도원인자부담금 등 「부담금관리 기본법」에 따른 각종 부담금, 준공도서전산화비용·지역정비사업비 등 기타 법정경비 포함

   ※ 사업 계획단계에서 시행한 환경영향평가(전략, 소규모 포함), 타당성조사 및 기본계획용역, 도시계획 변경 용역비 등도 조사용역비로 인정

※ 개발제한구역 훼손부담금, 농지전용부담금 등 토지와 관련된 경비는 토지매입 관련비용으로 국고보조대상에서 제외

3) 주민편익시설(「폐촉법 시행령」 제24조) 설치비는 해당 폐기물처리시설의 설치비용(용지비, 보상비, 시설부대경비 등을 제외한 시설공사비)의 10% 범위 내에서 필요시 설치하되, 총사업비를 초과할 수 없음

2. 보상비

폐기물처리시설 설치사업 추진과 관련된 부지매입 등에 따른 보상비를 말하며, 국고보조대상에서 제외

3. 시설부대경비

1) 기획재정부 「예산안 편성 및 기금운용계획안 작성 세부지침」에 따라 건설부문 시설부대비 요율을 적용하고, 전면 책임감리비 요율은 복잡한 공종을 적용(기획재정부의 요율변경 시 변경요율 적용)

2) 시설부대경비 요율

① 건설부문 요율

공사비	기본조사설계비(%)	실시설계비(%)	공사감리비*(%)	시설부대비(%)
5천만원까지	3.24	6.49	3.02	1.08
1억원까지	3.04	6.07	2.85	0.90
2억원까지	2.42	4.85	2.26	0.72
3억원까지	2.22	4.43	2.06	0.72
5억원까지	2.01	4.03	1.89	0.72
10억원까지	1.77	3.55	1.66	0.63
20억원까지	1.63	3.27	1.53	0.36
30억원까지	1.57	3.15	1.48	0.36
50억원까지	1.54	3.09	1.45	0.27
100억원까지	1.51	3.01	1.41	0.25
200억원까지	1.46	2.91	1.37	0.23
300억원까지	1.45	2.90	1.35	0.23
500억원까지	1.41	2.84	1.33	0.23
1,000억원까지	1.40	2.79	1.30	0.23
2,000억원까지	1.38	2.76	1.28	0.21
3,000억원까지	1.37	2.72	1.25	0.19
5,000억원까지	1.34	2.70	1.23	0.17

* "공사감리"란 비상주 감리를 말한다.

② 산업플랜트부문 요율

구분 / 공사비	기본조사설계비 (%)	실시설계비 (%)
5천만원까지	3.12	8.01
1억원까지	2.91	7.46
2억원까지	2.76	7.06
3억원까지	2.60	6.66
5억원까지	2.47	6.32
10억원까지	2.30	5.89
20억원까지	2.18	5.58
30억원까지	2.05	5.26
50억원까지	1.95	4.99
100억원까지	1.81	4.65
200억원까지	1.72	4.41
300억원까지	1.62	4.16
500억원까지	1.54	3.94
1,000억원까지	1.43	3.67
2,000억원까지	1.36	3.48
3,000억원까지	1.28	3.28
5,000억원까지	1.21	3.11

※ "산업플랜트"란 하수, 폐수처리시설, 폐기물 처리시설(매립장은 건설부문요율 적용) 등 환경플랜트 등을 말한다.

소각시설 용량 및 예산(안) 산정 (참고) (기계적 처리+소각)

① 처리대상 폐기물 발생량 : 46톤/일

② 실제 설치시설 및 용량 : 기계적 처리시설(불연물 등 제거시설) 62톤/일 + 소각시설 46톤/일

③ 예산(안) 산정(소각시설 용량산정 기준으로 산정) :

60톤/일 (46톤/일×365일÷300일<가동일>)

60톤/일×4.45억원/톤=267억원

→ 시설용량은 소각효율을 높이기 위해 설치하는 기계적 처리시설 등의 용량은 제외하고 순수한 로의 설계용량만으로 산정

7.6 폐자원 에너지화 시설에서의 에너지 회수 수준

7.6.1 폐자원 에너지화의 개념

'폐자원 에너지화'란 폐자원을 처리하는 과정에서 일부 에너지를 회수한다는 의미이다. 에너지 회수를 위해서는 추가적인 에너지가 투입되며, 이때 효율이 있으므로 당연히 회수되는 에너지는 당초 폐자원의 잠재적 에너지+투입된 에너지 보다는 작게 되지만, 회수된 에너지가 화석연료를 대체하게 된다면 지구온난화 방지 측면에서는 긍정적인 역할을 하게 된다.

그림 7.4에 예를 든 것과 같이 보조연료를 이용하여 하수슬러지를 건조연료화 하면, 건조공정에서의 효율을 고려할 때 생산된 건조연료의 에너지 함량은 건조 전의 하수슬러지와 보조연료가 가진 에너지 함량보다 낮으며, 건조 후 운송과정에서의 에너지 투입과, 건조화 과정에서 발생하는 악취, 응축수, 비산먼지 등을 처리하는 과정에서의 에너지 소모를 고려한다면 진정한 의미의 에너지 회수라고 보기 어렵다.

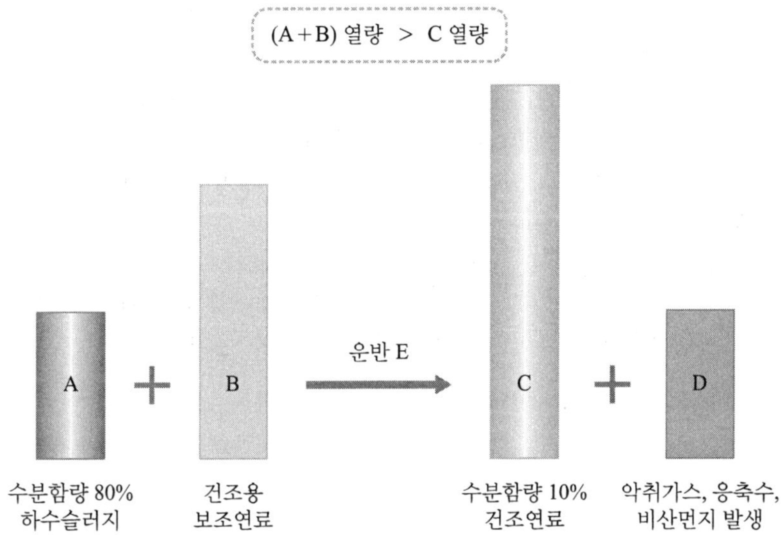

그림 7.4 폐자원 에너지화 과정에서의 에너지 수지 및 2차 환경오염 예시

하지만, 하수슬러지는 하수처리 과정에서 발생하는 부산물로서 환경적 위해를 일으키지 않는 방식으로 적정처리를 해야 하므로, 그 처리의 한 대안으로서 건조연료화는 충분히 고려할 수 있다. 이때, 2차 환경오염 문제 해결을 위한 추가적인 처리비용과 생산된 건조연료의 수요처까지의 운반비용, 미세먼지 문제 대두에 따른 석탄화력발전소 폐쇄 추세를 감안한 수요처 확보 문제 등을 충분히 고려하여야 한다.

7.6.2 폐자원 에너지화 시설에서의 에너지 회수 수준

1. 유기성 폐자원 바이오가스화시설

경북 소재의 유기성 폐기물 광역 에너지화 시설의 운영 경험에 의하면 음식물+음폐수+가축분뇨 등의 혐기성 소화 시 발생한 바이오가스를 발전하여 전기를 생산/판매한 수익은 전체 운영비의 20% 정도를 충당할 수 있는 수준이었다.

2장의 표 2.5와 Box 2의 데이터를 이용하여 100톤/일 용량의 음식물쓰레기 바이오가스화시설에서의 바이오가스 생산량과 이때 소모되는 에너지양을 비교하면 347 TOE/년의 에너지를 투입하여 3,133 TOE/년의 바이오에너지를 얻을 수 있다. 하지만, 생산된 바이오에너지로 발전을 하는 경우 발전효율이 있으므로 전력생산 기준(발전효율 30% 가정 시)으로는 투입에너지 대비 약 2.7배의 에너지를 회수할 수 있다(1 m^3의 바이오가스는 6 kWh의 열량을 가지나, 발전하면 약 2 kWh의 전기가 생산되는 것으로 알려져 있다[15]). 하지만, 혐기성 소화 후의 폐수처리와 슬러지처리에 들어가는 비용은 고려하지 않았으므로 단순히 국부적인 시스템 경계를 중심으로 경제성을 평가하는 것은 신중할 필요가 있다.

바이오가스화의 부산물 생산율$\left(\frac{\text{부산물 생산량}}{\text{폐기물 반입량} - \text{협잡물 처리량}} \times 100\right)$은 71.7~94.4%로 상당히 높은 수준이므로, 부산물 처리비용도 고려하여야 한다(표 7.4).

15) Electricity Generation from Biogas, Energypedia, https://energypedia.info/wiki/Electricity_Generation_from_Biogas

표 7.2 유기성 폐자원 바이오가스화시설 에너지사용량 현황 (단위: TOE/천톤)

구분	평균 값	시설용량	
		100톤/일 이상	100톤/일 미만
계	12.7	12.0	18.6
음식물	27.0	25.8	39.7
음폐수	6.8	6.8	8.1
병합	9.1	8.2	14.4

(출처: 2018년도 폐기물처리사업 및 폐기물처리시설 설치·운영실태 평가 결과 보고서, 환경부, 한국환경공단, 2019.12.)

표 7.3 유기성 폐자원 바이오가스화시설의 바이오가스 생산 현황

구분	계	처리방법		
		음식물	음폐수	병합
생산량(m^3/톤)	65.8	111.8	73.6	34.3
메탄 함량(%)	63.2	63.6	62.7	63.4

※ 병합시설의 폐기물 반입량은 음식물, 하수슬러지, 가축분뇨 등의 합계

(출처: 2018년도 폐기물처리사업 및 폐기물처리시설 설치·운영실태 평가 결과 보고서, 환경부, 한국환경공단, 2019.12.)

표 7.4 음식물류폐기물 바이오가스화 공공처리시설 부산물 생산율

구분	중간값	최소값	최대값	시설수
30톤/일 이상	79.6%	71.7%	87.5%	2
30톤/일 미만	87.3%	79.2%	94.4%	3

(출처: 2018년도 폐기물처리사업 및 폐기물처리시설 설치·운영실태 평가 결과 보고서, 환경부, 한국환경공단, 2019.12.)

2. 가연성 폐기물 연료화 시설

김영란 등(2014)의 조사에 의하면 고형연료의 생산수율은 후단건조를 하는 경우 낮았으며, 건조 시 에너지 소모는 건조공정이 전단부에 위치할수록 연료소모가 큰 것으로 나타나 결과적으로 투입에너지 대비 생산된 고형연료의 에너지 비는 전기의 발전효율(35%)을 고려할 경우에 3.10～3.77로 시설별로 차이가 크지 않았다. 하지만, 수율이 낮다면 추가적으로 처리해야 하는 잔재물의 비율이 높다는 점에서 이들의 처리비용을 고려했을 때 전단건조방식이 효과적일 것으로 판단된다.

표 7.5 국내 생활폐기물 고형연료화 시설에서의 투입 대비 생산 에너지 비율

구분	A시설	B시설	C시설	D시설	E시설
시설용량 (톤/일)	200	90	80	65	25
폐기물 저위발열량 (kcal/kg)	2,388	2,828	3,092	4,874	2,840
SRF 저위발열량 (kcal/wet kg)	4,865	4,757	3,840	5,487	4,077
SRF 수율(wet base)	28.36	41.46	42.74	35.14	37.71
전기 에너지 소비 (kcal/ton)	89,372	112,408	77,855	167,392	165,691
연료 에너지 소비 (kcal/ton)	189,256	237,803	288,751	33,392	8,374
생산/투입 에너지 비 (발전효율 35%시)	3.10	3.53	3.25	3.77	3.19

(출처: 김영란 외, 국내 생활폐기물 고형연료화 시설의 공정별 에너지 소모분포 및 생산효과 분석, 한국폐기물자원순환학회지, 31(3), pp.290-299, 2014.)

표 7.6 가연성 폐기물 연료화시설 에너지사용량 현황 (단위: TOE/천톤)

구분	시설용량		
	평균 값	100톤/일 이상	100톤/일 미만
계	24.2	21.5	61.6
성형 SRF	52.0	47.5	61.6
비성형 SRF	16.7	16.7	-

(출처: 2018년도 폐기물처리사업 및 폐기물처리시설 설치·운영실태 평가 결과 보고서, 환경부, 한국환경공단, 2019.12.)

표 7.7 가연성 폐기물 연료화시설 생산수율 및 판매단가 현황

구분	생산수율(%)	판매단가(천원/톤)
성형 SRF	28.1	25.9
비성형 SRF	52.5	0.0

(출처: 2018년도 폐기물처리사업 및 폐기물처리시설 설치·운영실태 평가 결과 보고서, 환경부, 한국환경공단, 2019.12.)

이원준(2017)에 의하면 수도권매립지 생활폐기물 고형연료화 시범시설에서 발생하는 잔재물은 투입폐기물 대비 35～40%이며, 이들의 저위발열량은 2,444～2,802 kcal/kg으로 비교적 높은 값을 보여서 추가적으로 열적처리가 가능함(혹은 하여야 함)을 알 수 있다.

Nasrullah 등(2014)의 상업 및 산업폐기물 79톤에 대한 SRF 제조 시의 에너지 소모량 조사결과에 의하면 1톤의 폐기물 처리에 소모된 에너지는 처리시설 내에서 60 kWh, 처리시설 외에서의 폐기물 수집운반과 생산된 SRF, 유가물, 잔재물 운반에 130 kWh가 소모된 것으로 조사되었다. 이 연구에서는 폐기물 수집운반 거리가 167 km, 생산된 SRF 운반거리가 120 km로 이동거리가 비교적 먼 특성이 있었으나, 운송에 소요된 에너지가 SRF 직접 생산에 소요된 에너지의 2.2배를 보였으므로 가급적 SRF 생산과 사용시설이 근접해야 함을 보여주고 있다.

7.6.3 폐기물 소각과 SRF의 비교

폐기물의 열적처리 방식으로 소각과 SRF를 비교하면 표 7.8과 같다.

표 7.8 폐기물 소각과 SRF의 장단점 비교

	폐기물 소각	SRF
장점	별도의 전처리 없이 한꺼번에 처리할 수 있다.	• SRF만 연소하는 경우 에너지 효율이 높다. • 소각 전에 재활용 가능한 철 및 비철금속을 분리/선별할 수 있다.
단점	• 주민수용성이 낮다. • 소각재의 발생량이 많으며, 금속류의 경우 산화된 상태여서 경제성이 낮다.	• 잔재물은 다시 소각처리해야 한다. • 폐기물 중량기준으로 환산하고, SRF 제조공정에서의 에너지 소모량을 고려하면 에너지 효율이 소각에 비하여 낮다. • SRF 생산시설과 사용시설이 함께 위치하지 않는 경우 운송에 따른 비용과 오염물질이 발생한다. • 미세먼지 발생 우려로 수요처가 축소되는 실정이다.

표 7.9 여러 형태의 폐기물 소각설비에 대한 잠재적인 에너지 변환 효율

설비 형태	보고된 잠재적 열효율(%) [(열+전기)/보일러로부터 에너지 생산량]
전기만 생산	17~30
열병합발전 설비(CHP)	70~85
증기 및 온수를 판매하는 난방 시스템	80~90
대형 화학공장에 증기 판매	90~100
배출가스의 습기를 응축하는 CHP 및 난방 설비	85~95
응축기와 열펌프를 가진 CHP 및 난방 설비	90~100

(출처: 폐기물 소각시설의 통합오염방지 및 관리를 위한 최적가용기법 기준서 2016, 환경부, 국립환경과학원, 2016.)

표 7.10 우리나라 폐기물 소각시설의 에너지 사용량 등 현황

	구분	중간값	자료수	비고
에너지 사용량(TOE/천톤)	48톤/일 이상	21.9	70	
실제/계획 운영시간(%)	48톤/일 이상	107.1	70	
감량률(%)	48톤/일 이상	14.4	70	바닥재 생산량 / 실제 소각량
소각열 회수율(%)	48톤/일 이상	63.6	69	
운영비(천원/톤)	48톤/일 이상	58.9	70	인건비, 관리비 제외
운영수익(천원/톤)	48톤/일 이상	26.8	64	소각열 판매, 전기 판매, 고철 등 판매

(출처: 2018년도 폐기물처리사업 및 폐기물처리시설 설치·운영실태 평가 결과 보고서, 환경부, 한국환경공단, 2019.12.)

표 7.11 우리나라 가연성 폐기물 연료화시설의 에너지 사용량 등 현황

<table>
<tr><th></th><th colspan="2">구분</th><th>중간값</th><th>자료수</th><th>비고</th></tr>
<tr><td rowspan="7">에너지 사용량
(TOE/천톤)</td><td colspan="2">계</td><td>51.2</td><td>14</td><td></td></tr>
<tr><td rowspan="3">100톤/일 이상</td><td>계</td><td>40.9</td><td>9</td><td></td></tr>
<tr><td>성형</td><td>55.3</td><td>5</td><td></td></tr>
<tr><td>비성형</td><td>26.1</td><td>4</td><td></td></tr>
<tr><td rowspan="3">100톤/일 미만</td><td>계</td><td>60.7</td><td>5</td><td></td></tr>
<tr><td>성형</td><td>60.7</td><td>5</td><td></td></tr>
<tr><td>비성형</td><td>-</td><td>-</td><td></td></tr>
<tr><td rowspan="2">실제운영시간 / 계획운영시간
(%)</td><td colspan="2">100톤/일 이상</td><td>104.9</td><td>9</td><td></td></tr>
<tr><td colspan="2">100톤/일 미만</td><td>82.2</td><td>5</td><td></td></tr>
<tr><td rowspan="2">가동률
(%)</td><td colspan="2">100톤/일 이상</td><td>55.6</td><td>9</td><td rowspan="2">실제폐기물 반입량 / 계획폐기물 처리량</td></tr>
<tr><td colspan="2">100톤/일 미만</td><td>57.8</td><td>5</td></tr>
<tr><td rowspan="2">에너지 회수율
(%)</td><td colspan="2">100톤/일 이상</td><td>60.4</td><td>9</td><td rowspan="2">(SRF 생산량×발열량) / (폐기물 반입량×발열량)</td></tr>
<tr><td colspan="2">100톤/일 미만</td><td>61.5</td><td>5</td></tr>
<tr><td rowspan="6">운영비
(천원/톤)</td><td rowspan="3">100톤/일 이상</td><td>계</td><td>56.1</td><td>9</td><td rowspan="6">인건비, 관리비 제외</td></tr>
<tr><td>성형</td><td>71.5</td><td>5</td></tr>
<tr><td>비성형</td><td>55.5</td><td>4</td></tr>
<tr><td rowspan="3">100톤/일 미만</td><td>계</td><td>94.9</td><td>5</td></tr>
<tr><td>성형</td><td>94.9</td><td>5</td></tr>
<tr><td>비성형</td><td>-</td><td>-</td></tr>
<tr><td rowspan="2">운영수익
(천원/톤)</td><td colspan="2">100톤/일 이상</td><td>13.7</td><td>6</td><td rowspan="2">운영수익이 없는 5개소 제외</td></tr>
<tr><td colspan="2">100톤/일 미만</td><td>10.2</td><td>3</td></tr>
</table>

(출처: 2018년도 폐기물처리사업 및 폐기물처리시설 설치·운영실태 평가 결과 보고서, 환경부, 한국환경공단, 2019.12.)

표 7.10과 표 7.11의 자료를 단순 비교하였을 때 생활폐기물 공공시설의 경우 운영비 및 운영수익을 함께 고려하면 소각이 SRF 생산보다 비용 측면에서 유리함을 알 수 있다. 운영비 자료에 잔재물의 처분비용이 포함되어 있는지 명시되어 있지 않아서 알 수 없으나, 만약 포함되어 있지 않는 경우에는 SRF의 잔재물 발생 비율이 더 높으므로 두 방법 간의 운영비 지출의 차이는 더 커질 수 있다. 하지만, 이는 두 시설의 입지상의 사회경제적 비용은 감안하지 않은 것임을 고려하여야 한다.

참고문헌

1. 신에너지 및 재생에너지 개발·이용·보급 촉진법
2. 신에너지 및 재생에너지 개발·이용·보급 촉진법 시행령
3. 공급인증서 발급 및 거래시장 운영에 관한 규칙, 신·재생에너지센터 공고 제2020-20호 (2020).
4. 폐기물관리법 시행규칙
5. 자원의 절약과 재활용촉진에 관한 법률 시행규칙
6. 환경부 보도자료, 고형연료제품 품질등급제 시행, 발열량 등 4개 기준 평가, 2020-05-26.
7. IEA Bioenergy, Trends in the use of solid recovered fuels (2020).
8. Rada, E.C., Andreottola, G., "RDF/SRF: Which perspective for its future in the EU", Waste Management, 32, pp.1059-1060. (2012).
9. 환경부, 2020년 폐기물처리시설 국고보조금 업무처리지침 (2020).
10. Electricity Generation from Biogas, Energypedia, https://energypedia.info/wiki/Electricity_Generation_from_Biogas (접속일 : 2020.11.23.)
11. 2018년도 폐기물처리사업 및 폐기물처리시설 설치·운영실태 평가 결과 보고서, 환경부, 한국환경공단, 2019.12.
12. 김영란, 홍용희, 손준익, 오길종, 김기헌, "국내 생활폐기물 고형연료화 시설의 공정별 에너지 소모분포 및 생산효과 분석", 한국폐기물자원순환학회지, 31(3), pp.290-299, (2014).
13. 이원준, "생활폐기물 고형연료화 시설에서 발생되는 잔재물의 특성에 관한 연구", 한국폐기물자원순환학회지, 34(8), pp.835-843, (2017).
14. Nasrullah, M., Vainikka, P., Hannula, J., Hurme, M., Kärki, J., "Mass, energy and material balances of SRF production process. Part 1: SRF produced from commercial and industrial waste", Waste Management, 34, pp.1398-1407 (2014).
15. 폐기물 소각시설의 통합오염방지 및 관리를 위한 최적가용기법 기준서 2016, 환경부, 국립환경과학원 (2016).

찾아보기

ㅍ

ㅎ

영문

윤석표 세명대학교 바이오환경공학과 교수
김상현 연세대학교 건설환경공학과 교수
김동훈 인하대학교 사회인프라공학과 교수
이동진 국립환경과학원 폐자원에너지연구과 연구관
김석완 대구한의대학교 소방방재환경전공 교수
강준구 국립환경과학원 폐자원에너지연구과 연구관
강호정 (주)건화 부사장

폐자원에너지화개론 정가 21,000원

발 행 2021년 2월 15일 초판 1쇄
저 자 윤석표 · 김상현 · 김동훈 · 이동진 · 김석완 · 강준구 · 강호정
발행인 정우용
발행처 도서출판 동화기술
경기도 파주시 광인사길 201(문발동, 파주출판도시)
Tel (031)955-4211~6 donghwapub@nate.com
Fax (031)955-4217 www.donghwapub.co.kr
(등록) 1977년 12월 19일/9-16호

Printed in Korea

ISBN 978-89-425-9310-1